三位一体实战精讲系列丛书

DSP 嵌入式项目开发
三位一体实战精讲

刘波文　张　军　何　勇　编著

北京航空航天大学出版社

内 容 简 介

全书以 TI DSP 系列为写作平台,通过大量实例,深入浅出地介绍了 DSP 嵌入式项目开发的方法与技巧。全书共分 12 章,第一篇(第 1、2 章)为 DSP 开发基础,简要介绍了 DSP 的硬件结构、指令系统,以及 CCS 集成开发工具,引导读者掌握必要的技术基础;第二篇(第 3~12 章)为项目实例,通过 12 个实例,详细阐述了 DSP 在接口扩展与传输、工业控制、图形图像、数字消费与网络通信领域的开发原理、流程思路和技巧。实例全部来自于项目实践,代表性和指导性强,读者通过学习后举一反三,设计水平将得到快速提高,步入高级工程师的行列。

本书层次清晰,结构合理,实例典型,技术先进热门。不但详细介绍了 DSP 嵌入式的硬件设计和软件编程,而且提供了完善的设计思路与方案,总结了开发心得和注意事项,对实例的程序代码做了详细注释,方便读者理解精髓,学懂学透,学以致用。

本书配有光盘一张,包含全书所有实例的硬件原理图、程序代码以及开发过程的语音视频讲解,方便读者进一步巩固与提高。本书适合计算机、自动化、电子及硬件等相关专业的大学生,以及从事 DSP 开发的科研人员使用。

图书在版编目(CIP)数据

DSP 嵌入式项目开发三位一体实战精讲 / 刘波文,张军,何勇编著. --北京 : 北京航空航天大学出版社,2012.5

ISBN 978 - 7 - 5124 - 0760 - 2

Ⅰ.①D… Ⅱ. ①刘… ②张 ③何… Ⅲ. ①数字信号处理 Ⅳ. ①TN911.72

中国版本图书馆 CIP 数据核字(2012)第 051450 号

DSP 嵌入式项目开发三位一体实战精讲

刘波文 张 军 何 勇 编著

责任编辑 张 楠 王 松

*

北京航空航天大学出版社出版发行

北京市海淀区学院路 37 号(邮编 100191) http://www.buaapress.com.cn
发行部电话:(010)82317024 传真:(010)82328026
读者信箱:emsbook@gmail.com 邮购电话:(010)82316936
涿州市新华印刷有限公司印装 各地书店经销

*

开本:710×1 000 1/16 印张:21.75 字数:476 千字
2012 年 6 月第 1 版 2012 年 6 月第 1 次印刷 印数:5 000 册
ISBN 978 - 7 - 5124 - 0760 - 2 定价:49.00 元(含光盘 1 张)

前　言

　　DSP 全称为数字信号处理(Digital Signal Processing),是最热门的嵌入式学科之一。其主要特点是通过使用数学技巧执行转换或提取信息来处理现实信号,而这些信号由数字序列表示。从 20 世纪 80 年代以来,数字信号处理技术得到了快速的发展和广泛的应用,目前主要用于工业控制、图形图像、消费电子、网络通信等领域。市场上同类的 DSP 书籍虽然很多,但要么主要介绍编程语言和开发工具,要么从技术角度讲解一些实例,工程应用及针对性不强;同时仅仅停留于书面文字介绍上,图书周边的服务十分空白,读者获取价值受限。为了弥补这种不足,本书重点围绕应用和实用的主题展开介绍,提供给读者三位一体的服务:实例+视频+开发板,使读者的学习效果最大化。

本书内容安排

　　全书共包括两篇 12 章,主要内容安排如下:

　　第一篇(第 1、2 章)为 DSP 开发基础,简要介绍了 DSP 的硬件结构、指令系统,以及 CCS 集成开发工具。读者通过学习本篇内容将对 DSP 的技术特点有入门性的了解,为后续的实例学习打好基础。

　　第二篇(第 3～12 章)为项目实例,重点通过 12 个实例,详细深入地阐述了 DSP 的项目开发应用,具体包括 3 个数据传输与接口扩展实例、2 个工业控制开发实例、2 个图形图像实例、2 个数字消费实例及 3 个网络通信实例。这些项目实例典型,类型丰富,覆盖面广,全部来自于实践并且调试通过,代表性和指导性强,是作者多年开发经验的总结。读者学习后举一反三,设计水平可以快速提高,快速步入 DSP 高级工程师的行列。

本书主要特色

　　与同类型书相比,本书主要具有以下特色:

　　(1)强调实用和应用两大主题:实例典型丰富,技术流行先进,不但详细介绍了DSP 的硬件设计和软件编程,而且提供了完善的设计思路与方案,总结了开发心得和注意事项,对实例的程序代码做了详细注释,帮助读者掌握开发精要,学懂学透。

　　(2)注重三位一体:实例+视频+开发板。除了实例讲解注重细节外,光盘中还提供全书实例的开发思路、方法和过程的语音视频讲解,手把手指导读者温习巩固所学知识。

此外,提供有限赠送图书配套开发板活动。为促进读者更好地学习 DSP,作者还设计制作了配套开发板,有需要的读者通过发邮件(powenliu@yeah. net)进行问题验证后即可得到,物超所值。

本书适合高校计算机、自动化、电子及硬件等相关专业的大学生,以及从事 DSP 开发的科研人员使用,是读者学习 DSP 项目实践的最为理想的参考指南。

全书主要由刘波文、张军、何勇编写,参加编写的人还有:黎胜容、黎双玉、邱大伟、赵汶、刘福奇、罗苑棠、陈超、黄云林、孙智俊、郑贞平、张小红、曹成、陈平、喻德、高长银、李万全、刘 江、马龙梅、邓力、王乐等,在此一并表示感谢!

由于时间仓促,加之作者的水平有限,书中难免存在一些不足之处,欢迎广大读者批评和指正。

刘波文
2012 年 2 月

目　录

第一篇　DSP 开发基础

第 1 章　DSP 处理器入门 3

1.1　DSP 处理器的特点与分类 3

1.2　DSP 的应用领域 5

1.3　DSP 芯片选型 5

1.4　DSP 的硬件结构 7

1.5　DSP 的指令系统 23

　　1.5.1　指令和功能单元的映射 23

　　1.5.2　指令集与寻址方式 27

　　1.5.3　C6000 的指令特点 29

1.6　本章小结 33

第 2 章　CCS 集成开发工具 34

2.1　CCS 的特点及其安装 34

　　2.1.1　CCS 功能简介 34

　　2.1.2　CCS 的组成单元 35

　　2.1.3　为 CCS 安装设备驱动程序 36

2.2　CCS 的基本功能及其使用方法 40

　　2.2.1　查看与修改存储器/变量 40

　　2.2.2　使用断点工具 45

　　2.2.3　使用探针点工具 47

　　2.2.4　使用图形工具 49

2.3　本章小结 55

第二篇　项目实例

第 3 章　USB 接口扩展系统设计 59

3.1　USB 接口扩展系统概述 59

　　3.1.1　数字信号处理器 TMS320F2812 概述 60

　　3.1.2　USB 芯片 CY7C68001 概述 61

　　3.1.3　FPGA 芯片 EP1C3 概述 78

3.2　硬件电路设计 ··· 79
　3.2.1　USB 接口芯片电路 ··· 80
　3.2.2　FPGA 应用电路 ·· 81
　3.2.3　数字信号处理器 TMS320F2812 及其外围电路 ············· 81
3.3　软件设计 ·· 82
　3.3.1　USB 设备的相关软件设计 ·· 83
　3.3.2　TMS320F2812 软件设计 ·· 84
　3.3.3　FPGA 相关软件设计 ·· 105
3.4　本章总结 ··· 107

第 4 章　DSP 接口扩展设计 ··· 108
4.1　SRIO 高速接口设计 ·· 108
　4.1.1　SRIO 高速接口设计实现 ·· 108
　4.1.2　SRIO 高速接口应用层开发 ··· 115
4.2　GPIO 接口设计 ·· 118
　4.2.1　GPIO 工作原理 ·· 118
　4.2.2　GPIO 点灯 ··· 120
　4.2.3　GPIO 外部中断 ·· 123
4.3　本章总结 ··· 125

第 5 章　步进电机控制系统设计 ··· 126
5.1　步进电机系统概述 ·· 126
　5.1.1　步进电机系统架构 ··· 126
　5.1.2　步进电机分类及原理 ·· 127
　5.1.3　定点数字信号处理器 ·· 128
5.2　步进电机控制系统硬件设计 ·· 129
5.3　步进电机控制软件设计 ·· 131
5.4　本章总结 ··· 134

第 6 章　工业流程计量与控制系统设计 ··· 135
6.1　工业流程计量与控制系统概述 ·· 135
　6.1.1　系统架构 ··· 136
　6.1.2　TMS320LF2407 处理器 ADC 模块 ······························ 136
　6.1.3　TMS320LF2407 数字 I/O 模块 ····································· 144
6.2　工业流程计量与控制系统硬件设计 ·· 148
　6.2.1　硬件设备概述 ··· 148
　6.2.2　硬件电路设计 ··· 152
6.3　工业流程计量与控制软件设计 ·· 154
6.4　本章总结 ··· 159

第7章 液晶屏显示系统设计 ·· 160

7.1 液晶屏显示系统概述 ·· 160

   7.1.1 液晶屏显示原理 ·· 161

   7.1.2 液晶显示屏的分类 ·· 161

   7.1.3 T6963C 控制器概述 ·· 163

7.2 硬件系统设计 ·· 175

7.3 系统软件设计 ·· 179

   7.3.1 汉字显示 ·· 179

   7.3.2 软件设计实例 ·· 181

7.4 本章总结 ·· 190

第8章 网络摄像机系统设计 ·· 191

8.1 网络摄像机系统概述 ·· 191

   8.1.1 视频/图像定点数字信号处理器核心单元概述 ·· 192

   8.1.2 视频采集单元概述 ·· 195

   8.1.3 视频输出单元概述 ·· 200

   8.1.4 音频输入/输出单元概述 ·· 203

   8.1.5 以太网通信单元概述 ·· 208

   8.1.6 存储器单元概述 ·· 214

   8.1.7 CPLD 用户 I/O 扩展单元概述 ·· 215

   8.1.8 RS-485 通信接口单元概述 ·· 215

8.2 网络摄像机硬件设计 ·· 216

   8.2.1 电源供电电路 ·· 217

   8.2.2 数字信号处理器核心电路 ·· 217

   8.2.3 视频采集电路 ·· 220

   8.2.4 视频编码电路 ·· 220

   8.2.5 音频编解码电路 ·· 221

   8.2.6 存储器电路 ·· 221

   8.2.7 以太网通信接口电路 ·· 221

   8.2.8 RS-485 接口电路 ·· 226

   8.2.9 CPLD 用户 I/O 扩展 ·· 227

8.3 网络摄像机软件设计 ·· 228

   8.3.1 视频输入部分 ·· 228

   8.3.2 视频输出部分 ·· 230

   8.3.3 核心单元处理程序 ·· 231

   8.3.4 以太网通信软件设计 ·· 236

   8.3.5 音频输入/输出部分 ·· 243

8.4 本章总结 ·· 243

第 9 章　安防认证设计 ··· 244

9.1　AES 加密 ··· 244

9.1.1　AES 算法分析 ·· 244

9.1.2　AES 算法修正 ·· 254

9.1.3　AES 算法 DSP 实现 ·· 254

9.2　数字水印隐藏 ·· 256

9.2.1　LSB 数字音频水印应用 ··· 257

9.2.2　音频数字水印算法 ·· 257

9.2.3　试验结果 ·· 259

9.3　本章总结 ··· 262

第 10 章　语音编解码设计 ··· 263

10.1　G.711 语音编码 ·· 263

10.1.1　G.711 算法定义 ··· 264

10.1.2　G.711 性能参数 ··· 264

10.1.3　G.711 算法及程序 ·· 264

10.2　G.729A 语音编码 ·· 269

10.2.1　G.729 性能参数 ··· 270

10.2.2　G.729 原理算法及程序 ·· 270

10.2.3　G.729A 优化 ··· 274

10.3　TLV320AIC23 语音处理模块 ·· 277

10.3.1　TLV320AIC23 的功能结构 ·· 277

10.3.2　TLV320AIC23 的配置 ·· 279

10.3.3　初始化的程序 ·· 280

10.3.4　两种编码方式的试验结果 ·· 281

10.4　本章总结 ··· 282

第 11 章　基于 DSP 的以太网通信设计 ·· 283

11.1　以太网通信协议 ·· 283

11.2　硬件 PHY 芯片选型 ··· 285

11.3　软件设计 ··· 291

11.3.1　DSP 端程序设计 ··· 291

11.3.2　DSP 与 PHY 芯片的连通 ·· 293

11.3.3　PHY 芯片点亮指示灯及接口设置 ··· 294

11.4　应用实例 1——EMAC 传输的发送和接收 ··· 295

11.5　应用实例 2——PC 上位机通信程序 ··· 299

11.6　本章总结 ··· 306

第 12 章　CAN 总线通信系统设计 ··· 307

12.1　CAN 总线及 CAN 总线协议概述 ·· 307

12.1.1　CAN 总线网络拓扑 ································· 307

12.1.2　CAN 通信协议 ································· 308

12.1.3　CAN 总线信号特点 ································· 309

12.1.4　CAN 的位仲裁技术 ································· 309

12.1.5　CAN 总线的帧格式 ································· 310

12.1.6　CAN 报文的帧类型 ································· 311

12.2　CAN 控制器模块介绍 ································· 316

12.3　CAN 总线通信系统硬件电路设计 ················· 324

12.3.1　PCA82C250 芯片概述 ················· 324

12.3.2　CAN 总线隔离器－ADμM1201 ········· 326

12.3.3　硬件电路设计 ································· 328

12.4　CAN 总线通信系统软件设计 ················· 331

12.5　本章总结 ································· 334

参考文献 ································· 335

第一篇　DSP 开发基础

第 1 章　DSP 处理器入门

第 2 章　CCS 集成开发工具

第 **1** 章

DSP 处理器入门

正式讲解 DSP 开发技术之前，本章首先介绍 DSP 处理器的入门知识，包括特点与分类、芯片选择、硬件结构与指令系统等，使读者对 DSP 有一个简单的认识和了解。

1.1 DSP 处理器的特点与分类

DSP 也称数字信号处理器，是一种具有特殊结构的微处理器。DSP 芯片的内部采用程序和数据分开的哈佛结构，具有专门的硬件乘法器，广泛采用流水线操作，提供特殊的 DSP 指令，可以用来快速地实现各种数字信号处理算法。根据数字信号处理的要求，DSP 芯片一般具有如下特点：

- 在一个指令周期内可完成一次乘法和一次加法。
- 程序和数据空间分开，可以同时访问指令和数据。
- 片内具有快速 RAM，通常可通过独立的数据总线在两块芯片中同时访问。
- 具有低开销或无开销循环及跳转的硬件支持。
- 快速的中断处理和硬件 I/O 支持。
- 具有在单周期内操作的多个硬件地址产生器。
- 可以并行执行多个操作。
- 支持流水线操作，使取指、译码和执行等操作可以重叠执行。
- 与通用微处理器相比，DSP 芯片的其他通用功能相对较弱。

DSP 最突出的两大特色是强大的数据处理能力和高运行速度，加上具有可编程性，实时运行速度可达每秒数以千万条复杂指令程序，远远超过通用微处理器。有业内人士预言，DSP 将是未来集成电路中发展最快的电子产品，并成为电子产品更新换代的决定因素。

在 DSP 出现之前，MPU（微处理器）承担着数字信号处理的任务，但它的处理速度较低，无法满足高速实时的要求。20 世纪 70 年代，DSP 的理论和算法基础被提出。但当时 DSP 仅仅局限于教科书，即使是研制出来的 DSP 系统也是由分立组件组成的，其

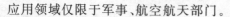
应用领域仅限于军事、航空航天部门。

到了 20 世纪 80 年代,计算机和信息技术的飞速发展为 DSP 提供了长足发展的机会。1982 年美国德州仪器公司(TI 公司)生产出了第一代数字信号处理器 TMS320C10,这种 DSP 器件采用微米工艺 NMOS 技术制作,虽功耗和尺寸稍大,但运算速度却是 MPU 的几十倍,一面世就在语音合成和编码解码器中得到了广泛应用。

接下来,随着 CMOS 技术的进步与发展,第二代基于 CMOS 工艺的 DSP 芯片应运而生,其存储容量和运算速度成倍提高,成为语音处理、图像硬件处理技术的基础。20 世纪 80 年代后期,第三代 DSP 芯片问世,运算速度进一步提高,这使其应用范围逐步扩大到了通信和计算机领域。

20 世纪 90 年代是 DSP 发展的重要时期,在这段时间第四代和第五代 DSP 器件相继出现。目前的 DSP 属于第五代产品。与第四代相比,第五代 DSP 系统的集成度更高,它已经成功地将 DSP 芯核及外围组件综合集成在单一芯片上。这种高集成度的 DSP 芯片在通信、计算机领域中被广泛应用,近年来已经逐渐渗透到人们的日常消费领域,前景十分看好。

DSP 芯片可以按照下列 3 种方式进行分类。

1. 按基础特性分

根据 DSP 芯片的工作时钟和指令类型来分类。如果在某时钟频率范围内的任何时钟频率上,DSP 芯片都能正常工作,除计算速度有变化外,性能没有下降,这类 DSP 芯片一般被称为静态 DSP 芯片。例如,日本 OKI 电气公司的 DSP 芯片、TI 公司的 TMS320C2xx 系列芯片属于这一类。

如果有两种或两种以上的 DSP 芯片,它们的指令集和相应的机器代码及引脚结构相互兼容,则这类 DSP 芯片称为一致性 DSP 芯片。例如,美国 TI 公司的 TMS320C54x 就属于这一类。

2. 按数据格式分

根据 DSP 芯片工作的数据格式来分类。数据以定点格式工作的 DSP 芯片称为定点 DSP 芯片,如 TI 公司的 TMS320C1x/C2x、TMS320C2xx/C5x、TMS320C54x/C62xx 系列,ADI 公司的 ADSP21xx 系列,AT&T 公司的 DSP16/16A,Freescale 公司的 MC56000 等。以浮点格式工作的称为浮点 DSP 芯片,如 TI 公司的 TMS320C3x/C4x/C8x、ADI 公司的 ADSP21xxx 系列、AT&T 公司的 DSP32/32C,Freescale 公司的 MC96002 等。

不同浮点 DSP 芯片所采用的浮点格式不完全一样,有的 DSP 芯片采用自定义的浮点格式,如 TMS320C3x,而有的 DSP 芯片则采用 IEEE 的标准浮点格式,如 Freescale 公司的 MC96002、FUJITSU 公司的 MB86232 和 ZORAN 公司的 ZR35325 等。

3. 按用途分

按照 DSP 的用途来分,可分为通用型 DSP 芯片和专用型 DSP 芯片。通用型 DSP

芯片适合普通的 DSP 应用,如 TI 公司的一系列 DSP 芯片属于通用型 DSP 芯片。专用 DSP 芯片是为特定的 DSP 运算而设计的,更适合特殊的运算,如数字滤波、卷积和 FFT。Freescale 公司的 DSP56200、Zoran 公司的 ZR34881、Inmos 公司的 IMSA100 等就属于专用型 DSP 芯片。

1.2　DSP 的应用领域

自从 20 世纪 70 年代末 80 年代初 DSP 芯片诞生以来,DSP 芯片得到了飞速的发展。DSP 芯片的高速发展,一方面得益于集成电路技术的发展,另一方面也得益于巨大的市场。在近 30 年的时间里,DSP 芯片已经在信号处理、通信、雷达等许多领域得到了广泛的应用。目前,DSP 芯片的价格越来越低,性价比日益提高,具有巨大的应用潜力。

DSP 芯片的应用主要有如下一些方面。

(1) 信号处理:如数字滤波、自适应滤波、快速傅立叶变换、相关运算、谱分析、卷积、模式匹配、加窗、波形产生等。

(2) 通信:如调制解调器、自适应均衡、数据加密、数据压缩、回波抵消、多路复用、传真、扩频通信、纠错编码、可视电话等。

(3) 语音:如语音编码、语音合成、语音识别、语音增强、说话人辨认、说话人确认、语音邮件、语音存储等。

(4) 图形/图像:如二维和三维图形处理、图像压缩与传输、图像增强、动画、机器人视觉等。

(5) 军事:如保密通信、雷达处理、声纳处理、导航、导弹制导等。

(6) 仪器仪表:如频谱分析、函数发生、锁相环、地震处理等。

(7) 自动控制:如引擎控制、声控、自动驾驶、机器人控制、磁盘控制等。

(8) 医疗:如助听、超声设备、诊断工具、病人监护等。

(9) 家用电器:如高保真音响、音乐合成、音调控制、玩具与游戏、数字电话/电视等。

随着 DSP 芯片性价比的不断提高,可以预见 DSP 芯片将会在更多的领域内得到更广泛的应用。

1.3　DSP 芯片选型

设计 DSP 应用系统,选择 DSP 芯片是非常重要的一个环节。只有选定了 DSP 芯片才能进一步设计外围电路及系统的其他电路。总的来说,DSP 芯片的选择应根据实际的应用系统需要而确定。一般来说,选择 DSP 芯片时需要考虑如下诸多因素。

(1) DSP 芯片的运算速度。运算速度是 DSP 芯片最重要的性能指标,也是选择 DSP 芯片时所需要考虑的主要因素。DSP 芯片的运算速度可以用以下几种性能指标来衡量。

- 指令周期：就是执行一条指令所需要的时间，通常以 ns 为单位。
- MAC 时间：即一次乘法加上一次加法的时间。
- FFT 执行时间：即运行一个 N 点 FFT 程序所需的时间。
- MIPS：即每秒执行百万条指令。
- MOPS：即每秒执行百万次操作。
- MFLOPS：即每秒执行百万次浮点操作。
- BOPS：即每秒执行 10 亿次操作。

（2）DSP 芯片的价格。根据实际的应用情况，确定一个价格适中的 DSP 芯片。

（3）DSP 芯片的硬件资源。

（4）DSP 芯片的开发工具。

（5）DSP 芯片的功耗。

（6）其他的因素，如封装的形式、质量标准、生命周期等。

DSP 应用系统的运算量是确定选用处理能力多大的 DSP 芯片的基础。那么，如何确定 DSP 系统的运算量以选择 DSP 芯片呢？

1. 按样点处理

按样点处理就是 DSP 算法对每一个输入样点循环一次。例如：一个采用 LMS 算法的 256 抽头的自适应 FIR 滤波器，假定每个抽头的计算需要 3 个 MAC 周期，则 256 抽头计算需要 $256 \times 3 = 768$ 个 MAC 周期。如果采样频率为 8 kHz，即样点之间的间隔为 125 μs 的时间，DSP 芯片的 MAC 周期为 200 μs，则 768 个周期需要 153.6 μs 的时间，显然无法实时处理，需要选用速度更快的芯片。

2. 按帧处理

有些数字信号处理算法不是每个输入样点循环一次，而是每隔一定的时间间隔（通常称为帧）循环一次，所以选择 DSP 芯片应该比较一帧内 DSP 芯片的处理能力和 DSP 算法的运算量。假设 DSP 芯片的指令周期为 P(ns)，一帧的时间为 $\Delta\tau$(ns)，则该 DSP 芯片在一帧内所提供的最大运算量为 $\Delta\tau/P$ 条指令。

目前世界上较为著名的 DSP 芯片生产厂家和主要的芯片型号有以下几种：

（1）TI 公司的 TMS320 系列。TMS320C1x，定点处理器，型号有 TMS320C10、TMS320C11、TMS320C15、TMS320C17 等；TMS320C2x，定点处理器，型号有 TMS320C20、TMS320C25、TMS320C26 及 TMS320C28 等；TMS320C5x，定点处理器，型号有 TMS320C50 等；TMS320C2xx，定点处理器，型号有 TMS320C203、TMS320C204、TMS320C205、TMS320C206、TMS320C207、TMS320C209 等；TMS320F24x，定点处理器，型号有 TMS320F240、TMS320F2402、TMS320F2406、TMS320F2407 等；TMS320F28x，定点处理器，型号有 TMS320F2810、TMS320F2812；TMS320C54x，定点处理器，型号有 TMS320LC541、TMS320LC542、TMS320LC543、TMS320VC5402、TMS320VC5409 等；TMS320C55x，定点处理器，型号有

TMS320C5510 等；TMS320C3x，浮点处理器，型号有 TMS320VC33；TMS320C4x，浮点处理器，型号有 TMS320C40、TMS320C44 等；TMS320C62x，定点处理器，型号有 TMS320C6201、TMS320C6202、TMS320C6203、TMS320C6204、TMS320C6205 等；TMS320C64x，定点处理器，型号有 TMS320C6414、TMS320C6415、TMS320C6416 等；TMS320C67x，浮点处理器，型号有 TMS320C6701、TMS320C6711、TMS320C6712 等；TMS320C8x，多处理器，型号有 TMS320C80。

（2）ADI 公司的产品。ADSP21xx 为定点处理器，如 ADSP2101/2103/2105、AD-SP2111/2115、ADSP2161/2162/2163/2164/2165/2166、ADSP2171/2173/2181 等；ADSP21xxx 为浮点处理器，如 ADSP21020、ADSP21060、ADSP21062。

（3）AT&T 公司的产品。比较有代表性的定点处理器有 DSP16、DSP16A、DSP16C、DSP1610、DSP1616 等；比较有代表性的浮点处理器有 DSP32、DSP32C、DSP3210 等。

（4）Freescale 公司的产品。比较有代表性的定点处理器有 MC56000、MC56001、MC56002；比较有代表性的浮点处理器有 MC96002 等。

（5）NEC 公司的产品。比较有代表性的定点处理器有 μPD77C25、μPD77220 等；比较有代表性的浮点处理器有 μPD77240 等。

现在中国市面上比较流行的是 TI、ADI、Freescale 和 NEC 公司的产品。寻求技术支持和开发工具相对都比较容易。下面为上述公司的网址，感兴趣的读者可到各个公司的网站查询不同芯片的资料。

TI：www.ti.com

ADI：www.analog.com

Freescale：www.freescale.com

NEC：www.nec.com

1.4　DSP 的硬件结构

DSP 芯片种类比较多，本章以应用广泛典型的 C6000 为例，介绍其硬件结构。

C6000 是美国 TI 公司于 1997 年推出的 DSP 芯片。该 DSP 系列芯片定点、浮点兼容，其中，定点系列是 TMS320C62xx，浮点系列是 TMS320C67xx。定点 C62xx 系列目前有 C6201、C6202、C6211、C6203、C6204 和 C6205 等 6 个品种；浮点 C67xx 系列目前有 C6701、C6711 和 C6713 等 3 个品种。2000 年 3 月，TI 公司又发布了新的 C64xx 内核，其主频为 1.1 GHz，处理速度达到 9000 MIPS，在数字图像处理领域和流媒体应用领域得到了广泛的应用。C64xx 的发布，对 DSP 业界再次产生新的冲击。

C6000 片内有 8 个并行的处理单元，分为相同的两组。DSP 的体系结构采用超长指令字（VLIW）结构，单指令字长为 32 位，指令包里有 8 个指令，总字长达到 256 位。执行指令的功能单元已经在编译时分配好，程序运行时通过专门的指令分配模块，可以将每个 256 位的指令包同时分配到 8 个处理单元，并由 8 个单元同时运行。芯片的最

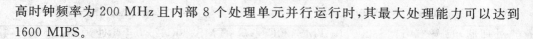

高时钟频率为 200 MHz 且内部 8 个处理单元并行运行时,其最大处理能力可以达到 1600 MIPS。

1. CPU 结构

图 1-1 是 TMS320C62xx/C67xx 的结构框图。C62xx/C67xx 芯片内部集成了一定大小的片内程序存储器,有些芯片将这些存储器作为程序高速缓冲存储器,同样也包括不等的数据存储器,也可以作为数据高速缓冲存储器。外设包括直接存储器访问(DMA)、低功耗逻辑、外部存储器接口(EMIF)、多通道缓冲串口、扩展总线、主机口和定时器等。不同型号的芯片有不同的外设配置,使用时请查阅有关的数据手册。图 1-1 的阴影部分为 C62xx/C67xx 的 CPU,它对所有的 C62xx/C67xx 芯片是公用的。C62xx/C67xx 的 CPU 包括:

- 程序取指单元。
- 指令分配单元,先进指令包(只有 C64 具有)。
- 指令译码单元。
- 两个数据通路,每个数据通路有 4 个功能单元。
- 32 个 32 位寄存器,C64 有 64 个 32 位寄存器。
- 控制寄存器。
- 控制逻辑。
- 测试、仿真和中断逻辑。

每个 CPU 时钟周期里,通过取指、指令分配和指令译码,最多可把 8 条指令传送到指定功能单元执行。所有的数据处理都在两个数据通路 A 和 B 中执行,每个通路有 4 个功能单元(.L、.S、.M 和.D)和一个包括 16 个 32 位寄存器的寄存器组,C64x 芯片有 32 个 32 位寄存器的寄存器组。

C6000 DSP 系列芯片有一个 32 位,可以字节寻址的地址空间。内部集成的存储器具有独立的地址和数据总线访问,程序和数据空间是独立的。所有片外存储器可以通过外部存储器接口(EMIF)访问。

在 C6000 DSP 平台上,集成了多种存储空间和外设,包括:

- 片内 RAM,最大达到 7M 位。
- 程序高速缓存。
- 二级缓存处理。
- 32 位外部存储器接口(EMIF),支持 SDRAM、SBSRAM 和 SRAM 等多种类型存储器。
- DMA 控制器,无需 CPU 参与就可以在允许的地址空间范围里传送数据。
- EDMA 控制器,有 16 个 EDMA 通道。
- 主机口(HPI),支持多种类型主机访问 DSP 的所有存储空间。
- 扩展总线(EX BUS),具有主机口和 I/O 端口操作等功能。
- 多通道缓冲串口(McBSP),通过配置能和多种串行通信接口通信。

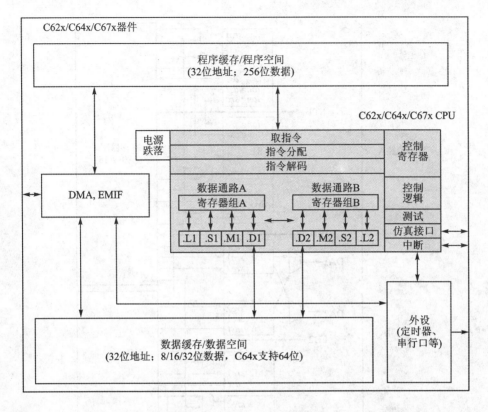

图 1－1　C62xx/C67xx 方框图

● 两个 32 位通用定时器。

● 低功耗运行逻辑。

下面以 C62xx 为例，介绍 CPU 的数据通路与控制。C62xx 的数据通路如图 1－2 所示，包括：

● 2 个通用寄存器组(A 和 B)。

● 8 个功能单元(.L1、.L2、.S1、.S2、.M1、.M2、.D1 和 .D2)。

● 2 个存储器读取通路(LD1 和 LD2)。

● 2 个存储器存储通路(ST1 和 ST2)。

● 2 个寄存器组交叉通路(1x 和 2x)。

● 2 个数据寻址通路(DA1 和 DA2)。

在 C62xx/C67xx 数据通路中有两个通用寄存器组(A 和 B)。对于 C62xx/C67xx DSP，每个寄存器组包括 16 个 32 位寄存器。寄存器组 A 包括 A0～A15，寄存器组 B 包括 B0～B15。通用寄存器可用来存放数据和数据地址指针或者条件寄存器，寄存器 A1、A2、B0、B1 和 B2 可用于条件寄存器，寄存器 A4～A7 和 B4～B7 可用于循环寻址。对于 C64xx DSP，每个寄存器组包括 32 个 32 位寄存器，寄存器组 A 包括 A0～A31，寄存器组 B 包括 B0～B31。通用寄存器组支持 32 位和 40 位定点数据。

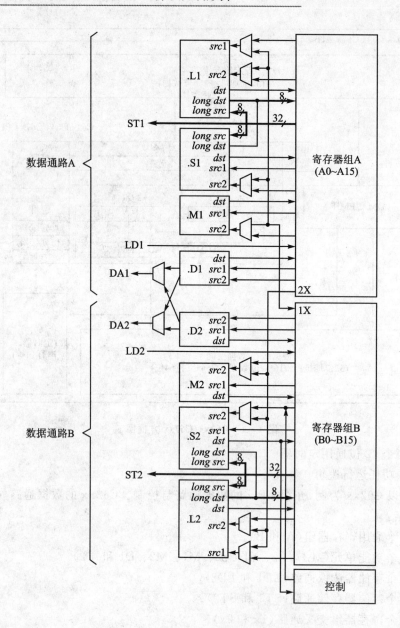

图 1－2　TMS320C62xx 的 CPU 数据通路

　　C62xx/C67xx 的数据通路中的 8 个功能单元分成 2 组,每组 4 个。每个数据通路中的对应的功能单元有基本相同的定义。对于 C64xx DSP 可以执行所有 C62xx 的指令,也可以执行 8 位和 16 位扩展指令,这些功能单元的具体描述见表 1－1。

表 1－1　功能单元和执行操作

功能单元	定点操作	浮点操作
.L 单元(.L1 和.L2)	32/40 位算术和比较操作	算术操作
	32 位中最左边 1 或 0 的位数计算	转换操作
	32 位和 40 位计数	DP(双精度)-SP(单精度)
	32 位逻辑操作	INT(整型)-DP,INT-SP
.S 单元(.S1 和.S2)	32 位算术操作	比较倒数和倒数平方根操作
	32/40 位移位和 32 位移位操作	绝对值操作
	32 位逻辑操作	SP-DP 转换
	删减	
	常数产生	
	寄存器与控制寄存器传递(仅.S2)	
.M 单元(.M1 和.M2)	16×16 乘法操作	32×32 乘法操作
		浮点乘法操作
.D 单元(.Dl 和.D2)	32 位加、减、线性循环寻址计算	5 位常数偏移量双字读取
	5 位常数偏移量取存	
	15 位常数偏移量取存(仅.D2)	

　　每个功能单元可以直接对它所处的数据通路的寄存器组进行读和写操作,即
.L1、.S1、.D1 和.M1 可以读/写访问寄存器组 A,而.L2、.S2、.D2 和.M2 读/写访问
寄存器组 B。两个寄存器组通过 1X 和 2X 交叉通路与另一侧寄存器组的功能单元相
连。交叉通路允许一侧数据通路的功能单元访问另一侧寄存器组的 32 位操作数,1X
交叉通路允许数据通路 A 的功能单元从寄存器组 B 读它的源操作数,2X 交叉通路则
允许数据通路 B 的功能单元从寄存器组 A 读它的源操作数。

　　6 个功能单元通过交叉通路可以访问另一侧的寄存器组,其中,.M1、.M2、.S1 和
.S2 单元的 src2 可以在交叉通路和自己通路的寄存器组之间选择,.L1 和.L2 的 src1
和 src2 可以在交叉通路和自己的寄存器组之间选择。C64xx DSP 的 8 个功能单元都
可以通过交叉通路访问另一侧的寄存器组,即 D1 和 D2 单元也增添了同样的功能。由
于仅有 1X 和 2X 两个交叉通路硬件资源,因此在一个周期内只能从另一侧寄存器组读
取一次源操作数,或者在一个周期内只能进行两个交叉通路的源操作数读入。

　　在 C62xx/C67xx DSP 中,有两个 32 位通路可把数据从存储器读到寄存器。寄存
器组 A 的通路为 LD1,寄存器组 B 的通路为 LD2。除此之外,C67xx 对于寄存器组 A
和组 B 分别有第二个 32 位读取通路,从而允许 LDDW 指令同时读取 2 个 32 位数据到
A 侧寄存器和 2 个 32 位数据到 B 侧寄存器,这就允许 C67xx DSP 可以一次从存储器
中读取 64 位数据到寄存器。C62xx/C67xx 也有 2 个 32 位通路 ST1 和 ST2,分别将每
个寄存器组的寄存器数据存入存储器。这两个存储通路与功能单元.L 和.S 的长型数

据读通路共享。C64xx 器件支持双字存取操作,对于每个寄存器组都有 4 个 32 位存取通路,即 LD1a、LD1b、ST1a 和 ST1b 四个通路。

在两个数据通路中,数据地址通路 DA1 和 DA2 连接到每个.D 单元,如图 1-2 所示。该硬件结构允许一个寄存器组产生的数据地址支持另一个寄存器组到存储器的存取操作。然而并行指令执行的读取和存入必须在同一个寄存器组内进行,或者同时使用交叉通路。T1 和 T2 各自指定 DA1 和 DA2 资源和对应的数据通路。

只有.S2 功能单元可以读/写控制寄存器组。控制寄存器组有寻址模式寄存器(AMR)、控制状态寄存器(CSR)、中断标志寄存器(IFR)、中断设置寄存器(ISR)、中断清除寄存器(ICR)、中断使能寄存器(IER)、中断服务表指针(ISTP)、中断返回指针(IRP)、不可屏蔽中断返回指针(NRP)和程序计数器(PCE1)。每个寄存器的详细资料可以参考 TI 公司的相关文档。

2. 中 断

DSP 在一个有着多种外界异步事件发生的环境中工作,需要响应外部异步事件执行相应的任务。DSP 响应外部事件的中断请求,进入中断服务子程序,执行完中断服务子程序后,再回到原来被中断的地方继续执行程序。中断服务的整个过程是保存当前处理现场、完成中断任务、恢复各寄存器和现场、返回继续执行被暂时中断的程序。DSP 的中断源可以是片内的,也可以是片外的,如定时器、A/D 转换及其他外设。当几个中断源同时向 CPU 请求中断时,CPU 根据中断源的优先级别,优先响应级别最高的中断请求。

C62xx/C67xx 的 CPU 中有 3 种类型的中断,即 RESET(复位)中断、不可屏蔽中断和可屏蔽中断。3 种中断的优先级别不同,其优先顺序见表 1-2。复位中断具有最高优先级,相应信号为 RESET 信号。不可屏蔽中断为第二优先级,相应信号为 NMI 信号。最低优先级中断为 15,其信号为 INT15。RESET、NMI 和一些 INT4~INT15 信号反映在 C62xx/C67xx 芯片的管脚上,有些信号被片内外设所使用。每一种类型的 DSP 芯片其具体的中断源都有所区别,详细的信息请参照该芯片的技术资料。

表 1-2 中断优先级表

优先级别	中断名称
最高级	RESET
	NMI
	INT4
	INT5
	INT6
	INT7
	INT8
	INT9
	INT10
	INT11
	INT12
	INT13
	INT14
最低级	INT15

复位是最高级别中断,它被用来复位 CPU,使 DSP 处在一个初始状态中。复位中断具有以下几个特点:

● RESET 是低电平有效信号,所有其他的中断则是高电平有效。
● 为正确地重新初始化 CPU,RESET 变成高电平之前,必须保持 10 个时钟周期

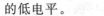

的低电平。

- 复位停止所有正在执行的任务,所有的寄存器恢复到它们的默认状态。
- 复位后,CPU 跳转到地址为 0 处开始运行,所以复位中断服务取指包必须放在地址为 0 的内存中。
- 跳转不影响复位。

NMI 是第二优先级别的中断,NMI 通常被用来向 CPU 发出一系列严重硬件问题的警报,如掉电。不可屏蔽中断的条件是:不可屏蔽中断使能位(NMIE)必须置 1 且外部引脚处为高电平。注意,在跳转的延迟时间内,不可屏蔽中断不被处理。NMIE 在复位时被清 0,以防止复位被打断。由于在一个 NMI 发生时,NMIE 被清 0,这样就防止了另一 NMI 的处理。NMIE 不可以被手动清 0,但可以手动置 1,允许嵌套 NMI。

C62xx/C67xx 的 CPU 有 12 个可屏蔽中断,这些中断的优先级别都比 NMI 和复位中断低,可以由外部芯片、片内外设触发产生,也可由软件控制产生或者不用。假设一个可屏蔽中断不发生在跳转的延迟期间,则必须满足下列条件时可屏蔽中断才被处理:

- 控制状态寄存器(CSR)中的全局中断使能位置 1。
- 中断使能寄存器(IER)中的 NMIE 位置 1。
- IER 中的相应中断使能位(IE)置 1。
- 相应的中断发生,将中断标志寄存器(IFR)的相应位置 1,且在 IFR 中没有更高优先级别的中断标志位(IF)为 1。

IACK 和 INUMx 信号通知 C62xx/C67xx 外部硬件,一个中断已经发生且正在进行处理。IACK 信号表示 CPU 已经开始处理一个中断。INUMx 信号(INUM3 ~ INUM0)指出正在处理的是哪一个中断(即 IFR 中的标志位的位置)。例如:

```
INUM3 = 0    (MSB)
INUM2 = 1
INUM1 = 1
INUM0 = 0    (LSB)
```

这些信号一起提供了 4 位数据 0110,指出 INT5 正在处理。

当 CPU 开始处理一个中断时,它要参照 IST 进行。中断服务表 IST(Interrupt Service Table)是包含中断服务代码的取指包的一个地址表。IST 包含 16 个连续取指包,每个中断服务取指包都含有 8 条指令。IST 的地址和内容如图 1-3 所示。由于每个取指包都有 8 条 32 位指令字(或 32 个字节),因此图中的地址以 32 个字节(即 20h)增长。

ISFP(Interrupt Service Fetch Packet)是处理中断的取指包。如果中断服务程序足够小,就可以把它放在一个单独的取指包(FP)内,如图 1-4 所示。为了中断结束后能够返回主程序,FP 中包含一条跳转到中断返回指针所指向地址的指令,即 BIRP。紧接着是一条 NOP 5 指令,这条指令使跳转目标进入流水线的执行级。若没有这条指令,CPU 将会在跳转之前完成执行下一个 ISFP 中的 5 个执行包。如果中断服务程序太长,不能放在单一的 FP 内,这就需要跳转到另外中断服务程序的位置上。

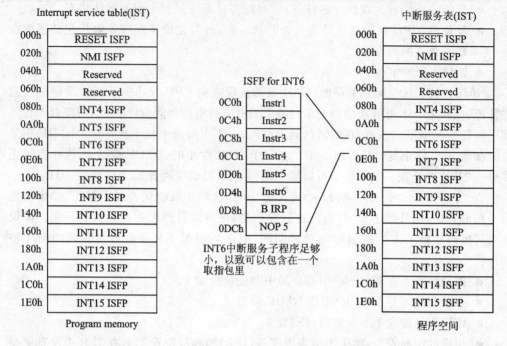

图 1-3 中断服务表   图 1-4 中断服务取指包

中断服务表指针寄存器 ISTP(Interrupt Service Table Pointer)用于定位中断服务程序地址。ISTP 中的字段 ISTB 确定中断服务表 IST 地址的基值,另一字段 HPEINT 指示正被悬挂的最高优先级中断,并给出该中断取指包在 IST 中的位置。图 1-5 给出了 ISTP 各字段的位置。

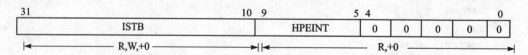

图 1-5 中断服务表指针寄存器(ISTP)

HPEINT:最高级使能中断。该字段给出 IER 中使能的最高级挂起中断的序号(相应为 IFR 的位数),这样可利用 ISTP 手工跳转到最高级使能中断。如果没有中断挂起和使能,则 HPEINT 的值为 00000b。这个相应的中断不需要靠 NMIE(除非是 NMI)或 GIE 使能。

ISTB:IST 的基地址,复位时置 0,这样在开始时 IST 必须放在 0 地址,复位后,可对 ISTB 写新的数值重新定位 IST。如果重新定位,则第一个 ISFP 从不执行,因为复位事件使 ISTB 置 0。

TMS320C6000 有 8 个寄存器控制中断服务。

● 控制状态寄存器(CSR,Control States Register):控制全局使能或禁止中断。

- 中断使能寄存器(IER,Interrupt Enable Register):使能或禁止中断。
- 中断标志寄存器(IFR,Interrupt Flag Register):指示中断状态,或者指出挂起的中断。
- 中断设置寄存器(ISR,Interrupt Set Register):手动设置 IFR 中的标志位。
- 中断清零寄存器(ICR,Interrupt Clear Register):手动清除 IFR 中的标志位。
- 中断服务表指针(ISTP,Interrupt Service Table Pointer):指向中断服务表的起始地址。
- 不可屏蔽中断返回指针(NRP,Nonmaskable Interrupt Return Pointer):包含从不可屏蔽中断返回的地址,该中断返回通过 BNRP 指令完成。
- 中断返回指针(IRP,Interrupt Return Pointer):包含从可屏蔽中断返回的地址,该中断返回通过指令"B　IRP"完成。

每个控制寄存器的详细资料请查阅芯片对应的技术资料。

图 1-6 给出了 C62xx 非复位中断(INTm)的响应过程。非复位中断信号每时钟周期被检测,且不受存储器阻塞(扩展 CPU 周期)影响。外部中断管脚电平 INTm 在时钟周期 1 由低电平转换为高电平,在时钟周期 3 到达 CPU 边界,周期 4 被检测到并送入 CPU,周期 6 中断标志寄存器(IFR)中相应的标志位 IFm 被置 1。如果执行包 n+3(CPU 周期 4)中有对 ICR 的 m 位写 1 指令(即清 IFm),这时中断检测逻辑置 IFm 为 1 优先,指令清 0 无效。若 INTm 未被使能,IFm 将一直保持 1 直到对 ICR 的 m 位

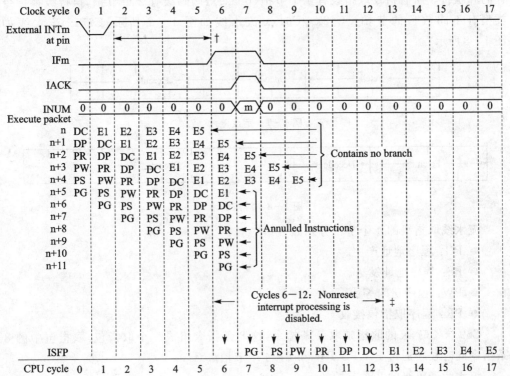

图 1-6　C62xx 非复位中断检测处理的流水操作

写 1 或 INTm 处理发生。若 INTm 为最高优先级别挂起中断,且在 CPU 周期 4 有:GIE=I,NMIE=I,IER 中的 IEm 为 1,则 CPU 响应 INTm 中断。在图 1-6 中,CPU 周期 6~12 期间将发生下列中断处理:

- 禁止紧接着的非复位中断处理。
- 如果是除 NMI 之外的非复位中断,GIE 的值转入到 PGIE,GIE 被清 0。
- 如果中断是 NMI,NMIE 被清 0。
- 周期 n+5 以后的执行包被废除。在特定流水阶段废除的执行包不会修改任何 CPU 状态。
- 被废除的第一执行包(n+5)地址送入 NRP(对于 NMI)或者 IRP(对于所有其他中断)。
- 在 CPU 周期 7(C62xx)和 CPU 周期 9(C67xx)期间,跳转到 ISTP 中地址的指令被迫进入流水线的 E1 节拍。
- 在 CPU 周期 7 期间,/IACK 和 INUMX 信号建立,通知外部芯片中断正在处理。
- CPU 周期 8,Ifm 被清 0。

3. 流水线

TMS320C62xx/C67xx 指令集中的所有指令在执行过程中均包括流水线的取指、译码和执行。所有指令取指级有 4 个节拍(phase),译码级有 2 个节拍,执行级视指令类型有不同数目的节拍。C62xx/C64xx 流水线如图 1-7 所示,C67xx 流水线如图 1-8 所示。

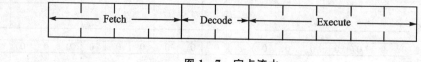

图 1-7　定点流水

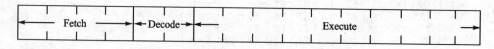

图 1-8　浮点流水

流水线取指级的 4 个节拍分别如下:

- PG:程序地址产生。
- PS:程序地址发送。
- PW:程序访问等待。
- PR:程序取指包接收。

C62xx/C67xx 的取指是取 8 条指令,这 8 条指令组成一个取指包,取指包中的 8 条指令同时顺序通过 PG、PS、PW 和 PR 4 个节拍。

流水线译码级的 2 个节拍如下:

- DP：指令分配。
- DC：指令译码。

在流水线的 DP 节拍中,取指包指令根据并行性分成各执行包,执行包由 1～8 条并行指令组成。在 DP 节拍期间一个执行包的指令分别分配到相应的功能单元。同时,源寄存器、目的寄存器和相关通路被译码,以便在功能单元完成指令执行。译码各节拍的顺序如图 1-9(a)所示。图 1-9(b)给出了包含两个执行包的一个取指包通过流水线译码节拍的框图,其中取指包的后 6 条指令是并行的,从而组成一个执行包(EP),该执行包在译码的 DP 节拍中。箭头指出每条指令所分配的功能单元,指令 NOP 由于与功能单元没有联系,因此不分配功能单元。取指包的前 2 条并行指令(阴影部分)形成一个执行包,在前一个时钟周期处在 DP 节拍,它包含两条乘法(MPY)指令,当前处于 DC 节拍..L、.S 和.D 单元没有分配相关指令。

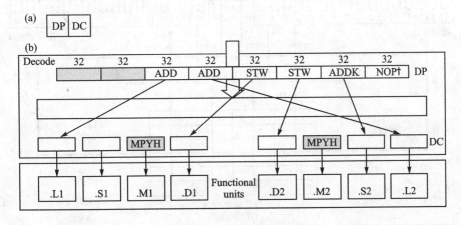

图 1-9　流水线的译码各节拍

定点流水线的执行级分成 5 个节拍(E1～E5),不同类型的指令,执行时需要不同数目的节拍。流水线的每个节拍以 CPU 周期来区分。图 1-10(a)从左到右给出了各执行节拍的顺序,图 1-10(b)为执行过程的功能框图。浮点流水线的执行级分成 10 个节拍(E1～E10)。TMS320C62xx/C67xx 流水线的所有节拍参见图 1-11。

流水线基于 CPU 周期操作,CPU 周期是特定执行包在特定流水线节拍的时间。所有的指令都必须通过流水线节拍,在不同的功能单元执行。图 1-12 给出了一个充满的流水线,在取指的每个节拍中都有一个取指包。一个 8 条指令的执行包正在分配,同时一个 7 条指令的执行包正在译码(另一条指令 NOP 不需要功能单元)。

图 1-12 中的执行代码如下所示。

```
SADD .L1 A2,A7,A2 ; E1 Phase
|| SADD .L2 B2,B7,B2
|| SMPYH .M2X B3,A3,B2
|| SMPY .M1X B3,A3,A2
|| B .S1 LOOP1
|| MVK .S2 117,B1
```

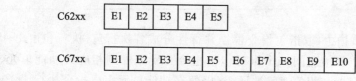

(a) 流水线的执行节拍

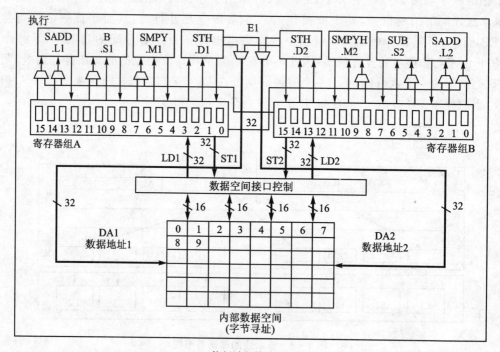

(b) 执行过程的功能框图

图 1 - 10 　执行级节拍顺序

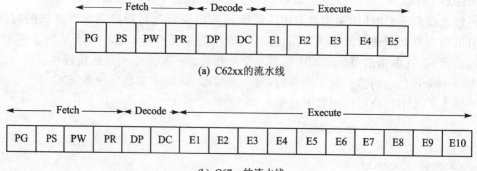

(a) C62xx的流水线

(b) C67xx的流水线

图 1 - 11 　流水线所有节拍

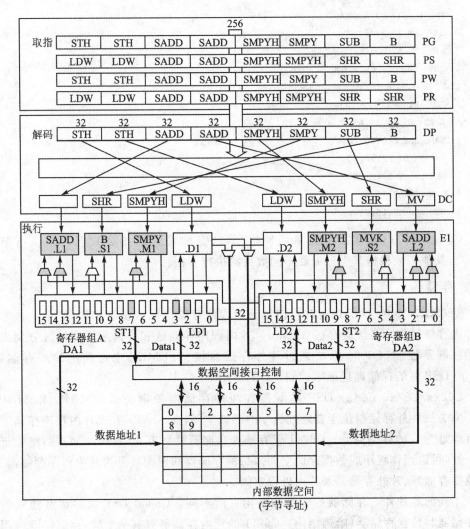

图 1 - 12 基于流水线各节拍的功能框图

LDW .D2 * B4 + + ,B3 ; DC Phase

|| LDW .D1 * A4 + + ,A3

|| MV .L2X A1,B0

|| SMPYH .M1 A2,A2,A0

|| SMPYH .M2 B2,B2,B10

|| SHR .S1 A2,16,A5

|| SHR .S2 B2,16,B5

LOOP1:

STH .D1 A5, * A8 + + [2] ; DP, PW, and PG

Phases

|| STH .D2 B5, * B8 + + [2]

|| SADD .L1 A2,A7.A2

|| SADD .L2 B2,B7,B2

```
|| SMPYH .M2X B3,A3,B2
|| SMPY .M1X B3,A3,A2
|| [B1] B .S1 LOOP1
|| [B1] SUB .S2 B1,1,B1
LDW .D2 * B4 + + ,B3 : PR and PS Phases
|| LDW .D1 * A4 + + ,A3
|| SADD .L1 A0,A1,A1
|| SADD .L2 B10,B0,B0
|| SMPYH .M1 A2,A2,A0
|| SMPYH .M2 B2,B2,B10
|| SHR .S1 A2,16,A5
|| SHR .S2 B2,16,B5
```

C62xx/C67xx 很多指令为单周期指令,这意味着这些指令只有一个执行节拍 (E1)。其他指令根据其类型需要不同数目的执行节拍。

4. 存储器

TMS320C6000 DSP 的片内存储器分为程序存储区和数据存储区,其中一些芯片把片内存储区作为高速缓存区(cache)。片内程序存储区和片内数据存储区分别由各自的控制器控制,C6000 系统通过片外存储器接口(EMIF)也可使用片外存储器。C6000 DSP 总的存储地址范围达到 4 GB。

C62xx/C67xx/C64xx DSP 基本都有两种存储器映射方式:MAP0 和 MAP1。MAP0 方式片外存储器位于首地址为 0 的存储空间,而 MAP1 方式片内程序存储器位于首地址为 0 的存储空间。C6211 仅有一种存储器映射方式,片内存储器始终位于地址 0 处,可以当作程序或数据存储空间。每种存储器映射都被分为片内程序存储器、片内数据存储器、片外存储器和片内外设空间。

不同的芯片片内存储器的容量和结构有所不同。C6000 DSP 大多都有独立的程序存储器和数据存储器(哈佛结构),C6211 的片内存储器只有一个区,存储器既可用来存放程序又可用来存放数据。表 1-3 给出了 C6000 系列 DSP 芯片的片内存储器配置。高速缓冲存储器(cache)的结构如表 1-4 所列。

表 1-3　TMS320C6000 片内存储器配置

器　件	CPU	内部存储器 结构	总容量 /字节	程序存储器 /字节	数据存储器 /字节
C6201	6200	Harvard	128K	64K(map/cache)	64K(map)
C6701	6700	Harvard	128K	64K(map/cache)	64K(map)
C6202(B)	6200	Harvard	384K	128K(map) 128K(map/cache)	128K(map)
C6203(B)	6200	Harvard	896K	256K(map) 128K(map/cache)	512K(map)
C6204	6200	Harvard	128K	64K(map/cache)	64K(map)
C6205	6200	Harvard	128K	64K(map/cache)	64K(map)

表 1-4　TMS320C6000 cache 结构

缓存空间	容量/字节	映射模式	行大小/字节
C6201 program	64K	Direct mapped	32
C6701 program	64K	Direct mapped	32
C6202(B) program	128K	Direct mapped	32
C6203(B) program	128K	Direct mapped	32
C6204 program	64K	Direct mapped	32
C6205 program	64K	Direct mapped	32

　　TMS320C6201/C6204/C6205/C6701 的片内程序存储器可以作为 cache 或存储器映射使用。它的容量为 64 KB,即有 2K 个 256 位取指包或者 16K 条 32 位指令。CPU 通过一条 256 位的总线与内部程序存储器相连。

　　TMS320C6202(B)/C6203(B)C6202 片内程序存储器的容量为 256 KB,分为两块可以独立地被访问的区域。其中,128 KB 可作为程序存储区或直接映射式程序缓存区 cache,另外 128 KB 只作为程序存储区。这就允许 CPU 对程序存储器取指的同时, DMA 控制器从另一块进行读/写访问。

　　TMS320C6201/C6204/C6205 的片内数据 RAM 由两块 32 KB 组成,地址分别为 8000 0000～8000 7FFFh 和 8000 8000h～8000 FFFFh。每块都由 4K bank 的 16 位半字组成,片内数据 RAM 的 bank 如表 1-5 所列。CPU 和 DMA 可以对位于不同 bank 中的数据同时进行访问。由于 CPU 仅有 2 个数据通道(A 侧和 B 侧),因此在一个周期内 CPU 和 DMA 最多可以访问数据 RAM 3 次,CPU 2 次,DMA 1 次,且不会发生资源冲突。表 1-5 给出了 C6201/C6204/C6205 的片内数据 RAM 配置。

　　C6701 的片内数据 RAM 容量是 64 KB,分为 2 块,每块为 8 个 16 位宽的 bank,地址范围为 8000 0000h～8000 7FFFh 和 8000 8000h～8000 FFFFh。表 1-6 给出了 C6701 的片内数据 RAM 配置。这种结构允许 CPU 的两个数据通道(A 侧和 B 侧)和 DMA 控制器在同一周期内访问片内数据存储器,因此 C6701 每周期可进行的最多访问为:2 次 64 位数据的 CPU 访问和 1 次 32 位数据的 DMA 访问。

表 1-5　C6201(修订版 2)的片内数据 RAM 配置

	Bank0	Bank1	Bank2	Bank3
	80000000	80000002	80000004	80000006
First address	80000001	80000003	80000005	80000007
(Block 0)	80000008	8000000A	8000000C	8000000E
	80000009	8000000B	8000000D	8000000F
	⋮	⋮	⋮	⋮
	80007FF0	80007FF2	80007FF4	80007FF6
Last address	80007FF1	80007FF3	80007FF5	80007FF7
(Block 0)	80007FF8	80007FFA	80007FFC	80007FFE
	80007FF9	80007FFB	80007FFD	80007FFF

续表 1-5

	Bank0	Bank1	Bank2	Bank3
First address (Block 1)	80008000	80008002	80008004	80008006
	80008001	80008003	80008005	80008007
	80008008	8000800A	8000800C	8000800E
	80008009	8000800B	8000800D	8000800F
	⋮	⋮	⋮	⋮
Last address (Block 1)	8000FFF0	8000FFF2	8000FFF4	80007FF6
	8000FFF1	8000FFF3	8000FFF5	8000FFF7
	8000FFF8	8000FFFA	8000FFFC	80007FFE
	8000FFF9	8000FFFB	8000FFFD	8000FFFF

表 1-6　C6701 的片内数据 RAM 配置

	Bank0	Bank1	Bank2	Bank3
First address (Block 0)	80000000	80000002	80000004	80000006
	80000001	80000003	80000005	80000007
Last address (Block 0)	80007FF0	80007FF2	80007FF4	80007FF6
	80007FF1	80007FF3	80007FF5	80007FF7S
	Bank4	**Bank5**	**Bank6**	**Bank7**
First address (Block 0)	80000008	8000000A	8000000C	8000000E
	80000009	8000000B	8000000D	8000000F
Last address (Block 0)	800007FF8	80007FFA	800007FFC	800007FFE
	80007FF9	80007FFB	80007FFD	80007FFF
	Bank0	**Bank1**	**Bank2**	**Bank3**
First address (Block 1)	80008000	80008002	80008004	80008006
	80008001	80008003	80008005	80008007
Last address (Block 1)	8000FFF0	8000FFF2	8000FFF4	8000FFF6
	8000FFF1	8000FFF3	8000FFF5	8000FFF7
	Bank4	**Bank5**	**Bank6**	**Bank7**
First address (Block 1)	80008008	8000800A	8000800C	8000800E
	80008009	8000800B	8000800D	8000800F
Last address (Block 1)	8000FFF8	8000FFFA	8000FFFC	8000FFFE
	8000FFF9	8000FFFB	8000FFFD	8000FFFF

5. 片内集成外设

C6000 系列 DSP 在内部集成了许多外围设备（peripherals），以便于控制与片外的

存储器、协处理器、主机以及串行设备的通信。主要外设有以下几类:

- 定时器
- DMA/EDMA　　　直接存储器方位控制器
- HPI　　　　　　主机访问结构
- MCBSP　　　　　多通道缓冲串口
- EMIF　　　　　　外存储器接口
- XB　　　　　　　扩展总线
- Bootload　　　　自举逻辑控制
- Power-down　　　逻辑
- 中断处理

每种型号集成的外设种类和数量都是不相同的,详细情况可以参照芯片的技术资料。

1.5　DSP 的指令系统

下面主要对 C6000 DSP 的指令系统做简要介绍。C6000 DSP 的 VLIW 硬件结构由多个并行运行的执行单元组成,这些单元在单个周期内可执行多条指令。在编译时程序的并行性就被确定,运行时取指包内的 8 条指令自动被分配功能单元执行指令。

C62xx 和 C67xx 共享一套指令集。C62xx 的所有指令对 C67xx 均有效。由于C67xx 是浮点 DSP 芯片,因此 C67xx 有一些自己特定的指令,这些特定的指令在定点C62xx 芯片上不能执行。这些指令包括 32 位整型乘法指令、双字读/取指令和浮点操作(浮点加、减和乘)指令。C64xx 完全兼容 C62xx 的指令,同时也扩展了自己独特的指令。

1.5.1　指令和功能单元的映射

C6000 汇编语言的每一条指令只能在一定的功能单元执行,因此形成了指令和功能单元之间的映射关系。表 1－7 给出了 C62xx/C64xx/C67xx 指令到功能单元的映射,表 1－8 给出了功能单元到这些指令的映射。

表 1－7　C62xx/C64xx/C67xx 指令到功能单元的映射

.L 单元	.M 单元	.S 单元		.D 单元	
ABS	MPY	ADD	SET	ADD	STB(15bit offset)
ADD	MPYU	ADDK	SHL	ADDAB	STH(15bit offset)
ADDU	MPYUS	ADD2	SHR	ADDAH	STW(15bit offset)
AND	MPYSU	AND	SHRU	ADDAW	SUB
CMPEQ	MPYH	B disp	SSHL	LDB	SUBAB

.L 单元	.M 单元	.S 单元		.D 单元	
CMPGT	MPYHU	B IRP	SUB	LDBU	SUBAH
CMPGTU	MPYHUS	B NRP	SUBU	LDH	SUBAW
CMPLT	MPYHSU	B req	SUB2	LDHU	ZERO
CMPLTU	MPYHL	CLR	XOR	LDW	
LMBD	MPYHLU	EXT	ZERO	LDB(15bit offset)	
MV	MPYHULS	EXTU		LDBU(15bit offset)	
NEQ	MPYHSLU	MV		LDH(15bit offset)	
NORM	MPYLH	MVC		LDHU(15bit offset)	
NOT	MPYLHU	MVK		LDW(15bit offset)	
OR	MPYLUHS	MVKH		MV	
SADD	MPYLSHU	MVKLH		STB	
SAT	SMPY	NEQ		STH	
SSUB	SMPYHL	NOT		STW	
SUB	SMPYLH	OR			
SUBU	SMPYH				
SUBC					
XOR					
ZERO					

表 1-8　功能单元到指令的映射

| 指　令 | C62x/C64x/C67x 功能单元 | | | |
	.L 单元	.M 单元	.S 单元	.D 单元
ABS	√			
ADD	√		√	√
ADDU	√			
ADDAB				√
ADDAH				√
ADDAW				√
ADDK			√	
ADD2			√	
AND	√		√	
B			√	
B IRP			√ ↑	
B NRP			√ ↑	

续表 1 - 8

指　　令	C62x/C64x/C67x 功能单元			
	.L 单元	.M 单元	.S 单元	.D 单元
B reg			√↑	
CLR			√	
CMPEQ	√			
CMPGT	√			
CMPGTU	√			
CMPLT	√			
CMPLTU	√			
EXT			√	
EXTUC			√	
IDLE				
LDB mem				√
LDBU mem				√
LDH mem				√
LDHU mem				√

此外,C67xx 还增添了一些浮点运算指令,如表 1 - 9 所列。C64xx 根据硬件结构特点也扩展了一些定点运算指令,如表 1 - 10 所列。

表 1 - 9　C67xx 指令到功能单元的映射

.L 单元	.M 单元	.S 单元	. D 单元
ADDDP	MPYDP	ABSDP	ADDAD
ADDSP	MPYI	ABSSP	LDDW
DPINT	MPYID	CMPEQDP	
DPSP	MPYSP	CMPEQSP	
DPTRUNC		CMPGTDP	
INTDP		CMPGTSP	
INTDPU		CMPLTDP	
INTSP		CMPLTSP	
INTSPU		RCPDP	
SPINT		RCPSP	
SPTRUNC		RSQRDP	
SUBDP		RSQRSP	
SUBSP		SPDP	

表 1 - 10　C64xx 指令到功能单元的映射

.L 单元	.M 单元		.S 单元		.D 单元
ABS2	AVG2	SHFL	ADD2	SUB2	ADD2
ADD2	AVGU4	SMPY2	ADDKPC	SWAP2	ADDAD
ADD4	BITC4	SSHVL	AND	UNPKHU4	AND
AND	BITC4	SSHVL	ANDN	UNPKLU4	ANDN
ANDN	DEAL	XPND2	BDEC	XOR	LDDW
MAX2	DOTP2	XPND4	BNOP		LDDNDW
MAXU4	DOTPN2		BPOS		LDNW
MIN2	DOTPNRSU2		CMPEQ2		MVK
MINU4	DOTPNRUS2		CMPEQ4		OR
MVK	DOTPRSU2		CMPGT2		STDW
OR	DOTPRUS2		CMPGTU4		STNDW
PACK2	DOTPSU4		CMPLT2		STNW
PACKH2	DOTPUS4		CMPLTU4		SUB2
PACKH4	DOTPU4		MVK		XOR
PACKHL2	GMPY4		OR		
PACKL4	MPY2		PACK2		
PACKLH2	MPYHI		PACKH2		
SHLMB	MPYIH		PACKHL2		
SHRMB	MPYHIR		PACKLH2		
SUB2	MPYIHR		SADD2		
SUB4	MPYLI		SADDU4		
SUBABS4	MPYIL		SADDSU2		
SWAP2	MPYLIR		SADDUS2		
SWAP4	MPILR		SHLMB		
UNPKHU4	MPYSU4		SHR2		
UNPKLU4	MPYUS4		SHRMB		
XOR	MPYU4		SHRU2		
	MVD		SPACK2		
	ROTL		SPACKU4		

1.5.2　指令集与寻址方式

1. 公共指令集

C62xx/C64xx/C67xx 的公共指令集如下所示：

(1) 绝对值运算指令(Absolute Value Instructions)

● ABS——整型数据求绝对值指令。

(2) 算术运算(加法/减法)指令(Addition/Subtraction Instructions)

● ADD(U)——有符号数和无符号数加法指令。

● ADDAB/ADDAH/ADDAW——指定寻址模式的整型数据加法指令。

● ADDK——16 位常数加法指令。

● ADD2——半字加法指令。

● SADD——整数加法/饱和指令。

● SSUB——整型减法/饱和指令。

● SUB(U)——有符号数和无符号数减法指令。

● SUBAB/SUBAH/SUBAW——指定寻址模式的整型数据减法指令。

● SUBC——条件减法移位指令。

● SUB2——半字减法指令。

(3) 位操作指令(Bit Manipulation Instructions)

● CLR——位清 0。

● EXT——根据 csta、cstb 值读取指定位数据,高位按符号位扩展。

● EXTU——根据 csta、cstb 值读取指定位数据,高位填 0。

● LMBD——最左位 0 或 1 检测。

● NORM——整型数据归一化。

● SET——位置 1。

(4) 比较指令(Compare Instructions)

● CMPEQ——比较指令,如果两个操作数相等,目标操作数写入 1,否则写入 0。

● CMPGT(U)——比较指令,如果操作数 1 大于操作数 2,目标操作数写入 1,否则写入 0。

● CMPLT(U)——比较指令,如果操作数 1 小于操作数 2,目标操作数写入 1,否则写入 0。

(5) 搬移指令(Load/Store/Move Instructions)

● LDB(U)/LDH(U)/LDW——读取存储器字节/半字/字数据到通用寄存器。

● MV——寄存器间数据转移指令。

● MVC——通用寄存器和控制寄存器间数据转移指令。

● MVK——16 位常数存入寄存器。

- MVKH/MVKLH——16 位常数存入寄存器的 MSB。
- STB/STH/STW——寄存器数据存入存储器。

(6) 逻辑运算指令(Logical Operation Instructions)

- AND——位与操作。
- NEG——补码运算指令。
- NOT——位非操作。
- OR——位或操作。
- SAT——40 位整型数据饱和操作。
- XOR——位异或操作。
- ZERO——寄存器清 0。

(7) 其他指令(Miscellaneous Instructions)

- IDLE——空闲指令。
- NOP——空操作。

(8) 乘法/互换指令(Multiplication/Reciprocation Instructions)

- MPY(U/US/SU)——双操作数的低 16 位(LSB)相乘。
- MPYH——双操作数的高 16 位(MSB)相乘。
- MPYHL(U)/MPYHULS/MPYHSLU——操作数 1 的 LSB 与操作数 2 的 MSB 相乘。
- MPYLH(U)/MPYLUHS/MPYLSHU——操作数 1 的 MSB 与操作数 2 的 LSB 相乘。
- SMPY(HL/LH/H)——乘、移位饱和操作。

(9) 程序转移指令(Program Control Instructions)

- B——跳转至指定地址运行。
- B——跳转至寄存器所保存的地址运行。
- BIRP——中断返回跳转指令。
- BNRP——不可屏蔽中断返回跳转指令。

(10) 移位指令(Shift Instructions)

- SHL——算术左移。
- SHR——算术右移。
- SHRU——逻辑右移,无符号位扩展。
- SSHL——带饱和左移。

C67xx 和 C64xx 还根据其芯片的特点分别扩展了浮点、定点运算指令。这里不再详细介绍 C67xx 和 C64xx 的特殊指令,读者可以参考 TI 公司相关文档。

2. 寻址方式

C6000 的寻址方式只有间接寻址。根据 AMR 寄存器的 Mode 位又可以分为线性寻址和循环寻址。所有寄存器都可以作为线性寻址的地址指针,A4～A7、B4～B7 共 8

个寄存器还可以作为循环寻址的地址指针,具体由 AMR 中的 Mode 位决定,如表 1-11 所列。

表 1-11　模式选择说明

模式（Mode）	描　述
00	线性寻址（复位后默认值）
01	循环寻址（使用 BK0 字段）
10	循环寻址（使用 BK1 字段）
11	保留

1.5.3　C6000 的指令特点

C6000 的指令具有以下几个特点:

(1) 延迟间隙

定点、浮点指令的执行可以用延迟间隙来定义。延迟间隙在数量上等于从指令的源操作数被读取直到执行的结果可以被访问所使用的周期数。对于一个单周期类型指令（如 ADD）而言,源操作数在第 i 周期被读取,计算结果在第 $(i+1)$ 周期即可被访问。对于乘法指令（MPY）,源操作数在第 i 周期被读取,计算结果在第 $(i+2)$ 周期才能被访问。C62xx 定点指令的延迟间隙如表 1-12 所列,C67xx 浮点指令的延迟间隙如表 1-13 所列。

表 1-12　C62xx 定点指令的延迟间隙

指令类型	延迟间隙	功能单元等待时间	读周期数[1]	写周期数	跳转发生
NOP	0	1			
存储（store）	0	1	i	i	
单周期	0	1	i	i	
乘法（16×16）	1	1	i	$i+1$	
Load	4	1	i	$i,i+4$[2]	
跳转（branch）	5	1	i[3]		$i+5$

延迟间隙等同于执行或结果等待时间。C62xx/C64xx/C67xx 所有的公用指令都具有一个功能单元等待时间,这意味着每一个周期功能单元都能够开始一个新指令。单周期功能单元等待时间的另一个术语是单周期吞吐量。

---

[1]　第 i 周期发生在 E1 节拍。

[2]　周期 $i+4$ 的写使用不同于.D 单元指令的写端口。

[3]　跳转到标号、IRP 和 NRP 的跳转指令不读任何寄存器。

表 1-13　　C67xx 浮点指令的延迟间隙

指令类型	延迟间隙	功能单元等待时间	读周期①	写周期
单周期	0	1	i	i
2 周期 DP	1	1	i	$i,i+1$
4 周期	3	1	i	$i+3$
INTDP	4	1	i	$i+3,i+4$
LOAD	4	1	i	$i,i+4$②
DP 比较	1	2	$i,i+1$	$i+1$
ADDDP/SUBDP	6	2	$i,i+1$	$i+5,i+6$
MPYI	8	4	$i,i+1,i+2,i+3$	$i+8$
MPYID	9	4	$i,i+1,i+2,i+3$	$i+8,i+9$
MPYDP	9	4	$i,i+1,i+2,i+3$	$i+8,i+9$

（2）并行操作

一次取出 8 条指令，组成一个取指包。取指包的基本格式由图 1-13 给出。取指包由 256 位（8 字）边界定位。每一条指令的执行部分由每条指令的并行执行位（p 位）控制，p 位（bit 0）决定本条指令是否与取指包中的其他指令并行执行。p 位被从左至右（从低地址到高地址）进行扫描：如果指令 i 的 p 位是 1，则指令 $i+1$ 就将与指令 i 在同一周期并行执行；如果指令 i 的 p 位是 0，则指令 $i+1$ 将在指令 i 的下一周期执行。所有并行执行的指令组成一个执行包，其中最多可以包括 8 条指令。执行包中的每一条指令使用的功能单元必须各不相同。

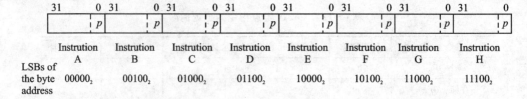

图 1-13　取指包的基本格式

执行包不能超出 8 字边界，因此，取指包最后一条指令的 p 位总是设定为 0，而每一个取指包的开始也将是一个执行包的开始。

以上关于 p 位模式的限定导致取指中 8 条指令的执行顺序有下述几种不同形式：

● 完全串行。

● 完全并行。

● 部分串行。

取指包中 8 条指令的完全串行 p 模式如图 1-14 所示，执行周期如表 1-14 所列。

---

① 第 i 周期发生在 E1 节拍。

② 周期 $i+4$ 的写使用不同于 .D 单元指令的写端口。

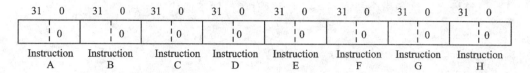

图 1－14   完全串行 *p* 模式

表 1－14   完全串行的执行周期

周期/执行包	指　令	周期/执行包	指　令
1	A	5	E
2	B	6	F
3	C	7	G
4	D	8	H

取指包中 8 条指令的完全并行 *p* 模式如图 1－15 所示,执行周期如表 1－15 所列。

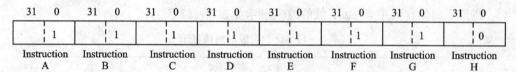

图 1－15   完全并行 *p* 模式

表 1－15   完全并行的执行周期

周期/执行包	指　令							
1	A	B	C	D	E	F	G	H

取指包中 8 条指令的部分串行 *p* 模式如图 1－16 所示,执行周期如表 1－16 所列。

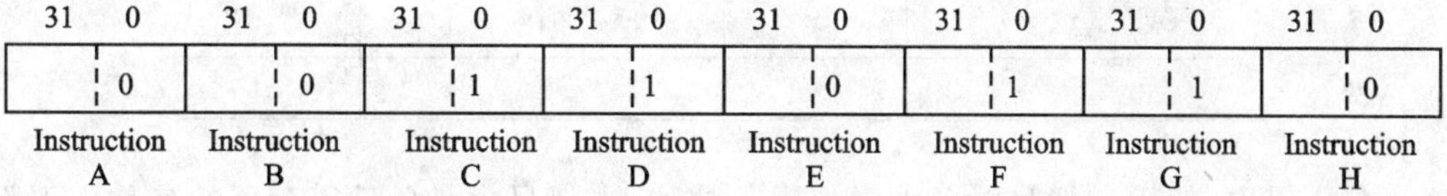

图 1－16   部分串行 *p* 模式

表 1－16   部分串行的执行周期

周期/执行包	指　令		
1	A		
2	B		
3	C	D	E
4	F	G	H

||符号表示该条指令与前一条指令并行执行,如下面代码所示:

```
instruction A
instruction B
instruction C
|| instruction D
|| instruction E
instruction F
|| instruction G
|| instruction H
```

(3) 条件操作

所有的 C6000 指令都是条件执行的,由每条指令的 3 位操作码字段 creg 指定条件寄存器,1 位字段 z 指定是零测试还是非零测试。在所有指令流水操作的 E1 节拍对指定的条件寄存器进行测试:如果 $z=1$,则进行零测试;如果 $z=0$,则进行非零测试。如果设置为 $creg=0$,$z=0$,则意味着该指令将无条件地执行。

在指令的操作码中,creg 字段的编码显示如表 1-17 所列。

表 1-17 creg 字段的编码显示

指定条件寄存器	寄存器位			z 标志位
	31	30	29	28
无条件	0	0	0	0
保留	0	0	0	1
B0	0	0	1	z
B1	0	1	0	z
B2	0	1	1	z
A1	1	0	0	z
A2	1	0	1	z
保留	1	1	x	x

在代码中,使用方括号对条件操作进行描述,方括号内是条件寄存器的名称。下面所示的执行包中含有 2 条并行的 ADD 指令。第一条 ADD 指令在寄存器 B0 非 0 时条件执行,第二条 ADD 指令在 B0 为 0 时条件执行。

```
[B0]      ADD   .L1  A1,A2,A3
|| [! B0]  ADD   .L2  B1,B2,B3
```

以上两条指令是相互排斥的,也就是说,只有一条指令将会被执行。互斥指令被安排并行时有一定的限制。

(4) 资源限制

在同一执行包中,任何两条指令都不能使用相同的功能单元。在同一个指令周期,不能有两条指令对相同的寄存器执行写操作。

资源限制主要有以下几类：

- 使用相同功能单元的指令的限制。
- 使用交叉通路(1X 和 2X)的限制。
- 数据读/写(load/store)的限制。
- 使用长定点类型(40 位)数据的限制。
- 寄存器读取的限制。
- 寄存器存储的限制。

1.6　本章小结

本章介绍了 TI 公司 DSP 系列的基础入门知识,首先介绍了特点、分类与应用领域,然后介绍了芯片选型与硬件结构特点,最后对 TMS320C6000 系列 DSP 的指令系统进行了介绍。读者通过本章的学习,将对 TI 公司的 DSP 有一个入门性的了解,为后面的深入学习做好准备。

第 2 章

CCS 集成开发工具

CCS(Code Composer Studio,集成可视化开发环境)是一种针对标准 TMS320 调试接口的 DSP 芯片集成开发环境(IDE,Integrated Development Environment),是一个基于 Windows 的 DSP 开发平台,由 TI 公司在 1999 年推出。它集成了编译效率高达 70%~80%的 C/C++语言编译器,为开发人员提供了十分方便的软件开发平台,可以加速和提高开发人员创建和测试实时嵌入式信号处理系统的开发过程,从而缩短将产品推向市场所需要的时间。

本章将对 CCS 的特点及安装,基本功能及使用方法进行详细介绍。

2.1   CCS 的特点及其安装

2.1.1   CCS 功能简介

CCS 是一个完整的 DSP 集成开发环境,也是目前最优秀且最流行的 DSP 开发软件之一。CCS 最早是由 GO DSP 公司为 TI 公司的 C6000 系列开发的,后来 TI 公司收购 GO DSP 公司并将其扩展到其他系列,现在所有的 TI DSP 都可以使用该软件工具开发产品。CCS 还为 C2000(版本 2.2 以上)、C5000 和 C6000 系列 DSP 提供了 DSP/BIOS 功能,而在 C3x 中没有该功能。所以有时也将用于 C3x 开发的集成开发环境称为"CC"(Code Composer),以示区别。

CCS 主要包含以下功能:

(1)集成可视化代码编辑界面,可直接编写 C、汇编、H 文件和.cmd 文件和 GEL 文件等。

(2)集成代码生成工具,包括汇编器、优化 C 编译器及链接器等。

(3)基本调试工具,如装入执行代码(.out 文件),以及查看寄存器、存储器、反汇编和变量窗口等,支持 C 源代码级调试。

(4)支持多 DSP 调试。

（5）断点工具包括硬件断点、数据空间读/写断点及条件断点（使用 GEL 编写表达式）等。

（6）探针工具（probe point）可用于算法仿真及数据监视等。

（7）分析工具（profile point）可用于评估代码执行的时钟数。

（8）数据的图形显示工具可绘制时域/频域波形、眼图、星座图及图像等，并可自动刷新（使用 Animate 命令运行）。

（9）使用 GEL 工具用户可编写自己的控制面板及菜单，并且方便直观地修改变量及配置参数等。

（10）支持 RTDX（Real Timer Data Exchange）技术，可在不中断目标系统运行的情况下实现 DSP 与其他应用程序（OLE）的数据交换。

（11）开放式的 Plug-in 技术、支持第三方的 ActiveX 插件，以及包括软仿真在内的各种仿真器（只需要安装相应的驱动程序）。

（12）DSP/BIOS 工具增强了实时分析代码的能力（如分析代码执行的效率）、调度程序执行的优先级并方便管理或使用系统资源（代码/数据占用空间、中断服务程序的调用及定时器使用等），从而减少了开发人员对硬件资源的依赖性。

CCS 具有实时、多任务及可视化的软件开发特点，已经成为 TI DSP 家族的程序设计、制作、调试及优化的利器。

2.1.2　CCS 的组成单元

CCS 集成开发环境不仅可以建立项目、编写代码、编译和调试程序，还包括丰富和强有力的调试手段，如实时数据交换（RTDX）等。CCS 的组成单元如图 2-1 所示。

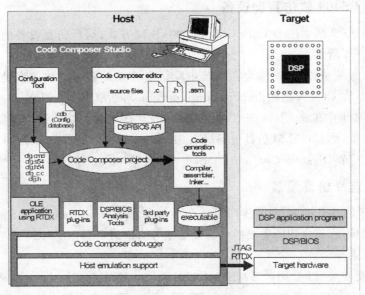

图 2-1　CCS 的组成单元

主要包括以下几个部分。

（1）代码产生工具。

（2）集成开发环境。

（3）DSP/BIOS 插件及应用模块（API）。

（4）RTDX 插件及主机接口和应用程序接口（API）。

2.1.3　为 CCS 安装设备驱动程序

在 Windows 操作系统中成功安装 CCS 后，桌面上会出现 CCS 的两个快捷方式图标，如图 2-2 所示。

CCS的启动快捷方式 　　　　　　设备驱动程序安装快捷方式

图 2-2　CCS 的两个快捷方式图标

在使用 CCS 开发 DSP 软件之前，用户需要建立一个概念，即 CCS 是运行在一系列仿真设备之上的一个集成的开发环境，这一系列仿真设备包括软仿真器（simulator）、各种硬仿真器（emulator），以及 TI 公司或第三方公司提供的 DSP 入门套件（DSK）和 DSP 评估板（EVM）等。任何仿真设备都可以形象地将其看做是计算机主板上的扩展设备，在正常工作之前都需要在操作系统中为其安装驱动程序。下面介绍为 CCS 的仿真设备安装驱动程序的方式，读者可根据需要进行选择。

1.　安装 C5409 软仿真型设备

双击图 2-2 所示的 Setup CCS2(C6000)快捷方式，运行仿真设备的安装程序，其界面如图 2-3 所示。

CCS 安装完成以后，通常会在系统中默认安装某一系列的软仿真设备（如 C62xx simulator）。在 CCS 弹出的 Import Configuration 对话框中用户可在 Availabe Configurations 选项组中单击 Clear 按钮，清除 CCS 的默认配置。然后滑动滚动条选择所需要的仿真设备，如 C6201 软仿真设备（C6201 simulator）。单击 Import 按钮，即可将其添加到系统配置（System Configuration）中。

2.　快速选择仿真设备

对 CCS 软件升级后，安装程序可能会在 Import Configuration 对话框中提供大量仿真设备，但不容易找到所需要的仿真设备型号。这时可利用 Filters 选项组所提供的功能来快速选择。

例如，要安装 TI 公司的 TMS320C6201 Little Endian Simulator 的驱动程序。在 Family 下拉列表框中选择 C6201 选项，在 Platform 下拉列表框中选择 simulator 选项。

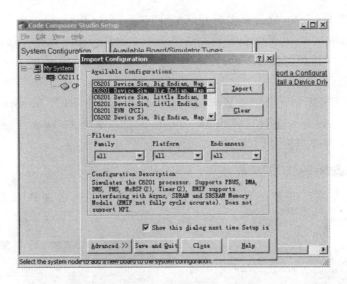

图 2 - 3　仿真设备安装程序的界面

在 Availabe Configurations 下拉列表框中出现所需的驱动程序。单击 Import 按钮即可,如图 2 - 4 所示。单击 Save and Quit 按钮,安装程序提示是否退出后启动 CCS,单击"是"按钮启动 CCS。

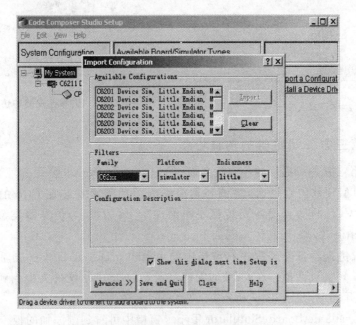

图 2 - 4　快速选择仿真设备的驱动程序

3. 导入和导出系统配置

为系统添加某种仿真器设备 A 后要在其他项目开发中使用其他类型的仿真器 B 或者再次需要使用仿真器 A 时,使用导入和导出系统配置功能,不必重新配置。

例如,添加了 C5409 软仿真设备和 TMS320C6201 仿真设备后,可在安装程序界面的 System Configuration 窗格中看到上述步骤添加的两种仿真设备。选择 File|Export 命令,单击"保存"按钮,将当前配置导出在 CCS 安装目录\ti\drivers\import 下,保存为 cc_setup.ccs。

如果需要恢复以前的系统配置,选择 File|Import 命令,打开 Import Configuration 对话框。单击 Advanced 按钮,弹出 Import 对话框。单击 Browse 按钮,选择保存的 cc_setup.ccs 文件即可恢复,如图 2-5 所示。

4. 删除已安装的仿真设备

如果需要删除已安装的设备,则右击仿真设备名。然后选择 Remove 命令,如图 2-6 所示。

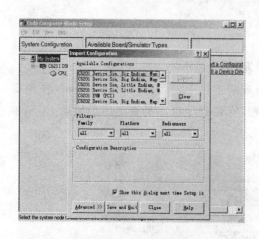

图 2-5 导入系统配置

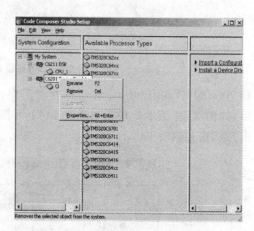

图 2-6 删除已安装的仿真设备

5. 安装第三方公司提供的仿真设备

当使用第三方公司提供的仿真设备时,如 Spectrum Digital 公司型号为 XDS510PP PLUS 并行口型硬件仿真器时,将该公司提供的驱动程序安装在 CCS 的安装目录之后,还需要在 CCS 的仿真设备安装程序中添加"有效的板卡/仿真器类型"(Available Board/Simulator Types),具体步骤如下。

(1) 单击仿真设备安装程序右窗格中的 Install a Device Driver 选项,弹出 Select Device Driver File 对话框。在 CCS 的安装目录下的 drivers 文件夹中找到 sdg5xx.dvr 文件,将其打开即可,如图 2-7 所示。

(2) 在 Available Board/Simulator Types 窗格中可看到刚添加的板卡 sdgo5xx,单击该板卡,可在 Install a Device Driver 窗格中看到其简介,如图 2-8 所示。

(3) 单击 Add To System 按钮,弹出 Board Properties 对话框。打开如图 2-9 所示的 Board Name&Data File 选项卡,在 Board 文本框中输入"My sdgo5xx"。

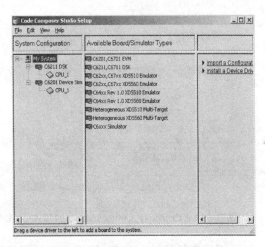

图 2-7　安装 XDS510PP PLUS 硬件
仿真器驱动程序

图 2-8　添加 XDS510PP PLUS 硬件
仿真器驱动程序到系统中

（4）单击 Next 按钮，弹出如图 2-10 所示的 Board Properties 选项卡，将"I/O Port"的值改为计算机并口地址"0x378"。注意该选项因为使用的仿真器不同，其值可能会有区别，用户可以参考所用仿真器的安装说明书。

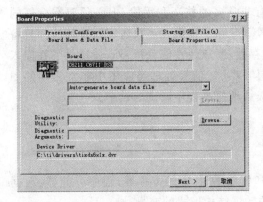
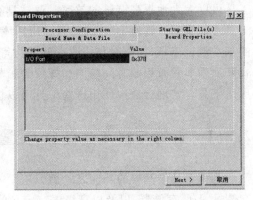

图 2-9　Board Name&Data File 选项卡

图 2-10　Board Properties 选项卡

（5）单击 Next 按钮，弹出如图 2-11 所示的 Processor Configuration 选项卡，单击 Add Single 按钮。

（6）单击 Next 按钮，弹出如图 2-12 所示的 Startup GEL File(s)选项卡。GEL（General Extension Language，通用扩展语言）是一种解释性语言，类似于 C 语言。用户可以用其来编写函数，从而扩展 CCS 的功能。根据所调试或仿真的具体 DSP 型号选择相应的 GEL 启动配置文件，以便 CCS 进入后控制 DSP 的各个状态。例如，要调试的目标板使用的是 VC5416，则单击"浏览"按钮选择所需要的 GEL 文件 c5416.gel。

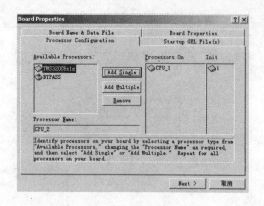 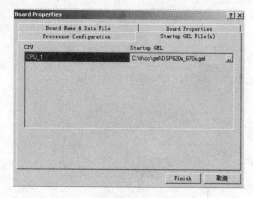

图 2 - 11　Processor Configuration 选项卡　　　图 2 - 12　Startup GEL File(s)选项卡

（7）单击 Finish 按钮,完成板卡的属性配置。选择 File|Save 命令,保存当前配置。至此,使用 CCS 进行 DSP 软件开发之前的准备工作告一段落。

2.2　CCS 的基本功能及其使用方法

　　程序的调试过程和优化过程一般会占用整个开发周期 60％以上的时间,好的调试工具可以大大地提高调试的效率。调试具有非常多的技巧和手段,但必须要有良好的工具才能实现。针对 DSP 的特殊应用环境,CCS 除了提供大多数通用开发环境都具备的基本调试工具(如查看与修改存储器与寄存器,断点及性能分析)外,还提供了在嵌入式开发中非常有用的时间检测和探针等工具,以及在信号处理类应用中非常实用的图形化工具。合理有效地使用这些工具可以极大地提高程序调试的效率。

2.2.1　查看与修改存储器/变量

　　调试工具最基本的功能之一就是查看和修改 DSP 中的寄存器、程序存储器、数据存储器、I/O 存储器,以及以高级语言定义的数据结构形式的变量。

1. 查看与修改寄存器

(1) CPU 寄存器

　　程序运行时使用 Halt 指令停止运行后,选择 View|CPU Register|CPU Registers 命令,会在工作区底部打开一个 CPU 寄存器窗口,其中列出了所有 CPU 内部寄存器的值,如图 2 - 13 所示。

　　在目标系统的 DSP 为 TMSC6201 时,可以查看两组寄存器 A 和 B。还可以查看其他内核寄存器如 ISTP 及 IFR 等,甚至查看某些控制位,如 PCC 和 DCC,这样便于调试时比较直观地得到各种状态位和控制位的值。在目标系统的 DSP 为其他系列的情况下,会得到类似的结果。

选择 Debug|Run 命令,继续程序运行,此时 CPU 寄存器的值会发生改变。但是通过观察发现,CPU 寄存器查看窗口中的值不会相应地变化。再次使用 Halt 指令停止程序运行,可以发现窗口中的值发生了变化,发生变化的寄存器以橘红色显示。通过后面的内容读者会了解到,各种显示都是在程序运行停止或者碰到断点及探针点等处时才会刷新。

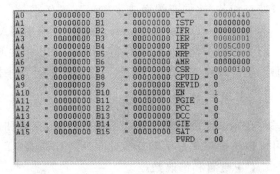

图 2 - 13　所有 CPU 内部寄存器的值

为修改寄存器值,双击要修改的寄存器。或者右击 CPU 寄存器查看窗口,然后在弹出的下拉菜单中选择 Edit Register 命令,单击如图 2 - 14 所示的 Edit Registers(编辑寄存器)对话框。

图 2 - 14　Edit Register 对话框

在 Register 下拉列表框中选择需要修改的寄存器,如果用双击方式,此处则是需要修改的寄存器。然后在 Value 文本框中输入新值,单击 Done 按钮,修改成功。观察 CPU 寄存器查看窗口,修改后的值同样以橘红色显示。

提示:在调试过程中凡是这种需要输入处都可以输入一个合法的 C 语言表达式,即采用常用的 C 语言运算符将各个常量及 CCS 内部符号表中的符号等组合起来。下面的表达式为合法的表达式:

```
27
0x86
currentBuffer + 6 * 3
main + 1
processing
```

例如,此时要从 main()函数入口重新开始执行。修改 PC 寄存器,在 Value 文本框中输入 main。可以发现,CPU 寄存器查看窗口中的 PC 寄存器的值发生变化,在 C 源程序窗口中当前执行位置会自动跳转到 main()函数入口处。

(2) 外设寄存器

在 DSP 芯片内部有各种外设,如定时器、HPI 及 McBSP 等。对这些外设的控制和运行都是以读/写外设控制寄存器的方式完成的,CCS 的调试工具允许查看和修改这些外设寄存器的值。

选择 View|Registers|McBSP Regs 命令,打开外设寄存器窗口,如图 2 - 15 所示。对于不同的目标 DSP 芯片,外设寄存器的显示差别较大。这主要是和 DSP 的自

身特点相关,比如有的集成了 DMA 寄存器,有的却集成了 EDMA 寄存器。在部分版本的 CCS 中,Tools/Registers 菜单下还有 DMA Registers 和 McBSP Registers 命令。它们分别用于显示 EDMA 通道和 McBSP 相关的寄存器,其意义请查阅相应的外设手册。右击外设寄存器窗口,然后在弹出的菜单中选择 Hide 命令关闭窗口。

2. 查看与修改存储器

在调试使用汇编语言编写的程序时,查看和修改存储器很重要。CCS 提供的工具可以以不同格式显示和修改几乎所有存储器空间的数据,使用起来非常灵活。

(1) 查看和修改数据

选择 View|Memory 命令,打开如图 2-16 所示的 Memory Window Options 对话框,在其中可以设置显示一块存储器内容的具体方法。

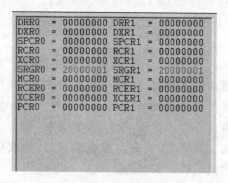

图 2-15 外设寄存器窗口　　　　图 2-16 Memory Window Options 对话框

在 Title 文本框中可以输入即将打开的存储器显示窗口的标题,一般应该插入一个与此块存储器内容相关的标题,如 Input Buffer 和 Processing Result 等。当同时打开多个存储器显示窗口时,为其设置不同的标题非常重要。

在 Address 文本框中输入需要显示的存储器的起始地址,按照如前所述方法插入一个合法的表达式。例如,如果有一个长度为 32 KB 的缓冲区,需要显示中间部分,为此可以输入表达式“buffer+8096”。在 Q-Value 文本框中输入显示数据的 Q 值,如果选择某种定点格式来显示项目,则可以在这里给出定点数的 Q 值,即小数点后面的位数。

在 Format 下拉列表框中选择显示数据的格式。数据以二进制形式存放在存储器中,为了得到直观的结果以方便调试,必须选择合适的显示格式。常用的显示格式如下。

● Hex-C Style:C 语言风格的十六进制。

● Hex-Ti Style:Ti 语言风格的十六进制,与 C 语言风格的主要区别是每个数据前面有“0x”表明是十六进制。

● 32-bit Signed Int:32 位有符号整数。

● 32-bit UnSigned Int:32 位无符号整数。

- 16-bit Signed Int：16 位有符号整数。
- 16-bit UnSigned Int：16 位无符号整数。
- 8-bit Signed Int：8 位有符号整数。
- 8-bit UnSigned Int：8 位无符号整数。
- 32-bit Floating Point：32 位浮点型。
- 32-bit Floating IEEE Point：32 位 IEEE 浮点型。
- 32-bit Exponrntial Floating Point：32 位浮点型，以指数方式表示。
- 32-bit IEE Exp'l Floating Point：32 位 IEEE 浮点型，以指数方式表示。
- 40-Bit Signed Int：40 位符号整数。
- 40-Bit UnSigned Int：40 位无符号整数。
- 64-Bit Hex-C Style：64 位 C 语言的十六进制。
- 64-Bit Hex-Ti Style：64 位 TI 语言风格的十六进制。
- 64-Bit Hex Floating Point：64 位十六进制的浮点数。
- 64-Bit Exponential Float：64 位浮点型，以指数方式表示。
- Binary：二进制形式显示。

如果希望以 IEEE 格式显示浮点数，则选中 Use IEEE Float 复选框。

如果希望使用参考缓冲区，则选中 Enable Reference Buffer 复选框。参考缓冲区实际上是位于主机上 CCS 的内部缓冲区，它用做 DSP 中一段存储器块的镜像。一般每次需要刷新存储器显示窗口时，发生改变的数据单元会以红色显示。但是滚动显示窗口时，即使未修改过此次刷新的这些存储单元值，由于没有保存原来的值，也无法比较，因此不能用红色显示。如果对 DSP 中一段存储区的数据改变比较感兴趣，可以使用参考缓冲区。每次刷新时 CCS 会将需要显示的存储器数据与参考缓冲区进行比较，改变的单元以红色显示。如果使用了参考缓冲区，在下面的 Start 和 End 文本框中指定起始地址和结束地址。

设置所有这些属性后，单击 OK 按钮，显示存储器的内容，如图 2－17 所示。其中每行左边一列为地址，后面若干列为存储器内容。

```
0x00000000:  HWI_A_VECS
0x00000000:  0x0002202A 0x0000006A 0x00000362 0x000008C2 0x020003A2
0x0000001C:  0x00000000
0x00000020:  spin$76$
0x00000020:  0x00000012 0x00006000 0x00000012 0x00000000 0x00000000
0x0000003C:  0x00000000
0x00000040:  hwi2
0x00000040:  0x00000012 0x00006000 0x00000012 0x00000000 0x00000000
0x0000005C:  0x00000000
0x00000060:  hwi3
0x00000060:  0x003C54F6 0x000001AA 0x003C22F6 0x000F902A 0x0000006A
0x0000007C:  0x00006000
0x00000080:  spin$82$
0x00000080:  0x00000012 0x00006000 0x00000012 0x00000000 0x00000000
0x0000009C:  0x00000000
0x000000A0:  hwi5
0x000000A0:  0x00000012 0x00006000 0x00000012 0x00000000 0x00000000
0x000000BC:  0x00000000
0x000000C0:  spin$86$
0x000000C0:  0x00000012 0x00006000 0x00000012 0x00000000 0x00000000
0x000000DC:  0x00000000
0x000000E0:  spin$88$
0x000000E0:  0x00000012 0x00006000 0x00000012 0x00000000 0x00000000
0x000000FC:  0x00000000
```

图 2－17　存储器的内容

如果需要修改某个存储器中的内容，则双击相应的存储单元，或者选择 Edit | Memory | Edit 命令，然后在弹出的对话框中修改即可。

选择 Edit | Memory | Copy 命令，可以完成从一块存储器到另一块存储器的复制，在出现的 Setup for Copying 对话框中设置复制的源及目的存储器等选项；选择 Edit | Memory | Fill 命令，可以为一段存储器填充特定的值。在弹出的 Setup Filling Memory 对话框中设置存储器的地址、长度、页及填充值等。

（2）查看和修改程序

调试汇编语言程序时，如果发现程序中有单个语句错误，可以在源程序中修改，然后重新汇编连接加载。也可以直接在程序存储器中临时修改后调试，调试正确后修改源程序。与大多数的汇编级调试器一样，CCS 提供直接在程序存储器中添加汇编语句的方法。

需要注意的是，此处输入的汇编语句和写汇编程序有所区别。即只能是汇编指令，并且使用常量或 CCS 符号表中的符号。常量使用汇编语言的写法，如 0FFA0h，不能用 0xffa0。

（3）查看和修改变量

在高级语言程序的调试中，变量具有特定的数据结构，而不仅仅是一串二进制数，按照定义的结构查看数据非常重要。将鼠标指针移动到 sine.c 的变量 size 上停留，会出现一个小的工具提示窗口，其中显示 size 的值，这可以作为一种快速查看变量值的方法。注意，程序必须停在 processing() 函数中，否则局部变量 size 不存在。转换到源程序窗口，右击 size.c 的变量 currentBuffer。然后在弹出的菜单中选择 Quick Watch 命令，弹出 Quick Watch 对话框，如图 2-18 所示。

在其中可以快速查看和修改变量的值，显示的变量 buf 是一个结构类型变量，可以看到"+"标志。也可以单击每个成员前面的"+"标志打开数组，在 Value 列中输入数组元素的新值。Radix 表示显示数据的格式，hex 表示十六进制。可以单击 Radix，在弹出的菜单中选择所有数据的显示格式，也可以在 Radix 列下的每一行选择此行数据的显示格式。可以使用的格式有 hex（十六进制）、dec（十进制）、bin（二进制）、oct（八进制）、char（字符型）、float（浮点类型）、scientific（科学计数法）、unsigned（无符号类型）以及 auto（自动，根据定义数据的类型）。关闭 Quick Watch 对话框，选择 View | Watch Window 命令打开 Watch Window 窗口，如图 2-19 所示。

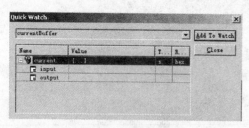

图 2-18 Quick Watch 对话框

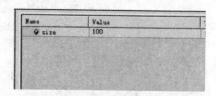

图 2-19 Watch Window 窗口

首次打开 Watch Window 窗口时,其底部有两个标签,即 Watch Locals 和 Watch 1,并且当前运行环境下的局部变量会自动添加和删除选项卡。如果需要观察的变量比较多,在一个窗口中查看的效率较低,可以将其分类放在不同的选项卡中,其中某个变量的显示格式和修改方式与 Quick Watch 窗口的操作类似。

单击 Watch 1 标签,注意此时没有变量。单击 Name 列的第 1 行,出现输入光标。输入"trace",按回车键。这样就可以将 trace 作为可观察和修改的变量,如图 2-20 所示。

在窗口中增加变量的另一种方法是在源程序窗口中,右击要观察的变量,在弹出菜单中选择 Add to Watch Window 命令。在弹出菜单中还可以选择 Add Tab 命令,打开 Add Tab 对话框,如图 2-21 所示。在文本框中输入选项卡名,Local 表示是一个查看局部变量的选项卡,Regular 表示是一个普通的选项卡。

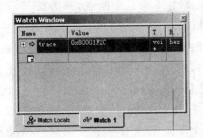 

图 2-20　将 trace 作为可观察和修改的变量　　　　图 2-21　Add Tab 对话框

在弹出菜单中选择 Delete Tab 命令,可以删除当前选项卡;选择 FreezeWindow 命令会冻结当前选项卡中的变量值,以后程序运行时即使变量发生变化,也不修改显示值;选择 Unfreeze Window 命令可以恢复正常刷新。

2.2.2　使用断点工具

使用断点是程序调试的基本手段,在程序调试过程中充分利用 CCS 提供的灵活多样的断点工具可以大大提高调试效率。CCS 的断点包括软件断点、硬件断点和各种存储器访问断点等。

1. 软件断点

软件断点是最常用的断点形式,即在已经加载到程序存储器中程序的某一行上设置断点。如果程序运行过程中碰到断点,则会暂时停止运行,回到调试状态。此时用户可以通过查看变量及图形等方法发现程序中的错误。

切换到 sine.c 源程序窗口,右击第 48 行。在弹出的菜单中选择 Toggle breakpoint 命令,在本行左边会出现红色的断点标记,表示此处有断点。也可以单击工具栏中的 按钮来添加断点,如图 2-22 所示。

程序运行遇到断点停止后,会自动刷新 CPU 寄存器窗口、Watch Window 窗口及

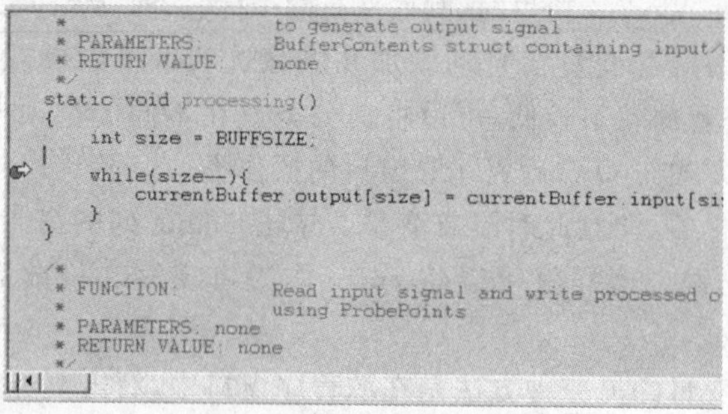

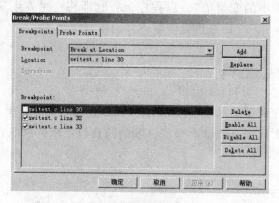

图 2 - 22 添加断点

图形显示窗口等。选择 Debug|Run Free 命令，程序继续运行。可以发现在这种情况下，即使运行过程中碰到断点，也不会停止。如果需要清除某个断点，其方法与设置断点一样，将光标移动到断点处，选择 Toggle Breakpoint 命令或者单击工具栏中的按钮。

在程序调试中会同时使用多个断点，可以临时关闭某些断点，以后在需要时打开。如果将暂时不需要的断点都清除，以后添加将非常麻烦。CCS 中的断点具有打开和关闭两种状态，选择 Debug|Breakpoints 命令，出现 Break/Probe Points 对话框。其中包含两个选项卡，即 Breakpoints 和 Probe Points。打开 Breakpoints 选项卡，如图 2 - 23 所示。左下方的列表框中列出了所有的断点，每个断点前面有一个复选框。如果复选框被选中，表示对应的断点处于打开状态，否则处于不可用状态。另外，还可以使用右边的按钮完成一些断点操作。如单击 Disable All 按钮，使所有的断点处于不可用状态；单击 Delete All 按钮，清除所有的断点。

图 2 - 23 Breakpoint 选项卡

前面使用的软件断点可以称为"无条件断点"，即只要程序运行到其所在处就会停止。还可以为每个软件断点附加一个条件，只有条件满足才停止。例如断点处的语句在一个循环中，因此第 1 遍循环碰到断点就会停下来。如果希望循环执行 50 遍后停下，则必须使用条件断点。

2. 存储器访问断点

假定程序中有一个大的缓冲区,发现程序在运行过程中错误地修改了其中的某个数,需要找到程序中的出错处。使用前面的断点方法将会非常困难,必须猜测程序中何处存在问题。而使用存储器访问断点则很方便,这种访问断点可以在 CPU 运行时访问指定的程序、数据或者 I/O 存储器时中断运行。在 Break/Prode Piont 对话框中设置存储器访问断点,其类型包括以下几种。

(1) Break on memory read:读存储器时中断运行。

(2) Break on memory write:在存储器中写入数据时中断运行。

(3) Break on memory. data_access. block0:访问存储器 block0 时中断运行。

(4) Break on memory. data_access. block1:访问存储器 block1 时中断运行。

(5) Break on IO read:读 I/O 存储器时中断运行。

(6) Break on IO write:写 I/O 存储器时中断运行。

(7) Break on IO R/W:读/写 I/O 存储器时中断运行。

根据需要,在 Breakpoint 列表框中选择相应的断点类型。需要注意的是,虽然硬件断点的功能强大,但是数量有限,一般只在必要时才使用。

2.2.3　使用探针点工具

探针点(Probe Point)是 CCS 中比较有特色的工具,程序运行到探针点处会执行特定的操作,如刷新图形及输入/输出文件等。在嵌入式系统的调试中,程序的数据输入和输出很重要。CCS 提供了多种方法完成调试主机与目标系统的数据交换,如文件 I/O 及 RTDX 等。文件 I/O 可以完成目标系统的 DSP 存储器(程序、数据或者 I/O 存储器)与主机中文件之间的数据交换。

选择 Debug|Restart 命令,重新开始调试程序。切换到源程序窗口,右击第 30 行。然后在弹出的菜单中选择 Toggle Probe Point 命令,注意本行最左边的蓝色菱形探针点标志,在此行增加一个断点。选择 File|File I/O 命令,弹出 File I/O 对话框,如图 2-24 所示。在其中设置主机中待交换的文件、DSP 中待交换数据的存储器,以及交换数据的程序位置等。

图 2-24　File I/O 对话框

其中的两个选项卡 File Input 和 File Output,分别用于设置文件输入和输出,输入和输出是针对 DSP 而言的。在本例中,通过文件输入从一个数据文件中读取波形到 DSP 内部的缓冲区中。此缓冲区位于 currentBuffer. input,长度为 0x100 字。

(1) 打开 File Input 选项卡,单击 Add File 按钮。然后在打开的文件对话框中选择 ti\tutorial\evm6201\sinewave\sine. dat 文件,可以看见列表框中增加了该选项。

（2）在 Address 文本框中输入 DSP 中的缓冲区地址，即 currentBuffer. input。在 Length 文本框中输入长度"0x100"，在 Page 下拉列表框中选择 Data 选项，因为 currentBuffer 在数据存储器中。Probe 文本框显示 Not Connected，表示这个文件输入还没有和任何探针点连接。

（3）单击 Add Probe Point 按钮，出现 Break/Probe Points 对话框。在 Probe Point 列表框中选中唯一的一个探针点，在 Connect 下拉列表框中选择刚才设置的文件，输入 "sine. dat"。这里也只是一个可选项，然后单击 Replace 按钮。注意，列表框中显示已经连接探针点和文件输入。

（4）关闭 Break/Probe Points 对话框，File I/O 对话框中的 Probe 文本框中显示为 Connected，如图 2－25 所示。

现在程序运行每次碰到设定的探针点，CCS 就会从 sine. dat 中读取 100 个字节的数据到 currentBuffer. input 中。如果希望读到文件结尾时继续从文件头读取，则选中 Wrap Arround 复选框。

（5）关闭 File I/O 对话框，出现一个显示文件读取进度的窗口，如图 2－26 所示。随着每次读取文件 sine. dat，其中的进度条将相应地发生变化。

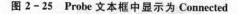

图 2－25　Probe 文本框中显示为 Connected　　　图 2－26　文件读取进度窗口

（6）选择 Debug|Run 命令启动程序，会立即停止在 sine. c 的第 30 行的断点处。由于此处也有探针点，可以发现 CCS 会执行文件输入，注意观察文件读取进度窗口的变化。

用前面讲到的查看变量的方法检查变量 currentBuffer，可以发现 input 数组中的值已经发生了变化，这是由于 CCS 已经完成了数据输入的结果。利用下一节中讲到的方法，以波形显示 currentBuffer. input 中的 100 个数据，会发现这是一个正弦波形。

在程序的调试过程中，可以用这样的方法为 DSP 程序提供特定的输入数据来测试程序的功能。这样的数据一般在主机上编程产生，具有特定的格式。CCS 的文件 I/O 功能可以使用两类数据文件：一种是文本格式的文件，一般扩展名为. dat，其中以文本形式存放十六进制数、整数、长整型数或者浮点数据；另一种是二进制格式的文件，扩展名为. out。实际上与 DSP 中的可执行程序的格式一样，为 COFF（Common Obiect File Format，通用目标文件格式）文件。其中的内容以段的形式保存，可执行程序中有代码

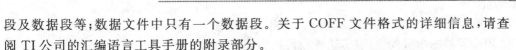

段及数据段等;数据文件中只有一个数据段。关于 COFF 文件格式的详细信息,请查阅 TI 公司的汇编语言工具手册的附录部分。

用任意的文本编辑器打开 sine. dat 文件,观察其中的文件格式,开始的几行如下所示:

```
1651 1000
0x00000000
0x0000000f
0x0000001e
0x0000002d
0x0000003a
0x00000046
0x00000050
0x00000059
⋮
```

其中第 1 行指定格式,以后每一行一个数据。在第 1 行中以空格分成 5 个域,其中1651 是固定的数。紧接着是数据格式,1 表示十六进制,2 表示整数,3 表示长整数,4表示浮点数。后面依次对应 DSP 存储器的起始地址、存储器页以及长度。在本例子中均写成 0,因为可以在 File I/O 对话框中重新设置。后面每行的数据必须与指定的格式相符,在这里是十六进制,所以用 0xxxxxxxxx 的形式表示。

为了方便调试,可以保存当前的所有调试环境,包括工程文件、各种打开的数据窗口及断点等。选择 File|Workspace|Save Workspace As 命令保存当前工作区,以后可以直接恢复该工作区。

2.2.4　使用图形工具

在程序调试过程中可以以数据的形式显示各种存储器、寄存器的内容,如定点、浮点及不同进制等。但是在数字信号处理应用中,一段数据(可能是一维或二维数组)代表一定的物理意义,如可能是一个波形的采样值及一帧图像等。在算法中,如果仅仅以数据的形式显示,则无法得到比较直观的处理结果,因此需要以可视化工具显示时域波形、频谱、图像、星座图及眼图等。本小节介绍如何设置和使用基本的数据可视化工具。

本小节中使用的例子是 CCS 自带的一个调制解调器程序(实际上只有数字调制部分),位于 ti\turial\c6201\modem 目录下(假设 CCS 安装在 ti 目录下)。

首先装入此目录下的工程文件 modem. pjt。

(1) 在工程视图中打开 Source 子项,可以发现此工程主要包括 3 个源文件,即razed32. c、sineteb. c 和 modemtx. c。其中 razed32. c 中定义了 α=0.5 的 4 倍采样升余弦波形滤波器的系数;sineteb. c 中定义了一个正弦表,可以通过查表方式产生正弦和余弦波形,供 I/Q 两路调制使用。在这个例子中,需要发送的数据通过 File I/O 的方式从一个数据文件中得到。

（2）关闭各种编译优化选项，打开调试选项。一般来说，在程序开始调试阶段最好关闭编译器的各种优化选项，这样容易找到程序中的问题。然后编译连接并加载程序到目标系统中，选择 Debug|Go Main 命令，CCS 打开 modemtx. c 文件并停在 main() 函数处。

（3）在 main() 函数中找到调用 ReadNextDatan() 函数处，在 main() 函数中，实际

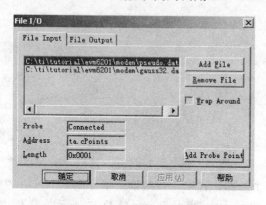

图 2 - 27　设置两个文件输入

上是用该函数不停地得到需要发送的数据并加上噪声信号。然后调用 ModemTransmitter() 函数完成调制，因此需要在调用 ReadNextData() 处设置 File I/O。

（4）在此处设置两个文件输入，一是 pseudo. dat 输入到 g_ModemData. dataSymbols，长度为 1；二是 gauss32. dat 输入到 g_ModemData. cNoise，长度为 2，如图 2 - 27 所示。这两个数据文件与 modem. pjt 在同一个目录下。

注意：在设置探针点的对话框中（见图 2 - 25）可以使用 Add 按钮添加多个数据文件，以便探针点可以同时从多个数据文件读/写数据。

1. 时域波形与频谱

在 16QAM 调制中，调制过程如图 2 - 28 所示。

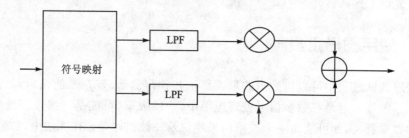

图 2 - 28　QAM 调制过程

输入数据经过星座图映射后得到同相（I 路）和正交（Q 路），分别经过升余弦滤波器后和正交的载波相乘，在此可以看看 I 路调制后的波形。本程序中调制后的 I 路数据放在 g_ModemData. Idelay 中。

举例如下。

选择 View|Graph|Time/Frequency 命令，弹出 Graph Property 对话框。在本例中如图 2 - 29 所示设置相应的特性，后面会逐步解释这些设置的意义。

单击"OK"按钮，关闭此对话框，会弹出一个波形显示窗口。按照上面的设置应该以波形的形式显示 g_ModemData. Idelay 缓冲区中的 255 个 16 位定点小数。由于程

序还没有开始运行,此缓冲区中的数据全为 0,因此波形只是一条与时间轴重合的直线。在 main() 函数的循环中,每次 ReadNextData() 得到数据,调用 ModemTransmitter() 计算后缓冲区中有发送数据。可见如果让程序不停地运行,并在每次调用 ReadNextData() 时刷新波形图,就可以看到不断变化的 I 路波形。由于已经在调用 ReadNextData() 处设置探针,所以在 CCS 中可以将探针与一个图形显示连接(类似于前面将探针和 File I/O 连接,可以使用 Add 按钮),这样每次程序运行到探针所在处就自动更新图形显示。

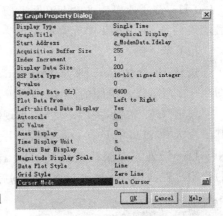

图 2-29　图形属性对话框

选择 Debug|Probe points 命令,弹出 Break/Probe Points 对话框,可以发现在 Connect 下拉列表框中除了前面设置的两个 File I/O 外,还增加了一个 In Phase Delay Line 选项,即刚才创建的标题为 In Phase Delay Line 的波形显示窗口。用前面讲到的方法将探针与其连接后,关闭对话框。

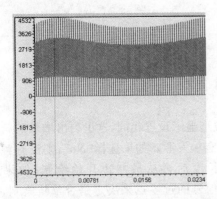

图 2-30　不断刷新的 QAM 调制 I 路波形

选择 Debug|Animate 命令,这时在波形显示窗口中可以看到不断刷新的波形,如图 2-30 所示。可以选择 Debug|Halt 命令,停止运行,波形也会相应地停止刷新。

由于已经将探针与波形显示窗口连接起来,所以也可以使用 Debug|Run 命令来运行程序。如果没有这个连接,则必须使用 Animate 方式运行程序,并在调用 ReadNextData() 处设置断点。在 Animate 方式下,程序运行到断点所在的地方并不会停止,而是刷新图形显示后继续运行。

2. 眼　图

在数字调制类的应用中眼图提供了一个基带调制信号质量的直观评价,因此应用非常广泛。绘制眼图的方法是将采集缓冲区中的数据从左至右反复绘制到窗口,绘制过程中满足下面的条件时折返到最左边重新开始绘制(注意每次重新开始绘制波形时窗口中原来的波形并不清除)。

● 检测到触发信号过零且距离前次触发已经超过了指定的最小长度。

● 达到指定的显示长度。

最常见的眼图是将显示长度设置为一个符号宽度,在下面的例子中采样频率为

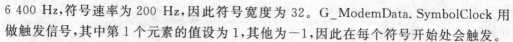

6 400 Hz,符号速率为 200 Hz,因此符号宽度为 32。G_ModemData. SymbolClock 用做触发信号,其中第 1 个元素的值设为 1,其他为 −1,因此在每个符号开始处会触发。

(1) 示 例

选择 View | Graph | Eye Diagram 命令,弹出 Graph Property Dialog 对话框,如图 2 − 31 所示设置眼图的属性。

单击"OK"按钮,关闭对话框,出现眼图窗口。此时由于显示缓冲区没有更新,所以其值全为 0,窗口中只有一条直线。用前面讲到的方法,在 main() 函数中调用 Read-NextData() 处连接探针点与 EyeDiagram。然后选择 Debug | Animate 命令,观察眼图的绘制过程。注意需要经过多次绘制后才会出现眼图的形状,如图 2 − 32 所示。

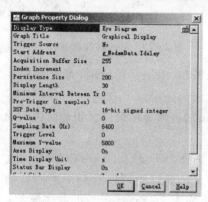

图 2 − 31　设置眼图的属性

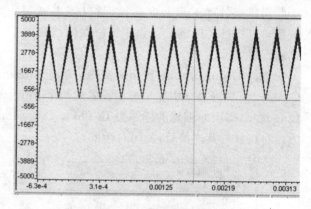

图 2 − 32　眼图的形状

(2) 眼图设置

从图 2 − 31 可知,眼图设置中的属性与波形显示设置相同,这里列出增加的属性。

- Trigger Source:触发源,选择是否具有触发源。如果选择"No",则没有触发功能,此时眼图绘制每次都是到显示长度后再从最左边开始绘制;如果选择"Yes",则具有触发功能,即检测触发信号的过零点来决定是否重新绘制,此时会出现额外属性设置 Interleaved Data Source,选择需要绘制波形的数据和触发数据是否交替。

如果选择"Yes",则出现 Start Address 属性设置。设置目标 DSP 采集缓冲区的起始地址,其中交替存放有需要绘制波形的数据和触发数据。

如果选择"No",则出现下面的属性设置。

- Start Address-Data Source:设置数据源在目标 DSP 中的起始地址。
- Start Address-Trigger Source:设置触发源在目标 DSP 中的起始地址。
- Trigger Level:触发电平。触发过程中的过零检测其实并不是检测触发源经过零点,而是检测是否经过出发电平。在本例中触发电平设置为 0,即过零检测。
- Pre-Trigger:预触发点数。每次触发后并不一定从最左边开始绘制,而是首先绘制触发点前面指定的点数。在眼图中触发点相当于判决点,一般不希望在最左边,而是在图形中间的某个位置。本例中设置为16,刚好在眼图的正中间。

- Persistence-Size:显示缓冲区的大小。在眼图显示中一般显示缓冲区设置比采集缓冲区大得多,本例设置为64 000。

3. 星座图

星座图也是对基带数字调制信号进行定性分析的重要工具,通过星座图可以直观地评价发送和接收信号的质量,特别是噪声大小等指标。星座图实际上是将符号的 I 支路和 Q 支路以笛卡儿坐标的形式绘制得到的。本例中采用的 16QAM 调制,其标准星座图如图 2-33 所示。

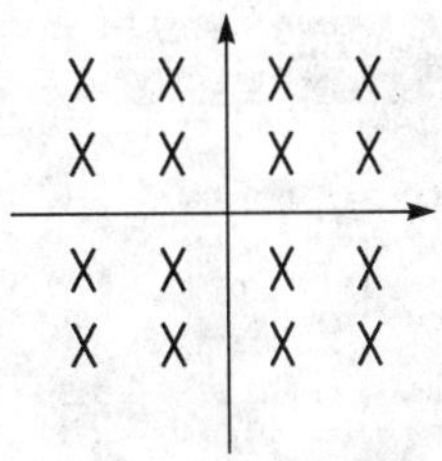

在程序 modemtx. c 中调用 ReadNextData()处利用 FILE IO 将需要发送的数据放入 g_ModemData. dataSymbol[]中,然后调用 AddNoiseSignal()进行符号映射。加入噪声(为了模拟的需要),结果存放在 g_ModemData. cPoints[]中,其中 g_ModemData. cPoints[i]. I 和 g_ModemData. cPoints[i]. Q 分别代表同相和正交分量的幅度。在下面的例子中直接利用 g_ModemData. cPoints

图 2-33 标准 16QAM 星座图

[]中的数据绘制星座图,如果有故意加入的噪声,则显示星座图与标准星座图相比,会有一些偏离的离散点。

星座图的正确显示需要设置两个数据源,即分别表示点的 X 坐标和 Y 坐标。与星座图设置相关的选项如下。

(1) Interleaved Data Sources:设置 I、Q 两个数据是否交织。

如果选择 Yes,会出现下面的选项。

- Start Address:设置交织数据在存储器中的地址。
- Page:选择交织数据位于哪个存储器空间,包括 Program、Data 或者 I/O 空间。

如果选择 No,表示数据不交织,则会出现下面的选项。

- Start Address-X Source:设置用于 X 坐标的数据在存储器中的地址,一般使用调制后的 I 路数据。
- Start Address-Y Source:设置用于 Y 坐标的数据在存储器中的地址,一般使用调制后的 Q 路数据。
- Page:选择 IQ 两路数据位于哪个存储器空间,包括 Program、Data 或者 I/O 空间。

(2) Constellation Points:设置在星座图中绘制多少个点。

(3) Minimum X-Value:设置星座图中 X 轴的最小值。

(4) Maximum X-Value:设置星座图中 X 轴的最大值。

(5) Minimum Y-Value:设置星座图中 Y 轴的最小值。

(6) Maximum Y-Value:设置星座图中 Y 轴的最大值。

4. 图像设置

图像处理与识别是 DSP 应用的一个重要领域,在这一类的应用中一般会有若干帧的图像数据保存在存储器中,并且可能是输入图像、处理的中间结果或者最终结果。在调试过程中,如果仅仅以普通数据的方法显示,则无法直观地评价算法的性能。CCS 允许以图像方式直接显示存储器中的图像数据,因此非常直观。CCS 支持多种图像数据的存放方式,如不同的颜色空间 RGB 和 YUV 以及不同的采样比等,使用非常灵活。

选择 View|Graph|Image 命令,打开 Graph Property Dialog 对话框,如图 2-34 所示,在其中可以设置显示图像的有关属性。

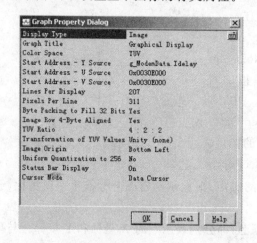

图 2-34　Graph Property Dialog 对话框

主要选项如下。

(1) Graph Title:图像显示窗口的标题。

(2) Line Per Display:图像的行数。

(3) Pixels Per Line:每行的像素数。

(4) Byte Packing to Fill 32 Bits:选择图像数据是否进行字节压缩,如果选择“Yes”,表示图像数据字节流以 4 个字节为一个包。在目标系统中以 32 位整数存储,其中最低字节是数据流中最前面的字节。

(5) Image Row 4-Byte Aligned:选择图像中每行的数据是否以 4 个字节为边界对齐。如果选择“No”,则某个 32 位整数中可能包含某行的结尾像素和下一行的开始像素值。

(6) Image Origin:选择图像的原点,即数据流的开始表示图像的哪个角可以选择,包括 Bottom Left(左下角)、Bottom Right(右下角)、Top Left(左上角)和 Top Right(右上角)选项。

(7) Uniform Quantization to 256 Colors:选择是否将图像均匀量化成 256 色图像,其中红色和绿色用 3 bit 表示,蓝色用 2 bit 表示。如果选择“Yes”,会出现 Error Diffusion(误差扩散)设置;如果选择“No”,则不处理量化误差。

(8) Color Space:选择数据流表示图像的颜色空间,包括 YUV 和 RGB 两个选项,支持标准的数据流格式。如果选择 RGB 选项,会出现 Interleaved Data Source 选项,要求选择 RGB 三路数据是否交织。如果选择“Yes”,会出现 Start Address 选项,要求设置交织数据的起始地址;如果选择“NO”,即不交织,则会出现下列选项。

- Start Address-R Source:设置红色数据起始地址。
- Start Address-G Source:设置绿色数据起始地址。

- Start Address-B Source：设置蓝色数据起始地址。
- Page：选择指定的图像数据位于 DSP 的哪个存储器空间。

如果在 Color Space 下拉列表框中选择 YUV 选项,则会出现下列选项。

- Start Address-Y Source：设置 Y 路数据起始地址。
- Start Address-U Source：设置 U 路数据起始地址。
- Start Address-V Source：设置 V 路数据起始地址。
- YUV Ratio：设置 YUV 信号的采样比,支持 3 种标准的采样比,即 4∶1∶1、4∶2∶2 和 4∶1∶0。
- Transformation of YUV Values：设置在将 YUV 转换为 RGB 以用于显示时的转换方法。
- 选择 Unity(none)表示使用单位矩阵,选择 ITU-R BT.601(CCIR601)表示按照 ITU-RBT.601 标准使用 CCIR601 矩阵。

按照实际保存在 DSP 存储器中数据的格式正确设置显示格式,单击"OK"按钮关闭对话框。同时会打开图像显示窗口,并在其中显示指定的图像。

2.3　本章小结

CCS 是 DSP 项目开发过程中的必备工具。本章详细介绍了 CCS 工具的功能和使用,读者通过学习,可以掌握 CCS 集成开发工具的特点和操作使用,加快 DSP 项目的开发进度、提高项目设计效率。希望读者认真学习,达到熟练应用的程度。

第二篇　项目实例

第 3 章　USB 接口扩展系统设计

第 4 章　DSP 接口扩展设计

第 5 章　步进电机控制系统设计

第 6 章　工业流程计量与控制系统设计

第 7 章　液晶屏显示系统设计

第 8 章　网络摄像机系统设计

第 9 章　安防认证设计

第 10 章　语音编解码设计

第 11 章　基于 DSP 的以太网通信设计

第 12 章　CAN 总线通信系统设计

第3章

USB 接口扩展系统设计

USB(Universal Serial Bus,通用串行总线)是一种高使用频率的总线接口,与其他通信接口比较,USB 是一种快速、灵活的总线接口,它的最大特点是易于使用,且使用起来非常有效。

伴随着 DSP 芯片在数字信号处理上的广泛应用,在一些需要与 PC 机进行批量数据交互的应用场合,需要一种方便、高速传输的接口来实现与 PC 机的数据传输。因此,为 DSP 数字信号处理系统扩展 USB 接口具有广泛的实用价值。

3.1　USB 接口扩展系统概述

本实例的 USB 接口扩展系统基于 DSP 数字信号处理器实现 USB 数据传输,由 USB 芯片 CY7C68001、数字信号处理器 TMS320F2812 及 FPGA 可编程逻辑器件 EP1C3 等主要部件组成。CY7C68001 实现 USB 接口功能,利用该 USB 接口可实现与 PC 机高速数据传输,CY7C68001 芯片的外围命令接口相关的信号线通过 FPGA 可编程逻辑器件 EP1C3 的逻辑转换实现与数字信号处理器 TMS320F2812 控制接口的紧密连接。其硬件系统结构如图 3 - 1 所示。

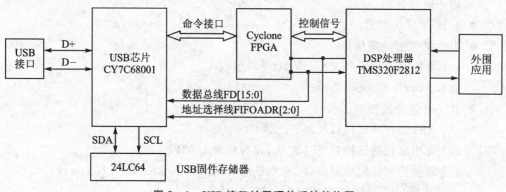

图 3 - 1　USB 接口扩展硬件系统结构图

3.1.1　数字信号处理器 TMS320F2812 概述

TMS320F2812 是 TI 公司推出的 C2000 平台上的一款 32 位定点高速 DSP 芯片,采用 8 级指令流水线,主频 150 MHz,每条指令周期 6.67 ns,处理性能可达 150 MIPS,保证了控制和信号处理的快速性和实时性。

TMS320F2812 采用哈佛总线结构,具有统一的存储模式,包括 4M 可寻址程序空间和 4M 可寻址数据空间,其片内具有 128K×16 位的 FLASH 存储器和 18K×16 位的 SRAM 存储器,以及 4K×16 位的引导(boot)ROM,同时最大支持 512K×16 位的 SRAM 存储器和 512K×16 位的 FLASH 存储器扩展。

TMS320F2812 片上还集成了丰富的外部资源,包括 16 路 12 位 ADC,16 路 PWM 输出、3 个 32 位通用定时器、两个事件管理器(EVA、EVB)以及外设中断扩展模块(PIE),最大可支持 45 个外部中断,并具有 McBSP、SPI、SCI 和扩展的 CAN 总线等接口。非常适用于电机控制、电源设计、智能传感器设计等应用领域。

数字信号处理器 TMS320F2812 的主要特性如下。
- 高性能静态 CMOS 设计技术。
- 支持 JTAG 边沿扫描。
- 频率与系统控制:
 支持动态的相位锁定模块(PLL)比率变更。
 片上振荡器。
 看门狗定时器模块。
- 3 个外部中断。
- 外部中断扩展方块(PIE),支持 45 个外部中断。
- 多达 56 个 GPIO 引脚。
- 128 位保护密码:
 保护 Flash/ROM/OTP 及 L0/L1 SARAM。
 防止固件逆向工程。
- 3 个 32 位定时器。
- 电动机控制外围接口:
 2 个事件管理模块(EVA,EVB)。
 兼容 240xA 的 DSP 芯片。
- 片上外设总线接口:
 1 个 SPI 串行外设接口模块。
 2 个异步串行通讯接口 SCI 模块,兼容标准 UART。
 1 个增强控制器局域网络(eCAN,Enhanced Controller Area Network)。
 多通道缓冲串行接口 McBSP(具 SPI 模式)。
- 16 个信道 12 位模拟—数字转换模块(ADC):

2×8 通道的输入选择器。

2 个独立的取样—保持(Sample-and-Hold)电路。

可执行单一或同步转换。

快速的转换率：80 ns/12.5 MSPS。

图 3-2 所示的是一种利用数字处理器 TMS320F2812 组成完整功能的应用系统结构图,该系统支持大量的外设应用,功能强大。

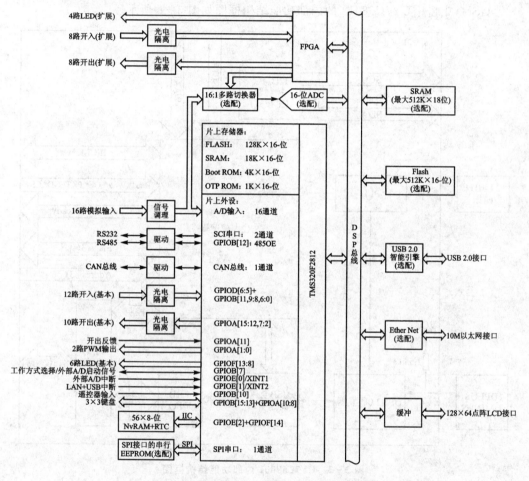

图 3-2　TMS320F2812 硬件应用系统结构图

3.1.2　USB 芯片 CY7C68001 概述

USB 接口扩展系统采用 Cypress 公司的 CY7C68001 接口芯片实现 USB 2.0 接口功能。CY7C68001 芯片内部集成了 USB 2.0 收发器、USB 2.0 串行接口引擎(SIE,信协议),支持 8/16 位外部控制器接口(如 DSP、ASIC、FPGA 等),并能实现简单有效的无缝连接。

CY7C68001 的主要特点如下：

● 符合 USB 2.0 标准，最高速度可达 480 Mb/s；

● 支持控制节点 0，用于处理 USB 传输的申请；

● 内部有 4 KB 的 FIFO 资源；

● 具有内部的锁相环；

● 具有同步与异步的 FIFO 接口。

USB2.0 芯片 CY7C68013 的内部功能结构框图如图 3-3 所示。

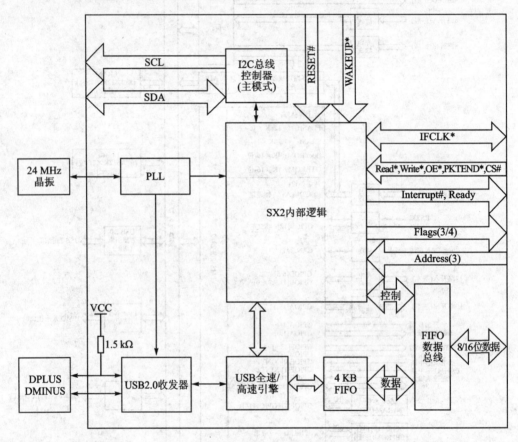

图 3-3   CY7C68001 内部功能结构框图

如图 3-3 所示，CY7C68001 芯片的外部接口又可分为命令接口与 FIFO 数据总线接口。其中命令接口用于访问 CY7C68001 寄存器、端点 0、缓冲器及描述表。FIFO 数据总线接口则用来访问 4 个 1 KB 的 FIFO 中的数据。这两种接口均可以通过同步或是异步的方式进行访问。

1. CY7C68001 引脚功能概述

CY7C68001 提供两种封装，分别是 SSOP-56 和 QFN-56。其中 SSOP-56 引脚封装示意图如图 3-4 所示，对应的引脚定义如表 3-1 所列。

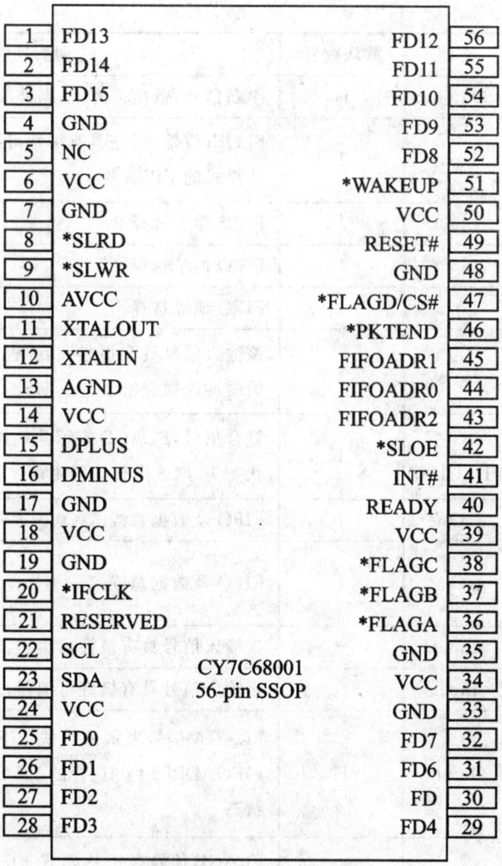

```
 1  FD13              FD12  56
 2  FD14              FD11  55
 3  FD15              FD10  54
 4  GND               FD9   53
 5  NC                FD8   52
 6  VCC           *WAKEUP   51
 7  GND               VCC   50
 8  *SLRD          RESET#   49
 9  *SLWR            GND    48
10  AVCC       *FLAGD/CS#   47
11  XTALOUT       *PKTEND   46
12  XTALIN       FIFOADR1   45
13  AGND         FIFOADR0   44
14  VCC          FIFOADR2   43
15  DPLUS           *SLOE   42
16  DMINUS           INT#   41
17  GND             READY   40
18  VCC               VCC   39
19  GND            *FLAGC   38
20  *IFCLK         *FLAGB   37
21  RESERVED       *FLAGA   36
22  SCL              GND    35
23  SDA              VCC    34
24  VCC              GND    33
25  FD0              FD7    32
26  FD1              FD6    31
27  FD2              FD     30
28  FD3              FD4    29
```

CY7C68001
56-pin SSOP

注意：图中标 * 号的引脚表示极性可编程。

图 3-4　CY7C68001 引脚封装示意图

表 3-1　CY7C68001 引脚定义

引脚号	引脚名	类型	默认配置	引脚功能描述
10	AVCC	Power	—	模拟部分供电
13	AGND	Ground	—	模拟部分地
16	DMINUS	I/O/Z	Z	USB差分信号线 D−
15	DPLUS	I/O/Z	Z	USB差分信号线 D+
49	RESET#	Input	—	复位信号,低电平有效
12	XTALIN	Input	—	晶振输入
11	XTALOUT	Output	—	晶振输出
5	NC	Output	—	不连接,空脚
40	READY	Output	L	就绪信号,高电平有效,当外部命令读/写时输出

引脚号	引脚名	类型	默认配置	引脚功能描述
41	INT#	Output	H	中断信号,低电平有效,当外部中断信号时输出
42	SLOE	Input	I	SLOE(仅输入)是具有极性可编程的并行总线使能,用于从模式的 FIFO
43	FIFOADR2	Input	I	FIFO 地址选择 2
44	FIFOADR0	Input	I	FIFO 地址选择 0
45	FIFOADR1	Input	I	FIFO 地址选择 1
46	PKTEND	Input	I	该输入信号具有极性可编程,表示数据包结束。将当前的缓冲区提交给上位机 USB,发送短包(IN)时使能
47	FLAGD /C S#	CS#:I FLAGD:O	I	复合信号,FLAGD 表示从模式 FIFO 输出状态标志,默认状态为#CS 用于选择主模式芯片
25～32	FD[7:0]	I/O/Z	I	FIFO 及数据总线[7:0]
52～56 1～3	FD[8:15]	I/O/Z	I	FIFO 及数据总线[15:8]
8	SLRD	Input	—	该输入信号具有极性可编程,表示读选通信号
9	SLWR	Input	—	该输入信号具有极性可编程,表示写选通信号
36	FLAGA	Output	H	FLAGA 信号表示从模式 FIFO 输出状态标志。报告由 FIFOADR[2:0]选择的 FIFO 状态,默认为 FIFO 自定义状态
37	FLAGB	Output	H	FLAGB 信号表示从模式 FIFO 输出状态标志。报告由 FIFOADR[2:0]选择的 FIFO 状态,默认为 FIFO 满状态
38	FLAGC	Output	H	FLAGC 信号表示从模式 FIFO 输出状态标志。报告由 FIFOADR[2:0]选择的 FIFO 状态,默认为 FIFO 空状态
20	IFCLK	I/O/Z	Z	接口时钟信号。用于从模式 FIFO 同步数据输入输出
21	保留	Input	—	保留,须连接至地
51	WAKEUP	Input	—	USB 设备唤醒
22	SCL	OD	Z	I^2C 时钟线,须接上拉电阻
23	SDA	OD	Z	I^2C 数据线,须接上拉电阻
6,14,18, 24,34,39,50	VCC	Power	—	3.3 V 电源供电
4,7,17,19, 33,35,48	GND	Ground	—	电源地

2. CY7C68001 命令接口及寄存器读/写操作

CY7C68001 芯片的命令接口由 FIFO 地址选择线 FIFOADR[2:0]进行定义,当

FIFO 地址选择线 FIFOADR[2：0]为 100b 时,选中 CY7C68001 的外部命令接口,如表 3－2 所列。

表 3－2　地址选择线分配定义

访问类型	FIFOADR[2：0]	访问类型	FIFOADR[2：0]
FIFO2	000	FIFO8	011
FIFO4	001	命令接口	100
FIFO6	010	保留	100~111

通过 CY7C68001 的外部命令接口,可以访问 37 个寄存器、端点 0 缓冲器(64 个字节 FIFO)和描述表(500 个字节 FIFO)等,如果将端点 0 缓冲器和描述表也看成是寄存器的话,那么命令接口含有众多的寄存器,对这些寄存器进行读/写访问采用二次寻址方式,即首先通过命令接口将要寻址的寄存器的子地址和操作类型(读操作或写操作)写入,然后再通过命令接口将数据读出或写入相应的寄存器。

写入命令接口的内容称为命令字,命令字包含要寻址的寄存器的子地址,或要写入寄存器的数据的高 4 位或低 4 位。命令接口写操作过程主要由 3 个步骤组成:

(1)将写命令字写入命令接口;

(2)将数据高 4 位命令字写入命令接口;

(3)将数据低 4 位命令字写入命令接口。

读命令接口必须是跟在给出的命令接口写命令字之后,读出的内容为对应寄存器的 8 位数据。命令接口读操作过程主要由 2 个步骤组成:

(1)将读命令字写入命令接口;

(2)读命令接口。

命令接口的命令字格式定义见表 3－3,对应的位功能描述见表 3－4。

表 3－3　命令接口的命令字格式

7	6	5	4	3	2	1	0
A/$\overline{\text{D}}$	R/$\overline{\text{W}}$	D5	D4	D3	D2	D1	D0

表 3－4　命令接口的命令字位定义

位	位功能描述
7	地址/数据选择。0:表示数据读或写操作;1:表示地址写操作
6	读/写操作选择。0:表示写操作;1:表示读操作
5：0	地址/数据。 当 A/$\overline{\text{D}}$=0 时,D[3：0]为数据的半字节,其余的 D[5：4]未用,命令字为 8 位,故命令字的数据分两次读出或写入。 当 A/$\overline{\text{D}}$=0 时,D[5：0]包含将要寻址的命令寄存器的地址

对 CY7C68001 内部寄存器写入的操作过程主要由 6 个步骤组成：

(1) 设置 USBRDY 位,等待 Ready 线变高;

(2) 向命令接口发送写命令(将写命令字写入);

(3) 检查 USBRDY 位,等待 Ready 线变高;

(4) 向命令接口发送高 4 位命令字 D[7∶4];

(5) 检查 USBRDY 位,等待 Ready 线变高;

(6) 向命令接口发送低 4 位命令字 D[3∶0]。

对 CY7C68001 内部寄存器读出数据的操作过程主要由 4 个步骤组成：

(1) 设置 USBRDY 位,等待 Ready 线变高;

(2) 向命令接口发送读命令字(将读命令字写入);

(3) 等待 CY7C68001 的外部中断请求;

(4) 读命令接口。

3. CY7C68001 寄存器功能简述

CY7C68001 寄存器按功能主要可分为接口配置寄存器、端点配置寄存器、状态寄存器、USB 帧状态寄存器、端点 0(Endpoint0)操作寄存器以及其它的功能寄存器(如中断、描述表、数据包结束及清空)。

(1) 接口配置寄存器(IFCONFIG,寄存器地址 0x01)

接口配置寄存器用于配置 CY7C68001 的 USB 接口方式,如表 3 - 5 所列,其位功能定义如表 3 - 6 所列。

表 3 - 5　接口配置寄存器

位	7	6	5	4	3	2	1	0
位名称	IFCLKSRC	3048MHZ	IFCLKOE	IFCLKPOL	ASYNC	STANDBY	FLAGD/CS#	DISCON
读/写	R/W	R/W	R/W	R/W	R/W	R/W	R/W	R/W
默认值	1	1	0	0	1	0	0	1

表 3 - 6　接口配置寄存器位功能定义

寄存器位	寄存器位功能描述
7	该位用于为 FIFO 选择时钟源。 IFCLKSRC=0 时,选择外部时钟源; IFCLKSRC=1 时,选择内部 30 MHz 或 48 MHz 时钟源
6	该位用于内部时钟源的频率选择。 3048MHz=0 时,选择 30 MHz 频率的时钟; 3048MHz=1 时,选择 48 MHz 频率的时钟

寄存器位	寄存器位功能描述
5	该位用于选择接口时钟是否驱动输出。 IFCLKOE＝0 时，浮空； IFCLKOE＝1 时，接口时钟输出有效
4	该位用于控制接口时钟信号的输出极性。 IFCLKPOL＝0 时，上升沿有效； IFCLKPOL＝1 时，接口时钟信号反相
3	该位用于控制 FIFO 接口同步或异步方式。 当 ASYNC＝0 时，为同步工作方式； 当 ASYNC＝1 时，为异步工作方式，此时不需要接口时钟，FIFO 直接控制读/写操作
2	待机模式控制。 STANDBY＝0 时，普通模式。 STANDBY＝1 时，进入待机省电模式
1	该位用于控制 FLAGD/CS♯ 引脚。 FLAGD/CS♯＝0 时，该引脚作为片选功能； FLAGD/CS♯＝1 时，该引脚作为 FLAGD 功能
0	该位用于控制 D＋信号线的内部电阻上拉或浮空。 DISCON＝0 时，内部电阻上拉，USB 连接； DISCON＝1 时，内部电阻浮空，USB 断开

(2) FIFO 状态寄存器(FLAGAB 和 FLAGCD,寄存器地址 0x02/0x03)

CY7C68001 芯片有 4 个 FIFO 状态标志输出引脚：FLAGA、FLAGB、FLAGC 和 FLAGD。FLAGAB 寄存器如表 3 - 7 所列，FLAGCD 寄存器如表 3 - 8 所列。

表 3 - 7　FLAGAB 寄存器

位	7	6	5	4	3	2	1	0
位名称	FLAGB3	FLAGB2	FLAGB1	FLAGB0	FLAGA3	FLAGA2	FLAGA1	FLAGA0
读/写	R/W	R/W	R/W	R/W	R/W	R/W	R/W	R/W
默认值	0	0	0	0	0	0	0	0

表 3 - 8　FLAGCD 寄存器

位	7	6	5	4	3	2	1	0
位名称	FLAGD3	FLAGD2	FLAGD1	FLAGD0	FLAGC3	FLAGC2	FLAGC1	FLAGC0
读/写	R/W	R/W	R/W	R/W	R/W	R/W	R/W	R/W
默认值	0	0	0	0	0	0	0	0

上述两个寄存器中的位 FLAGx3～FLAGx0 的 4 个值可以分别编程用于表示每个 FIFO 不同的状态标志。任意一个 FIFO 中，这 4 个状态标志位表示的意义是相同的，完整的状态标志位功能定义如表 3-9 所列。

表 3-9　FIFO 的 4 个状态标志位功能定义

FLAGx3	FLAGx2	FLAGx1	FLAGx0	引脚功能
0	0	0	0	FLAGA=PF FLAGB=FF FLAGC=EF FLAGD=CS# 实际上 FIFO 的访问类型由 FIFOADR[2：0]引脚设置，详见表 3-2
0	0	0	1	保留
0	0	1	0	保留
0	0	1	1	保留
0	1	0	0	EP2PF
0	1	0	1	EP4PF
0	1	1	0	EP6 PF
0	1	1	1	EP8 PF
1	0	0	0	EP2EF
1	0	0	1	EP4EF
1	0	1	0	EP6 EF
1	0	1	1	EP8 EF
1	1	0	0	EP2 FF
1	1	0	1	EP4 FF
1	1	1	0	EP6 FF
1	1	1	1	EP8 FF

(3) 极性寄存器(POLAR,寄存器地址 0x04)

极性寄存器用于确定 FIFO 接口引脚及唤醒引脚的信号极性,如表 3-10 所列,其寄存器位功能定义如表 3-11 所列。

表 3-10　极性寄存器

位	7	6	5	4	3	2	1	0
位名称	WUPOL	0	PKTEND	SLOE	SLRD	SLWR	EF	FF
读/写	R/W	R/W	R/W	R	R	R	R/W	R/W
默认值	0	0	0	0	0	0	0	0

表 3 - 11　极性寄存器位功能定义

寄存器位	寄存器位功能描述
7	该位用于设置唤醒引脚的信号极性。 WUPOL＝0 时,低电平有效; WUPOL＝1 时,高电平有效
6	保留
5	该位用于设置 PKTEND 引脚的信号极性。 PKTEND＝0 时,低电平有效; PKTEND＝1 时,高电平有效
4	该位用于设置 SLOE 引脚的信号极性。 SLOE＝0 时,低电平有效; SLOE＝1 时,高电平有效。 该位也可以由加载到 EEPROM 里面的配置改变
3	该位用于设置 SLRD 引脚的信号极性。 SLRD＝0 时,低电平有效; SLRD＝1 时,高电平有效。 该位也可以由加载到 EEPROM 里面的配置改变
2	该位用于设置 SLWR 引脚的信号极性。 SLWR＝0 时,低电平有效; SLWR＝1 时,高电平有效。 该位也可以由加载到 EEPROM 里面的配置改变
1	该位用于设置 EF 引脚(FLAGA～D)的信号极性。 EF＝0 时,当 FIFO 为空时,拉至低电平; EF＝1 时,当 FIFO 为空时,拉至高电平
0	该位用于设置 FF 引脚(FLAGA～D)的信号极性。 FF＝0 时,当 FIFO 为满时,拉至低电平; FF＝1 时,当 FIFO 为满时,拉至高电平

（4）端点配置寄存器（EPxCFG ＜x＝2,4,6,8＞,寄存器地址 0x06～0x09）

CY7C68001 有 4 个端点配置寄存器分别配置 EP2、EP4、EP6、EP8 端点的类型,如表 3 - 12 所列,端点配置寄存器位功能定义如表 3 - 13 所列。

表 3 - 12   端点配置寄存器

位	7	6	5	4	3	2	1	0
位名称	VALID	DIR	TYPE1	TYPE0	SIZE	STALL	BUF1	BUF0
读/写	R/W	R/W	R/W	R/W	R/W	R/W	R/W	R/W
默认值	1	0	1	0	0	0	1	0

表 3 - 13   端点配置寄存器位功能定义

寄存器位	寄存器位功能描述
7	端点配置有效位。 VALID＝0 时，端点配置无效，不响应 USB 通信； VALID＝1 时，激活端点配置
6	端点传输方向，默认设置 EP2 和 EP4 为 DIR＝0；EP6 和 EP8 为 DIR＝1。 DIR＝0 时，为 OUT 方向； DIR＝1 时，为 IN 方向
5 4	用于定义端点的传输类型（如同步传输、批量传输、中断传输等），详细类型配置说明请见表 3 - 14
3	定义端点传输尺寸。 SIZE＝0 时，为 512 字节，默认状态即为 512 字节； SIZE＝0 时，为 1024 字节。 　　端点 EP4 和 EP8 仅能配置成 512 字节，且该位为只读位；EP2 和 EP6 的端点尺寸则可在 512 字节与 1024 字节之间选择设置
2	批量传输类型时握手信号 STALL 定义。 　　如果外部主机设置该位，任何到端点的请求都返回 STALL 握手信号，而不是 ACK 和 NAK 信号
1 0	EP2 和 EP6 端点缓冲器深度选择，详见表 3 - 15

表 3 - 14   端点传输类型定义

TYPE1	TYPE0	端点类型
0	0	无效
0	1	同步(isochronous)
1	0	批量(butk)
1	1	中断(interrupt)

表 3 - 15   端点缓冲器深度选择

BUF1	BUF0	缓冲器深度
0	0	四倍
0	1	无效
1	0	双倍
1	1	三倍

(5) 端点信息包长度寄存器(EPxPKTLENH/L＜x＝2,4,6,8＞,寄存器地址 0x0A～0x11)

端点信息包长度寄存器用于设置每个端点(EP2、EP4、EP6、EP8)信息包的大小(需小于缓冲器物理空间大小),默认端点的信息包大小为 512 字节。

EPxPKTLENL 寄存器＜x＝2,4,6,8＞是 EP2、EP4、EP6 和 EP8 端点信息包长度的低 8 位值,各端点对应的寄存器地址分别为 0x0B、0x0D、0x0F 和 0x11,其格式如表 3-16 所列。

EPxPKTLENH 寄存器＜x＝2,6＞是 EP2 和 EP6 端点信息包长度的高 2 位及相关参数配置,各端点对应的寄存器地址分别为 0x0A 和 0x0E,其格式如表 3-17 所列。

EPxPKTLENH 寄存器＜x＝4,8＞是 EP4 和 EP8 端点信息包长度的高 2 位及相关参数配置,各端点对应的寄存器地址分别为 0x0C 和 0x10,其格式如表 3-18 所列,与 EP2 和 EP6 端点赋值稍有差异。

EPxPKTLENH 寄存器＜x＝2,4,6,8＞完整的寄存器位功能定义如表 3-19 所列。

注意:EP2 和 EP6 的信息包最大尺寸为 1024 字节,EP4 和 EP8 的信息包最大尺寸为 512 字节;此外 EPxPKTLENH 寄存器(x＝2,4,6,8)有 4 个其他端点配置位。

表 3-16　EPxPKTLENL 寄存器＜x＝2,4,6,8＞

位	7	6	5	4	3	2	1	0
位名称	PL7	PL6	PL5	PL4	PL3	PL2	PL1	PL0
读/写	R/W	R/W	R/W	R/W	R/W	R/W	R/W	R/W
默认值	0	0	0	0	0	0	0	0

表 3-17　EPxPKTLENH 寄存器＜x＝2,6＞

位	7	6	5	4	3	2	1	0
位名称	INFM1	OEP1	ZEROLEN	WORDWIDE	0	PL10	PL9	PL8
读/写	R/W	R/W	R/W	R/W	R/W	R/W	R/W	R/W
默认值	0	0	1	1	0	0	1	0

表 3-18　EPxPKTLENH 寄存器＜x＝4,8＞

位	7	6	5	4	3	2	1	0
位名称	INFM1	OEP1	ZEROLEN	WORDWIDE	0	0	PL9	PL8
读/写	R/W	R/W	R/W	R/W	R/W	R/W	R/W	R/W
默认值	0	0	1	1	0	0	1	0

表 3 - 19　　EPxPKTLENH 寄存器＜x＝2,4,6,8＞位功能定义

寄存器位	寄存器位功能描述
7	位 INFM1。当外部主机将 INFM1 置 1 时,该端点的 FIFO 标志早于 FIFO 满状态条件产生时变为有效,默认状态 INFM1 置 0,仅在使用用内部或外部时钟的同步操作时有效
6	位 OEP1。当外部主机将 OEP1 置 1 时,该端点的 FIFO 标志早于 FIFO 空状态条件产生时变为有效,默认状态 OEP1 置 0,仅在使用内部或外部时钟的同步操作时有效,且该位仅用于设置 OUT 方向的端点
5	位 ZEROLEN。当 ZEROLEN＝0 时,不发送零长度的信息包; 当 ZEROLEN＝1 时,强制发送一个零长度的信息包,默认设置 ZEROLEN＝1
4	位 WORDWIDE。该位用于控制 8 位与 16 位数据总线接口宽度的选择。 当 WORDWIDE＝0 时,数据总线接口宽度为 8 位,FD[15:8]无效; 当 WORDWIDE＝1 时,数据总线接口宽度为 16 位,默认状态设置 WORDWIDE＝1
3	信息包长度位,EP2 和 EP6 长度位为 PL[10:0];
2	信息包长度位,EP4 和 EP8 长度位为 PL[9:0];
1	
0	默认状态所有端点的信息包长度为 512 字节,即有效位为 PL[9:0]

注意:表 3 - 16～表 3 - 18 对应的寄存器位名称为"0"时,表示作为该类寄存器应用时功能保留。

(6) 端点可编程标志位寄存器(EPxPFH/L＜x＝2,4,6,8＞,寄存器地址 0x12～0x19)

当 EP2、EP4、EP6、EP8 端点 FIFO 的可编程标志位激活时,端点可编程标志位寄存器使用该位设置每个端点的可编程标志位。EPxPFH/L＜x＝2,4,6,8＞在高速传输模式、全速传输模式、IN 以及 OUT 端点时有不同的定义。

当各端点设置成同步传输,在高速和全速模式时 EPxPFL 寄存器(＜x＝2,4,6,8＞,寄存器地址 0x13、0x15、0x17、0x19)表示的是端点可编程标志位 PFC[7:0],其格式如表 3 - 20 所列;当端点不设置成同步传输,在全速模式时,其寄存器格式如表 3 - 21所列。

表 3 - 20　　EPxPFL 寄存器(＜x＝2,4,6,8＞同步传输,高速和全速模式)

位	7	6	5	4	3	2	1	0
位名称	PFC7	PFC6	PFC5	PFC4	PFC3	PFC2	PFC1	PFC0
读/写	R/W	R/W	R/W	R/W	R/W	R/W	R/W	R/W
默认值	0	0	0	0	0	0	0	0

表 3 - 21　EPxPFL 寄存器(＜x＝2,4,6,8＞非同步传输,全速模式)

位	7	6	5	4	3	2	1	0
位名称	IN:PKTS[1] OUT:PFC7	IN:PKTS[0] OUT:PFC6	PFC5	PFC4	PFC3	PFC2	PFC1	PFC0
读/写	R/W	R/W	R/W	R/W	R/W	R/W	R/W	R/W
默认值	0	0	0	0	0	0	0	0

当端点设置成同步传输,在高速和全速模式时 EPxPFH 寄存器(＜x＝4,8＞,寄存器地址 0x14、0x18)格式如表 3 - 22 所列;当端点不设置成同步传输,在全速模式时,其寄存器格式如表 3 - 23 所列。

表 3 - 22　EPxPFH 寄存器(＜x＝4,8＞同步传输,高速和全速模式)

位	7	6	5	4	3	2	1	0
位名称	DECIS	PKTSTAT	0	IN:PKTS[1] OUT:PFC10	IN:PKTS[0] OUT:PFC9	0	0	PFC8
读/写	R/W	R/W	R/W	R/W	R/W	R/W	R/W	R/W
默认值	0	0	0	0	1	0	0	0

表 3 - 23　EPxPFH 寄存器(＜x＝4,8＞非同步传输,全速模式)

位	7	6	5	4	3	2	1	0
位名称	DECIS	PKTSTAT	OUT:PFC12	OUT:PFC11	OUT:PFC10	0	PFC9	IN:PKTS[2] OUT:PFC8
读/写	R/W	R/W	R/W	R/W	R/W	R/W	R/W	R/W
默认值	1	0	0	0	1	0	0	0

当端点设置成同步传输,在高速和全速模式时 EPxPFH 寄存器(＜x＝2,6＞,寄存器地址 0x12、0x16)格式如表 3 - 24 所列;当端点不设置成同步传输,在全速模式时,其寄存器格式如表 3 - 25 所列。

表 3 - 24　EPxPFH 寄存器(＜x＝2,6＞同步传输,高速和全速模式)

位	7	6	5	4	3	2	1	0
位名称	DECIS	PKTSTAT	IN:PKTS[2] OUT:PFC12	IN:PKTS[1] OUT:PFC11	IN:PKTS[0] OUT:PFC10	0	PFC9	PFC8
读/写	R/W	R/W	R/W	R/W	R/W	R/W	R/W	R/W
默认值	1	0	0	0	0	0	0	0

表 3 - 25　　EPxPFH 寄存器(＜x＝2,6＞非同步传输,全速模式)

位	7	6	5	4	3	2	1	0
位名称	DECIS	PKTSTAT	0	OUT:PFC10	OUT:PFC9	0	0	PFC8
读/写	R/W	R/W	R/W	R/W	R/W	R/W	R/W	R/W
默认值	0	0	0	0	1	0	0	0

端点可编程标志位寄存器 EPxPFH/L＜x＝2,4,6,8＞完整的寄存器位功能定义如表 3 - 26 所列。

表 3 - 26　　端点可编程标志位寄存器 EPxPFH＜x＝2,4,6,8＞位功能定义

寄存器位	寄存器位功能描述
7	DECIS 位。 当 DECIS＝0 时,字节计数值小于或等于寄存器定义值,可编程标志位 PF 有效; 当 DECIS＝1 时(默认状态),字节计数值大于或等于寄存器定义值,可编程标志位 PF 有效
6	PKTSTAT 位。 在 IN 端点,PF 可申请整个 FIFO,包括多个数据包或当前被填满的数据包。 当 PKTSTAT＝0(默认状态),PF 申请整个 IN 端点 FIFO,EPxPFH:L 格式为 PKTS[...]＋PFC[...]; 当 PKTSTAT＝1,PF 指的是当前数据包字节的个数,EPxPFH:L 格式为 PFC[...]
5	位 IN:PKTS[2:0]OUT:PFC[12:10],这三位依赖 PKTSTAT 的设置,在 IN 端点和 OUT 端点时的意义不同。 IN 端点:当 PKTSTAT＝0 时,PF 为 PKTS 数据包＋PFC 字节,PKTS[2:0]决定包括多少个数据包,如下表所列。 { PKTS2 | PKTS1 | PKTS0 | 数据包个数 0 | 0 | 0 | 0 0 | 0 | 1 | 1 0 | 1 | 0 | 2 0 | 1 | 1 | 3 1 | 0 | 0 | 4 }
4	
3	当 PKTSTAT＝1 时,PF 为 FIFO 中的 PFC 字节数,忽略 PKTS[2:0]。 OUT 端点:不管 PKTSTAT 设置,PF 为 FIFO 中的 PFC 字节数
2	保留功能
1:0	PFC[9:8]位

注意：表 3-20~表 3-25 对应的寄存器位名称为"0"时,表示作为该类型寄存器应用时功能保留。

（7）IN 端点同步传输数据包个数寄存器（EPxISOINPKTS＜x＝2,4,6,8＞,寄存器地址 0x1A、0x1B、0x1C、0x1D）

EPxISOINPKTS＜x＝2,4,6,8＞寄存器用于确定同步传输时一帧数据包个数,仅支持 IN 端点,其寄存器格式如表 3-27 所列。

表 3-27　IN 端点同步传输数据包个数寄存器 EPxISOINPKTS＜x＝2,4,6,8＞

位	7	6	5	4	3	2	1	0
位名称	0	0	0	0	0	INPPF2	INPPF1	INPPF0
读/写	R/W	R/W	R/W	R/W	R/W	R/W	R/W	R/W
默认值	0	0	0	0	1	0	0	1

该寄存器有 3 个有效位,其中位 INPPF[1：0]用于确定全速传输时每帧的数据包个数或高速传输时微帧的数据包个数,如表 3-28 所列。

表 3-28　INPPF[1：0]功能定义

INPPF1	INPPF0	数据包个数	INPPF1	INPPF0	数据包个数
0	0	无效	1	0	2
0	1	1（默认）	1	1	3

（8）端点状态寄存器（EPxxFLAGS,寄存器地址 0x1E,0x1F）

端点状态寄存器包括两个寄存器：EP24FLAGS 寄存器和 EP68FLAGS 寄存器。它们分别用于确定端点 2 与 4 的 FIFO 的状态以及端点 6 与 8 的 FIFO 的状态。EP24FLAGS 寄存器和 EP68FLAGS 寄存器格式分别如表 3-29 及表 3-30 所列。端点状态寄存器位功能定义如表 3-31 所列。

表 3-29　EP24FLAGS 寄存器

位	7	6	5	4	3	2	1	0
位名称	0	EP4PF	EP4EF	EP4FF	0	EP2PF	EP2EF	EP2FF
读/写	R/W	R/W	R/W	R/W	R/W	R/W	R/W	R/W
默认值	0	0	1	0	0	0	1	0

表 3－30　　EP68FLAGS 寄存器

位	7	6	5	4	3	2	1	0
位名称	0	EP8PF	EP8EF	EP8FF	0	EP6PF	EP6EF	EP6FF
读/写	R/W	R/W	R/W	R/W	R/W	R/W	R/W	R/W
默认值	0	0	1	0	0	0	1	0

表 3－31　　端点状态寄存器位功能定义

寄存器位	寄存器位功能描述
7	保留功能
6	位 EPxPF(x＝4,8)。该位表示端点可编程标志位的状态
5	位 EPxEF(x＝4,8)。该位表示端点 EP4 和 EP8 的当前状态为空;当端点为空时,EPxEF＝1
4	位 EPxFF(x＝4,8)。该位表示端点 EP4 和 EP8 的当前状态为满;当端点为满时,EPxFF＝1
3	保留功能
2	位 EPxPF(x＝2,6)。该位表示端点可编程标志位的状态
1	位 EPxEF(x＝2,6)。该位表示端点 EP2 和 EP6 的当前状态为空;当端点为空时,EPxEF＝1
0	位 EPxFF(x＝2,6)。该位表示端点 EP2 和 EP6 的当前状态为满;当端点为满时,EPxFF＝1

(9) USB 帧数据长度寄存器(USBFRAMEH/L,寄存器地址 0x2A,0x2B)

USB 帧数据长度寄存器确定每一帧的数据长度,其中 USBFRAMEH 确定数据长度的高 3 位,其格式如表 3－32 所列;USBFRAMEL 确定数据长度的低 8 位,其格式如表 3－33 所列。

表 3－32　　USBFRAMEH 寄存器

位	7	6	5	4	3	2	1	0
位名称	0	0	0	0	0	FC10	FC9	FC8
读/写	R	R	R	R	R	R	R	R
默认值	x	x	x	x	x	x	x	x

表 3－33　　USBFRAMEL 寄存器

位	7	6	5	4	3	2	1	0
位名称	FC7	FC6	FC5	FC4	FC3	FC2	FC1	FC0
读/写	R	R	R	R	R	R	R	R
默认值	x	x	x	x	x	x	x	x

(10) 微帧寄存器(MICROFRAME,寄存器地址 0x2C)

微帧寄存器确定每一个微帧的数据个数,仅用于 480 Mb/s 的高速传输模式。该寄存器能设置 0～7 个数据个数,其寄存器格式如表 3 - 34 所列。

表 3 - 34　微帧寄存器

位	7	6	5	4	3	2	1	0
位名称	0	0	0	0	0	MF2	MF1	MF0
读/写	R	R	R	R	R	R	R	R
默认值	x	x	x	x	x	x	x	x

(11) USB 设备地址寄存器(FNADDR,寄存器地址 0x2D)

在 USB 枚举过程中,主机向 CY7C68001 发送一个唯一的 7 位地址,由于 CY7C68001 自动响应分配的地址,通常不需要外部主机识别 USB 设备地址,该寄存器格式如表 3 - 35 所列。

表 3 - 35　USB 设备地址寄存器

位	7	6	5	4	3	2	1	0
位名称	HSGRANT	FA6	FA5	FA4	FA3	FA2	FA1	FA0
读/写	R	R	R	R	R	R	R	R
默认值	0	0	0	0	0	0	0	0

位 HSGRANT 置 1 时,USB 设备在高速模式中枚举;置 0 时,则是在全速模式中枚举。

位 FA[6∶0]是主机设置的地址。

(12) 中断使能寄存器(INTENABLE,寄存器地址 0x2E)

该寄存器用于使能或禁止各种中断源,一共管理 6 个中断源,默认状态是使能所有中断源,其寄存器格式如表 3 - 36 所列,相应的寄存器位功能定义如表 3 - 37 所列。

表 3 - 36　中断使能寄存器

位	7	6	5	4	3	2	1	0
位名称	SETUP	EP0BUF	FLAGS	1	1	ENUMOK	BUSACTIVITY	READY
读/写	R/W	R/W	R/W	R/W	R/W	R/W	R/W	R/W
默认值	1	1	1	1	1	1	1	1

表 3 - 37　　中断使能寄存器位功能定义

寄存器位	寄存器位功能描述
7	SETUP 位。当收到上位机 setup 信息包,该位置 1 使能 1 个中断
6	EP0BUF 位。当端点 0 缓冲器可用时,该位置 1 使能 1 个中断
5	FLAGS 位。当 OUT 端点的 FIFO 状态事务由空转至非空时,该位置 1 使能 1 个中断
4	保留功能
3	
2	ENUMOK 位。当 CY7C68001 完成枚举过程后,该位置 1 使能 1 个中断
1	BUSACTIVITY 位。当 CY7C68001 检测到没有或存在总线活动时,该位置 1 使能 1 个中断
0	READY 位。当 CY7C68001 上电或执行自检时,该位置 1 使能 1 个中断

(13) 端点 0 操作寄存器(Endpoint0)

端点 0 操作寄存器主要包括 EP0BUF、SETUP、EP0BC 三个寄存器:

- EP0BUF 寄存器是端点 0 的缓冲寄存器,通过它可以完成对端点 0 的数据访问。
- SETUP 寄存器用于从计算机接收 setup 数据包。
- EP0BC 表示端点 0 的数据个数。

此外还有 DESC 寄存器可以完成对描述表的操作等。

3.1.3　FPGA 芯片 EP1C3 概述

FPGA 即现场可编程门阵列,采用了逻辑单元阵列 LCA(Logic Cell Array)这样一个新概念,内部包括可配置逻辑模块 CLB(Configurable Logic Block)、输出/输入模块 IOB(Input Output Block)和内部连线(Interconnect)三个部分,是在 PAL、GAL、EPLD 等可编程器件的基础上进一步发展的产物。它作为专用集成电路(ASIC)领域中的一种半定制电路而出现,既解决了定制电路的不足,又克服了原有可编程器件门电路数有限的缺点。

Altera 公司的 Cyclone FPGA 是目前市场上性价比最优且价格最低的 FPGA。本系统采用的是 EP1C3 器件,该器件应用市场包括消费类、工业类、汽车业、计算机和通信类,其主要性能参数如表 3 - 38 所列。

表 3 – 38　EP1C3 主要性能参数

特　性	FPGA 相关参数
逻辑单元(LE)	2 910
M4K RAM 块(4Kbit＋奇偶校验)	13
RAM 总量	59 904
PLLs	1
最大用户 I/O 数	104
差分通道	34

3.2　硬件电路设计

　　USB 接口扩展系统硬件电路设计按功能结构可分为三个部分：第一个部分是以 CY7C68001 为核心组成的 USB 接口芯片电路；第二部分是以 EP1C3 可编程器件（具体型号为 EP1C3T144C8N）及其外围串行配置芯片等组成的 FPGA 应用电路；第三部分是以数字信号处理器 TMS320F2812 及其外围芯片和 SRAM 存储器等组成的硬件电路。系统的硬件电路示意图如图 3 – 5 所示。

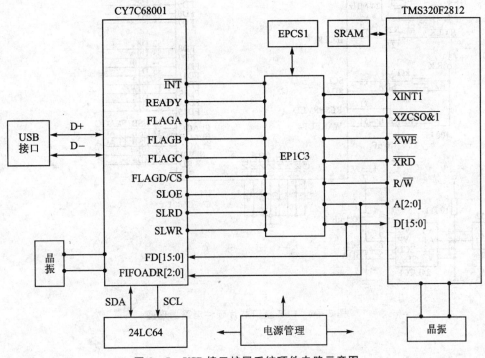

图 3 – 5　USB 接口扩展系统硬件电路示意图

3.2.1 USB 接口芯片电路

USB 接口芯片电路主要由 CY7C68001 芯片及外围 I^2C 总线接口的 EEPROM 存储器组成,相关的命令接口信号与 FPGA 可编程逻辑芯片 EP1C3 的 I/O 引脚连接,实现逻辑转换,其数据总线 FD[15:0]及 FIFO 地址选择线 FIFOADR[2:0]则与数字信号处理器 TMS320F2812 连接。USB 接口芯片电路的主要硬件电路原理图如图 3 - 6 所示。

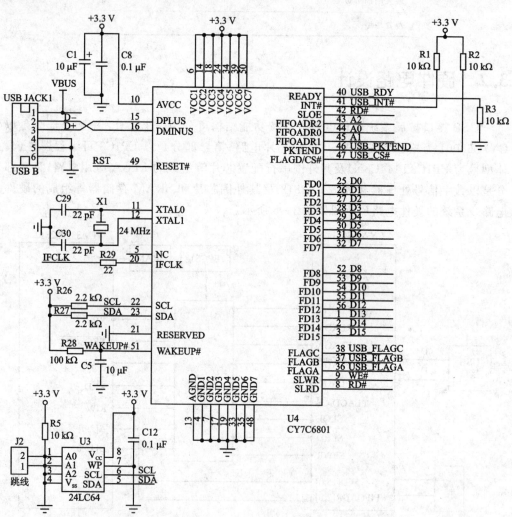

图 3 - 6 USB 接口芯片硬件电路原理图

3.2.2　FPGA 应用电路

　　FPGA 应用电路以 Cyclone 芯片 EP1C3 为核心,EPCS1 则是 FPGA 器件的串行接口配置芯片。限于篇幅,本章仅介绍 EP1C3 及外围 I/O 电路原理图(如图 3 - 7 所示),完整的硬件电路原理图请读者参考光盘中的原理图文件。

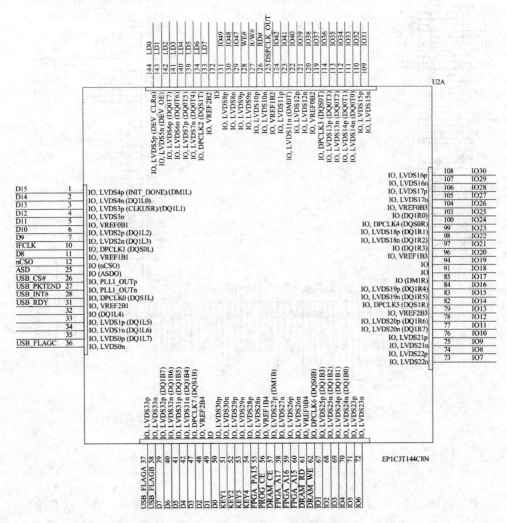

图 3 - 7　EP1C3 器件硬件电路原理图

3.2.3　数字信号处理器 TMS320F2812 及其外围电路

　　数字信号处理器 TMS320F2812 及其外围电路如图 3 - 8 所示。

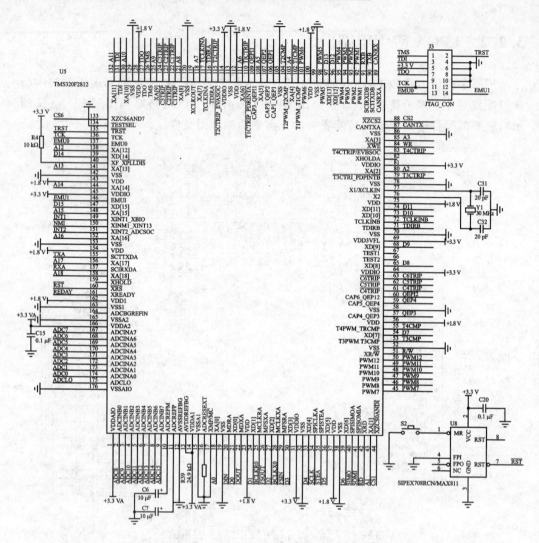

图 3-8　数字信号处理器 TMS320F2812 部分硬件原理图

3.3　软件设计

　　本实例的 USB 接口扩展系统的软件设计主要分为三个部分：第一部分集中在 CY7C68001 的驱动程序、PC 端应用程序（API）、EEPROM 枚举等初始配置代码等；第二部分为 FPGA 可编程逻辑电路及接口功能扩展部分的程序设计，这部分代码为 Verilog HDL 文件格式；第三部分则基于数字信号处理器 TMS320F2812 实现 CY7C68001 芯片配置、命令接口读/写、寄存器读/写操作、数据传输等功能程序。

3.3.1　USB 设备的相关软件设计

USB 设备的编程主要分为两个部分：第一个部分是电脑 HOST 端驱动程序的编写；另外一个部分是 DSP 处理器 TMS320F2812 与 USB 的数据与命令的交换（如下节 3.3.2 介绍）。

1. USB 设备 CY7C68001 的驱动程序设计

电脑主机端需要编写基于 CY7C68001 芯片的 USB 设备驱动程序和应用程序（API）。USB 设备 CY7C68001 的驱动程序主要是通过调用 USBD. SYS 来实现 PC 机与 USB 总线的数据交换。因而 USB 设备 CY7C68001 的驱动程序主要实现功能如下：

- 对相应的 USB 设备建立设备驱动对象并完成对 USB 设备的初始化；
- 完成 USB 设备的即插即用功能；
- 完成 USB 设备电源的管理；
- 实现对 USBD. SYS 的调用，完成对 USB 设备 CY7C68001 的控制与数据的交换；
- 实现对 USB 通讯错误的处理。

有关 USB 设备 CY7C68001 驱动程序设计的详细代码在光盘中的本实例程序代码目录"ezUSBDDK"下，其驱动的主要功能函数集中在程序文件 ezusbsys. c 和 ezusbsys. h 中。

2. PC 端应用软件(API)

PC 端应用软件设计主要用于打开 USB 设备，及实现 FIFO 数据采集等功能，有关 PC 端应用软件设计的详细代码介绍请参考光盘中工程项目文件。

3. EEPROM 枚举程序

本实例的 USB 2.0 接口芯片 CY7C68001 具有两种枚举方式：一种是通过加载 AT24LC64 存储的 EEPROM 枚举程序实现；另外一种则是通过数字信号处理器 TMS320F2812 程序实现枚举。

通常情况下采用 EEPROM 枚举方式来进行 USB 的初始化。通过 EEPROM 执行初始化的顺序如表 3 - 39 所列。

表 3 - 39　EEPROM 初始化顺序

顺　序	程序段	功能描述
1	0xC4	通知 USB 设备有一个有效的 EEPROM 存在
2	IFCONFIG	设置 IFCONFIG 寄存器
3	POLAR	设置各个信号的极性

顺　序	程序段	功能描述
4	Descriptor	是否从 EEPROM 中装入初始化表。当值为 0xc4 时,则装入,反之等待主机装入
5	Descriptor Length	这是两个字节的空间,指示 EERPOM 中描述符的长度
6	Descriptor Data	描述符表的数据

3.3.2　TMS320F2812 软件设计

DSP 处理器 TMS320F2812 与 USB 的数据与命令交换的相关程序编程是本实例软件设计讲述的重点。总的来说,TMS320F2812 是通过其 Zone 0 来完成 USB 设备 CY7C68001 的数据与命令交换的。这部分程序主要实现如下功能:

● 完成对命令接口的读/写操作;

● 完成对 FIFO 接口的读/写操作;

● 实现 TMS320F2812 对 USB 设备的枚举;

● 实现 TMS320F2812 与 USB 设备的控制命令的传输;

● 实现 TMS320F2812 与 USB 设备的各种方式的数据传输。

这部分功能实现的主要程序代码与程序注释包括在下述几个文件当中。

(1) SX2.C

程序文件 SX2.C 主要完成加载 CY7C68001 描述符表、命令接口读/写命令字操作、读/写寄存器操作、FIFO 缓冲读/写操作以及中断服务程序等功能,主要程序代码如下。

```
/ ******************************************************************** /
/ *      函数名:Load_descriptors                                    * /
/ *      功能描述:加载 USB 描述符                                    * /
/ *      输入:count - 描述符字节数                                   * /
/ *            desc - 描述符表指针                                    * /
/ *      输出:TRUE - 成功                                            * /
/ *            FALSE - 失败                                          * /
/ ******************************************************************** /
BOOL Load_descriptors(char length,char * desc)
{
    unsigned char i;
/ * 写描述符长度的最低有效位和描述符地址 * /
    if(! Write_SX2reg(SX2_DESC,(unsigned int)length))
    {
        return FALSE;
    }
```

```
/ * 写描述符长度的最高有效的高 4 位 * /
    SX2_comwritebyte((unsigned char)(length >> 12));
/ * 写描述符长度的最高有效位的低 4 位 * /
    SX2_comwritebyte((unsigned char)((length & 0x0F00)>>8));
    for(i = 0; i<length; i ++ )
    {
        / * 写描述符长度的最高有效位的高 4 位 * /
        SX2_comwritebyte((desc[i] >> 4));
        / * 写描述符长度的最高有效位的低 4 位 * /
        SX2_comwritebyte((desc[i] & 0x0F));
    }
    return TRUE;
}
/ * ************************************************************** /
/ *    函数名：Write_SX2reg                                      * /
/ *    功能描述：写寄存器操作                                     * /
/ *    输入：addr - 寄存器地址                                    * /
/ *          value - 写入值                                       * /
/ *    输出：TRUE - 成功                                          * /
/ *          FALSE - 失败                                         * /
/ * ************************************************************** /
BOOL Write_SX2reg(unsigned char addr,unsigned int value)
{
    unsigned int transovertime = 0 ;
    / * 清寄存器地址的高 2 位 * /
    addr = addr & 0x3f;
    / * 写寄存器地址操作 * /
    if(! SX2_comwritebyte(0x80|addr))
    {
        return FALSE;
    }
    / * 写寄存器数据的高 4 位 * /
    SX2_comwritebyte((value >> 4) & 0xF);
    / * 写寄存器数据的低 4 位 * /
    SX2_comwritebyte(value & 0x0F);
    / * 等待就绪 * /
    transovertime = 0;
    while( (GpioDataRegs.GPBDAT.bit.GPIOB13) == 0)
    {
        if( transovertime ++ > usbtimeout)
        {
            return FALSE;
        }
```

```
    }
    /*写操作成功返回值*/
    return TRUE;
}
/**************************************************************/
/*      函数名：SX2_comwritebyte                            */
/*      功能描述：向命令接口写命令字                         */
/*      输入：value－写入值                                  */
/*      输出：TRUE－成功                                     */
/*            FALSE－失败                                    */
/**************************************************************/
BOOL SX2_comwritebyte(unsigned int value)
{
    unsigned int time_count = 0;
    /*等待就绪*/
    while( (GpioDataRegs.GPBDAT.bit.GPIOB13) == 0)
    {
        if( time_count ++ > usbtimeout)
        {
            return FALSE;
        }
    }
    USB_COMMAND = value;
    /*写操作成功返回值*/
    return TRUE;
}
/**************************************************************/
/*      函数名：Read_SX2reg                                 */
/*      功能描述：读寄存器操作                               */
/*      输入：addr－寄存器地址                               */
/*            value－读取的寄存器值                          */
/*      输出：TRUE－成功                                     */
/*            FALSE－失败                                    */
/**************************************************************/
BOOL Read_SX2reg(unsigned char addr,unsigned int * value)
{
    unsigned int transovertime = 0;
    /*等待就绪*/
    while( (GpioDataRegs.GPBDAT.bit.GPIOB13) == 0)
    {
        if( transovertime ++ > usbtimeout)
        {
            return FALSE;
```

```
            }
        }
        /* 清寄存器的高 2 位 */
        addr = addr & 0x3f;
        /* 发送读寄存器命令 */
        USB_COMMAND = 0xC0 | addr;
        /* 设置读标志位,通知中断程序不做处理读中断,只需返回假标志即可 */
        readFlag = TRUE;
        /* 等待中断清除读标志位,读标志为假 */
        while(readFlag);
        /* 等待就绪 */
        while( (GpioDataRegs.GPBDAT.bit.GPIOB13) == 0)
        {
            if( transovertime ++ > usbtimeout)
            {
                return FALSE;
            }
        }
        /* 读取寄存器数据 */
        * value = USB_Command_Read();
        return TRUE;
}
/* ************************************************************** /
/*      函数名:SX2_FifoWrite                                      * /
/*      功能描述:写缓冲器至 FIFO                                   * /
/*      输入:channel - 选择的端点                                 * /
/*            pdata - 数据缓冲器指针                               * /
/*            longth - 数据缓冲器长度                              * /
/*      输出:TRUE - 成功                                          * /
/*            FALSE - 失败                                        * /
/* ************************************************************** /
BOOL SX2_FifoWrite( int channel,u16 * pdata,unsigned int longth)
{
        unsigned int i = 0;
        for(i = 0;i<longth;i ++ )
        {
            if(! SX2_FifoWriteSingle(channel,pdata[i]))
            {
                return FALSE;
            }
        }
        return TRUE;
}
```

```
/ ***************************************************************** /
/ *      函数名：SX2_FifoRead                                     * /
/ *      功能描述：写 FIFO 至缓冲器                               * /
/ *      输入：channel - 选择的端点                               * /
/ *           pdata - 数据缓冲器指针                              * /
/ *           longth - 数据缓冲器长度                             * /
/ *      输出：TRUE - 成功                                        * /
/ *           FALSE - 失败                                        * /
/ ***************************************************************** /
BOOL SX2_FifoRead(int channel,u16 * pdata,unsigned int longth)
{
    unsigned int i = 0;
    for(i = 0;i<longth;i ++ )
    {
//pdata[i] = SX2_FifoReadSingle(channel);
    }
    return TRUE;
}
/ ***************************************************************** /
/ * 函数名：Int2                                                  * /
/ * 功能描述：外部中断 2 中断服务程序                             * /
/ ***************************************************************** /
void int2_isr()
{
    if(readFlag)
    {
        readFlag = FALSE;
    }
    else if(setupDat)
        {
            / * 读 setup 数据 * /
            setupBuff[setupCnt ++ ] = USB_Command_Read();
            / * 获取 8 字节后停止 * /
            if(setupCnt > 7)
            {
                setupDat = FALSE;
                sx2Setup = TRUE;
            }
            else
            {
                USB_COMMAND = 0xC0 | SX2_SETUP;
            }
        }
```

```
        else
    {
        /*读取中断寄存器值共有 6 个中断值*/
        irqValue = USB_Command_Read();
        switch(irqValue)
        {
            case SX2_INT_SETUP:
                setupDat = TRUE;
                setupCnt = 0;
                /*发送读寄存器命令*/
                USB_COMMAND = 0xC0 | SX2_SETUP;
                break;
            case SX2_INT_EP0BUF:
                /*端点 0 就绪*/
                sx2EP0Buf = TRUE;
                break;
            case SX2_INT_FLAGS:
                /*FIFO 标志位 - FF,PF,EF*/
                FLAGS_READ = TRUE;
                break;
            case SX2_INT_ENUMOK:
                /*枚举成功*/
                sx2EnumOK = TRUE;
                break;
        /*USB 总线状态中断*/
            case SX2_INT_BUSACTIVITY:
                sx2BusActivity = TRUE;
                break;
        /*就绪中断*/
            case SX2_INT_READY:
                sx2Ready = TRUE;
                break;
            default:
                break;
        }
    }
}
```

(2) USB.C

文件 USB.C 的程序主要用于实现 USB 命令读/写操作等功能,其主要程序代码与程序注释如下文介绍。

```
/*USB 命令写操作*/
void USB_Command_Write(unsigned int Value)
```

```
    {
        * USB_Command = Value;
    }
/* 读取 USB 命令 */
unsigned int USB_Command_Read(void)
{
    unsigned int i;
    i = * USB_Command;
    return(i);
}
/* 写操作的命令字节 */
unsigned short SX2_CommandWriteByte(unsigned int Value)
{
    if(( * USB_StatusRead & 0x08) == 0)
    {
        return(FALSE);
    }
    USB_Command_Write(Value);
    return(TRUE);
}
/* 读操作命令 */
unsigned short SX2_Read(unsigned int addr,unsigned int * data)
{
    /* 确认 READY 信号就绪 */
    if(( * USB_StatusRead & 0x08) == 0)
    {
        return(FALSE);
    }
    /* 清命令寄存器地址高 2 位 */
    addr = addr & 0x3f;
    /* 发送写操作命令 */
    USB_Command_Write(0xC0|addr);
    /* 判断中断响应 */
    readFlag = TRUE;
    /* 等待读标志为 FALSE */
    while(readFlag);
    /* 检测 READY 信号是否就绪 */
    if(( * USB_StatusRead & 0x08) == 0)
    {
        return(FALSE);
    }
    * data = USB_Command_Read();
    return(TRUE);
```

```
}
/* 写操作命令 */
unsigned short SX2_Write(unsigned int addr,unsigned int value)
{
    /* 确认 READY 信号就绪 */
    if((*USB_StatusRead & 0x08) == 0)
    {
        return(FALSE);
    }
    /* 清命令寄存器地址高 2 位 */
    addr = addr & 0x3f;
    /* 发送写操作命令 */
    USB_Command_Write(0x80|addr);
    /* 写 DATA */
    USB_Command_Write((value>>4) & 0x0f);
    USB_Command_Write(value & 0x0f);
    /* 确认 READY 信号就绪 */
    if((*USB_StatusRead & 0x08) == 0)
    {
        return(FALSE);
    }
    return(TRUE);
}
/* 加载 USB 描述符表 */
unsigned short Load_Descriptors(char length,char * desc)
{
    unsigned char i;
    if(! SX2_Write(SX2_DESC,(unsigned int)length))
    {
        return(FALSE);
    }
    /* 命令长度的最高有效位的高 4 位和低 4 位,最低有效位的高 4 位和低 4 位 */
    SX2_CommandWriteByte((unsigned int)((length >> 12) & 0x0f));
    SX2_CommandWriteByte((unsigned int)((length >> 8) & 0x0f));
    SX2_CommandWriteByte((unsigned int)((length >> 4) & 0x0f));
    SX2_CommandWriteByte((unsigned int)(length & 0x0f));
    return(TRUE);
}
```

(3) USB_TEST. C

USB_TEST. C 是本实例的主程序,主要用于实现端点 0 及数据缓冲器读/写操作,EP2、EP4、EP6、EP8 配置,TMS320F2812 向 CY7C68001 命令接口发送读/写命令字及寄存器读/写操作,数据传输等功能。详细程序代码与程序注释如下。

```
/*主程序*/
void main(void)
{
    unsigned int regValue = 0;                  /*读取的寄存器值*/
    unsigned int Usb2or11 = 1;                  /*USB1.1 或 2.0 规格判断*/
    unsigned int endpoint0count = 0;            /*端点 0 的数据长度*/
    unsigned int endpoint0data[64] = {0};       /*端点 0 的数据缓冲区*/
    unsigned int i = 0;
    unsigned int FifoStatus24 = 0;              /*FIFO24 的状态标志位*/
    unsigned int FifoStatus68 = 0;              /*FIFO68 的状态标志位*/
    unsigned int Fifostatus = 0;
    BOOL hshostlink = FALSE;                    /*为真是高速 USB 接口,为假是低速 USB 接口*/
    unsigned int RecievedDataLongth = 0;        /*接收数据长度赋初值*/
    unsigned int DataToEndpoint0 = 0;           /*写入到端点 0 数据缓冲*/
    /*初始化系统*/
    InitSysCtrl();
    /*关中断*/
    DINT;
    IER = 0x0000;
    IFR = 0x0000;
    /*初始化 PIE*/
    InitPieCtrl();
    /*初始化 PIE 中断矢量表*/
    InitPieVectTable();
    /*初始化外设*/
    InitPeripherals();
    /*初始化 GPIO1 端口*/
    InitGpio1();
    PieVectTable.XINT1 = &XINT1_ISR_A;
    EALLOW;     //This is needed to write to EALLOW protected registers
    EDIS;       //This is needed to disable write to EALLOW protected registers
    /*初始化 ZONE 1 区*/
    //InitXintf();
    /*初始化外部中断*/
    InitXIntrupt();
    /*开中断*/
    PieCtrl.PIECRTL.bit.ENPIE = 1;
    PieCtrl.PIEIER1.bit.INTx4 = 1;      /*外部中断 1 所在 PIE 分组 1 中的第 4 位*/
    IER |= M_INT1;
    Write_SX2reg(SX2_INTENABLE,0xFF);
    for(;;)
        {
            if(GpioDataRegs.GPEDAT.bit.GPIOE0 == 0)
```

```
        {
            InitGpio();
            SX2_int = * USB_COMMAND & (SX2_INT_ENUMOK + SX2_INT_READY);
            if(SX2_int)
            {
                EINT;                    /* 使能全局中断 INTM */
                ERTM;                    /* 使能全局实时中断 DBGM */
                break;
            }
        }
        else
        {
            InitGpio();                  /* 初始化 GPIO 端口 */
            SX2_int = * USB_COMMAND & (SX2_INT_ENUMOK + SX2_INT_READY);
            EINT;                        /* 使能全局中断 INTM */
            ERTM;                        /* 使能全局实时中断 DBGM */
            break;
        }
    }
for(;;)
{
    /* 初始化 6 个 CY7C68001 中断的全局变量 */
    readFlag        = 0;
    sx2Ready        = FALSE;
    sx2BusActivity  = FALSE;
    sx2EnumOK       = FALSE;
    sx2EP0Buf       = FALSE;
    sx2Setup        = FALSE;
    keepAliveCnt    = 0;
    regValue        = 0;
    if(! Load_descriptors(DESCTBL_LEN,&desctbl[0]))
    {
        while(TRUE);
    }
    /* 装载描述表后,等待自举成功 */
    //while(sx2EnumOK == FALSE);
    while(TRUE)
    {
        if(sx2EnumOK == TRUE)
        {
            break;
        }
    }
```

```
      /* 设置当前的接口的形式 */
/* 设置当前系统中各使能信号的极性,默认为低电平 */
/* SLOE、SLRD、SLWR 只能有 EEPROM 来配置,SX2_WUPOL|SX2_EF|SX2_FF 三位配置为高电平 */
      Write_SX2reg(SX2_FIFOPOLAR,SX2_WUPOL|SX2_EF|SX2_FF);
    Read_SX2reg(SX2_FNADDR,&Usb2or11);    /* 读取地址及 USB 接口规格 */
    /* 检测当前 USB 传输速率 */
    hshostlink = (Usb2or11 & SX2_HSGRANT) ? TRUE : FALSE;
    /* 初始化 USB 的工作状态 */
    if(hshostlink == TRUE)
    {
         /* 工作在 2.0 标准,设定数字接口为 16 位,数据包的大小为 512 字节 */
         Fifolong = 0x100;
         /* EPxPKTLENH/L 寄存器值配置 <x = 2,4,6,8> */
         Write_SX2reg(SX2_EP2PKTLENH,SX2_WORDWIDE| 0x02);
         Write_SX2reg(SX2_EP2PKTLENL,0x00);
         Write_SX2reg(SX2_EP4PKTLENH,SX2_WORDWIDE|0x02);
         Write_SX2reg(SX2_EP4PKTLENL,0x00);
         Write_SX2reg(SX2_EP6PKTLENH,SX2_WORDWIDE|0x02);
         Write_SX2reg(SX2_EP6PKTLENL,0x00);
         Write_SX2reg(SX2_EP8PKTLENH,SX2_WORDWIDE|0x02);
         Write_SX2reg(SX2_EP8PKTLENL,0x00);
    }
    else
    {
         /* 工作在 1.1 标准,设定数字接口为 16 位,数据包的大小为 64 字节 */
         Fifolong = 0x20;
         /* EPxPKTLENH/L 寄存器值配置 <x = 2,4,6,8> */
         Write_SX2reg(SX2_EP2PKTLENH,SX2_WORDWIDE);
         Write_SX2reg(SX2_EP2PKTLENL,0x40);
         Write_SX2reg(SX2_EP4PKTLENH,SX2_WORDWIDE);
         Write_SX2reg(SX2_EP4PKTLENL,0x40);
         Write_SX2reg(SX2_EP6PKTLENH,SX2_WORDWIDE);
         Write_SX2reg(SX2_EP6PKTLENL,0x40);
         Write_SX2reg(SX2_EP8PKTLENH,SX2_WORDWIDE);
         Write_SX2reg(SX2_EP8PKTLENL,0x40);
    }
    /* 设置 FLAGSA 为 FIFO6 的空的标志位 */
    /* 设置 FLAGSB 为 FIFO8 的空的标志位 */
    /* FLAGSC 与 FLAGSD 的状态为默认的状态 */
    Write_SX2reg(SX2_FLAGAB,SX2_FLAGA_FF6|SX2_FLAGB_FF8);
    /* 清空所有的数据包 */
    Write_SX2reg(SX2_INPKTEND,SX2_CLEARALL);
    while(sx2EnumOK)
```

```
{
    for(i = 0;i<256;i ++)
                    {
                            SX2_FifoWriteSingle(ENDPOINT6,i);/* FIFO 写入 EP6 */
                    }
}
/* 枚举成功后进行主程序的循环 */
while(! sx2EnumOK)
{
        /* 读 FIFO 状态 */
    if(FLAGS_READ)
    {
        FLAGS_READ = FALSE;
        /* FIFO24 状态的读取 */
            if(Read_SX2reg(SX2_EP24FLAGS,&FifoStatus24))
            {
                /* 确定是否有 FIFO 满 */
                Fifostatus = FifoStatus24;
                if(! (Fifostatus & SX2_EP2EF))
                {
                    RecievedDataLength = Fifolong;
                    for(i = 0;i<Fifolong;i ++)
                    {
                        epdatar[i] = SX2_FifoReadSingle(ENDPOINT2);
                        /* SX2_FifoWriteSingle(ENDPOINT6,epdatar[i]); */
                    }
                    SX2_FifoWrite(ENDPOINT6,&epdatar[0],Fifolong);
                    /* 小于整数信息包的数据提交 CY7C68001 发送给主机 */
                    if(RecievedDataLength<(Fifolong - 1))
                    {
                        Write_SX2reg(SX2_INPKTEND,0x06);
                    }
                }
                Fifostatus = FifoStatus24;
                if(! (Fifostatus & SX2_EP4EF))
                {
                    i = 0;
                    while(! (Fifostatus & SX2_EP4EF))
                    {
                        epdatar[i] = SX2_FifoReadSingle(ENDPOINT4);
                        Read_SX2reg(SX2_EP24FLAGS,&Fifostatus);
                        RecievedDataLength = i;
                        i = i + 1;
```

```
                    }
                    SX2_FifoWrite(ENDPOINT8,&epdatar[0],Fifolong);
                    /* 小于整数信息包的数据提交 CY7C68001 发送给主机 */
                    if(RecievedDataLength<(Fifolong-1))
                    {
                        Write_SX2reg(SX2_INPKTEND,0x08);
                    }
                }
            }                            /* FIFO24 状态的读取与 FIFO68 状态的读取 */
            if(Read_SX2reg(SX2_EP68FLAGS,&FifoStatus68))
            {
            }
        }
        /* setup 中断服务程序 */
    if(sx2Setup)
    {
        /* 清 SETUP 数据读的标志位 */
        sx2Setup = FALSE;
        /* 解析 OUT 类型的命令申请 */
        if(setupBuff[0] == VR_TYPE_OUT)
        {
            /* 解析命令类型 */
            switch(setupBuff[1])
            {
                /* 系统复位 */
                case VR_RESET:
                    /* 写 0 到端点 0 的计数寄存器,结束本次通信 */
                    Write_SX2reg(SX2_EP0BC,0);
                    break;
                /* 读命令 */
                case VR_BULK_READ:
                    /* 写 0 到端点 0 的计数寄存器,结束本次通信 */
                    Write_SX2reg(SX2_EP0BC,0);
                    break;
                /* 写操作 */
                case VR_BULK_WRITE:
                    /* 清空节点 6 与 8 */
                    /* Write_SX2reg(SX2_INPKTEND,0xc0); */
                    switch (setupBuff[2])
                    {
                        case ENDPOINT6:
                            /* 写入端点 EP6 */
                            for(i = 0;i<0x100;i++)
```

```
        {
            epdataw1[i] = i * 2;
        }
        for(i = 0;i<0x50;i = i + 2)
        {
            epdataw[i/2] = epdataw1[i] + (epdataw1[i + 1]<<8);
        }
/ * 如果发送小于整数信息包的数据时,设置接收数据长度 * /
        RecievedDataLength = 0x3f;
        / * 读当前 FIFO 的状态,是否已满 * /
        FifoWriteCnt = 0;
        SX2_FifoWrite(ENDPOINT6,&epdataw[0],Fifolong);
        if(hshostlink == TRUE)
        {
            Write_SX2reg(SX2_INPKTEND,0x06);
        }
        setupBuff[1] = 0;
        / * 写 0 到端点 0 的计数寄存器,结束本次通信 * /
        Write_SX2reg(SX2_EP0BC,0);
        break;
    case    ENDPOINT8:
        / * 写人端点 EP6 * /
        for(i = 0;i<0x200;i ++ )
        {
            epdataw1[i] = i * 2 + 1;
        }
        for(i = 0;i<0x50;i = i + 2)
        {
            epdataw[i/2] = epdataw1[i] + (epdataw1[i + 1]<<8);
        }
        i = 0;
/ * 如果发送小于整数信息包的数据时,设置接收数据长度 * /
        RecievedDataLength = 0x1f;
        / * 读当前 FIFO 的状态,是否已满 * /
        SX2_FifoWrite(ENDPOINT8,&epdataw[0],Fifolong);
        if(hshostlink == TRUE)
        {
            Write_SX2reg(SX2_INPKTEND,0x06);
        }
        / * 写 0 到端点 0 的计数寄存器,结束本次通信 * /
        Write_SX2reg(SX2_EP0BC,0);
        break;
    default:
```

```
                              /* 写 0 到端点 0 的计数寄存器,结束本次通信 */
                              Write_SX2reg(SX2_EP0BC,0);
                              break;
                         }
                    break;
               /* 读端点 0 内容 */
           case VR_ENDPOINT0READ:
                /* 确定端点 0 的长度 */
                if (setupBuff[6] > 0 || setupBuff[7] > 0)
                {
                         /* 等待端点 0 数据包准备好的标志位 */
                         while(! sx2EP0Buf);
                         /* 清除端点 0 数据包准备好的标志位 */
                         sx2EP0Buf = FALSE;
                         /* 读 EP0 的数据个数 */
                         Read_SX2reg(SX2_EP0BC,&endpoint0count);
                         /* 读 EP0 的数据 */
                         for(i = 0; i<endpoint0count;i ++ )
                         {
                                  Read_SX2reg(SX2_EP0BUF,&endpoint0data[i]);
                         }
                }
                break;
           case VR_REGWRITE:
                /* 写寄存器值 */
                Write_SX2reg(setupBuff[4],setupBuff[2]);
                /* 写 0 到端点 0 的计数寄存器,结束本次通信 */
                Write_SX2reg(SX2_EP0BC,0);
                break;
           default:
                /* 写非零数到 SX2_SETUP,取消此请求 */
                Write_SX2reg(SX2_SETUP,0xff);
                break;
           }
       }
       else
       {
       /* 解析 IN 类型的命令申请 */
       if(setupBuff[0] == VR_TYPE_IN)
       {
           /* 解析命令类型 */
           switch(setupBuff[1])
           {
```

```
/* USB 工作的标准 */
case VR_USB_VERION:
    if(hshostlink == TRUE)
    {
        DataToEndpoint0 = 0x55;
    }
    else
    {
        DataToEndpoint0 = 0xaa;
    }
    Write_SX2reg(SX2_EP0BUF,DataToEndpoint0);
    /* 写入要传回的数据的长度 */
    Write_SX2reg(SX2_EP0BC,1);
    break;
/* 读寄存器请求 */
case VR_REGREAD:
    /* 读请求的寄存器操作 */
    Read_SX2reg(setupBuff[4],&regValue);
    break;
case VR_ENDPOINT0WRITE:
    /* 确定是否有数据 */
    if (setupBuff[6] > 0 || setupBuff[7] > 0)
    {
        /* 等待端点 0 数据包准备好的标志位 */
        while(! sx2EP0Buf);
        /* 清除端点 0 数据包准备好的标志位 */
        sx2EP0Buf = FALSE;
        /* 写入数据至端点 0 数据缓冲器 */
        Write_SX2reg(SX2_EP0BUF,regValue);
        /* 写字节个数 */
        Write_SX2reg(SX2_EP0BC,1);
    }
    else
    {
        /* 无数据 */
        Write_SX2reg(SX2_EP0BC,0);
    }
    break;
default:
/* 默认设置 */
Write_SX2reg(SX2_SETUP,0xff);
break;
}
```

```
                }
                else
                {
                        /*不支持的请求,写非零数到 SX2_SETUP,取消此请求 */
                        Write_SX2reg(SX2_SETUP,0xff);
                }
            }
        }
    }
}


BOOL Load_descriptors(char length,char * desc)
{
    unsigned char i;
    /*写 USB 设备描述符的最低有效位以及地址 */
    if(! Write_SX2reg(SX2_DESC,(unsigned int)length))
    {
        return FALSE;
    }
    /*写 USB 设备描述符最高有效位的高 4 位 */
    SX2_comwritebyte((unsigned char)(length >> 12));
    /*写 USB 设备描述符最高有效位的低 4 位 */
    SX2_comwritebyte((unsigned char)((length & 0x0F00)>>8));

    for(i = 0; i<length; i ++ )
    {
        /*写操作 USB 设备描述符最高有效位的高 4 位 */
        SX2_comwritebyte((desc[i] >> 4));
        /*写操作 USB 设备描述符最高有效位的低 4 位 */
        SX2_comwritebyte((desc[i] & 0x0F));
    }
    return TRUE;
}
/* **************************************************************** /
/*      函数名:Write_SX2reg                                        * /
/*      功能描述:写 CY7C68001 寄存器                               * /
/*      输入:addr - 寄存器地址                                     * /
/*            value - 写入值                                        * /
/*      输出:TRUE - 成功                                           * /
/*            FALSE - 失败                                          * /
/* **************************************************************** /
BOOL Write_SX2reg(unsigned char addr,unsigned int value)
```

```
{
    unsigned int transovertime = 0 ;
    /*清寄存器地址高 2 位*/
    addr = addr & 0x3f;
    /*写寄存器地址至 CY7C68001*/
    if(! SX2_comwritebyte(0x80|addr))
    {
        return FALSE;
    }
    /*写寄存器数据的高 4 位*/
    SX2_comwritebyte((value >> 4) & 0xF);
    /*写寄存器数据的低 4 位*/
    SX2_comwritebyte(value & 0x0F);
    /*等待 ready 就绪*/
    transovertime = 0;
    while(GpioDataRegs. GPBDAT. bit. GPIOB13 == 0)
    {
        if( transovertime ++ > usbtimeout)
        {
            return FALSE;
        }
    }
    /*写操作完成返回*/
    return TRUE;
}


/***********************************************************/
/*     函数名：SX2_comwritebyte                            */
/*     功能描述：写命令字至 CY7C68001 命令接口             */
/*     输入：value - 写入的地址                            */
/*     输出：TRUE - 成功                                   */
/*           FALSE - 失败                                  */
/***********************************************************/
BOOL SX2_comwritebyte(unsigned int value)
{
    unsigned int time_count = 0;
    /*w 等待 ready 就绪*/
    while(GpioDataRegs. GPBDAT. bit. GPIOB13 == 0)
    {
        if( time_count ++ > usbtimeout)
        {
            return FALSE;
        }
```

```
    }
    * USB_COMMAND = value;
    /* 写操作完成返回 */
    return TRUE;
}


/******************************************************************/
/*     函数名: Read_SX2reg                                         */
/*     功能描述: 读操作 CY7C68001 寄存器                            */
/*     输入: addr - 寄存器地址                                      */
/*           value - 读取的寄存器值                                 */
/*     输出: TRUE - 成功                                           */
/*           FALSE - 失败                                          */
/******************************************************************/
BOOL Read_SX2reg(unsigned int addr,unsigned int * value)
{
    unsigned int transovertime = 0;
    /* 延时时间到 READY 就绪 */
    while(GpioDataRegs.GPBDAT.bit.GPIOB13 == 0)
    {
        if( transovertime ++ > usbtimeout)
        {
            return FALSE;
        }
    }
    /* 清地址高 2 位 */
    addr = addr & 0x003f;
    readFlag = 1;
    /* 发送读寄存器命令至 CY7C68001 */
    * USB_COMMAND = 0x00C0|addr;
    /* 等待读标志为假 */
    while(1)
    {
        if(readFlag == 0)
        {
            break;
        }
        else
        {
            transovertime = 0;
        }
    }
    /* 等待 ready 就绪 */
```

```
while(GpioDataRegs.GPBDAT.bit.GPIOB13 == 0)
{
    if( transovertime ++ > usbtimeout)
    {
        return FALSE;
    }
}
/ * 读取寄存器的数据 * /
* value = * USB_COMMAND;
return TRUE;
}
/ ************************************************************** /
/ *      函数名：SX2_FifoWrite                                * /
/ *      功能描述：写缓冲至 FIFO                               * /
/ *      输入：channel - 选择的端点                           * /
/ *           pdata - 数据缓冲器指针                          * /
/ *           longth - 数据缓冲器的长度                       * /
/ *      输出：TRUE - 成功                                    * /
/ *           FALSE - 失败                                   * /
/ ************************************************************** /
BOOL SX2_FifoWrite(int channel,unsigned int * pdata,unsigned length)
{
    unsigned int i = 0;
        if(channel == ENDPOINT2)/ * EP2 时 * /
        {
            for(i = 0;i<length;i ++ )
            {
                * USB_FIFO2 = pdata[i];/ * FIFO2 * /
            }
        }
        else if(channel == ENDPOINT4)/ * EP4 时 * /
        {
            for(i = 0;i<length;i ++ )
            {
                * USB_FIFO4 = pdata[i];/ * FIFO4 * /
            }
        }
        else if(channel == ENDPOINT6)/ * EP6 时 * /
        {
            for(i = 0;i<length;i ++ )
            {
                * USB_FIFO6 = pdata[i];   / * FIFO6 * /
            }
```

```
            }
        else if(channel == ENDPOINT8)/ * EP8 时 * /
        {
            for(i = 0;i<length;i ++ )
            {
                * USB_FIFO8 = pdata[i]; / * FIFO8 * /
            }
        }
    }
    return TRUE;
}
/ * 单端点 EPx<x = 2,4,6,8>写入 FIFO * /
BOOL SX2_FifoWriteSingle(int channel1,unsigned int pdata1)
{
    if(channel1 == ENDPOINT2)
    {
        * USB_FIFO2 = pdata1;
        return(TRUE);
    }
    else if(channel1 == ENDPOINT4)
    {
        * USB_FIFO4 = pdata1;
        return(TRUE);
    }
    else if(channel1 == ENDPOINT6)
    {
        * USB_FIFO6 = pdata1;
        return(TRUE);
    }
    else if(channel1 == ENDPOINT8)
    {
        * USB_FIFO8 = pdata1;
        return(TRUE);
    }
    return(FALSE);
}
/ * 单端点 EPx<x = 2,4,6,8>读取 FIFO * /
unsigned int SX2_FifoReadSingle(int channel1)
{
    unsigned int pdata1;
    if(channel1 == ENDPOINT2)
    {
        pdata1 = * USB_FIFO2;
    }
```

```
else if(channel1 == ENDPOINT4)
{
    pdata1 = * USB_FIFO4;
}
else if(channel1 == ENDPOINT6)
{
    pdata1 = * USB_FIFO6;
}
else if(channel1 == ENDPOINT8)
{
    pdata1 = * USB_FIFO8;
}
return(pdata1);
}
    ⋮
}
```

（4）DESCRIPTORS. C

该文件用于定义 USB 设备 CY7C68001 的标准描述表，详细代码请参考光盘中的程序文件 DESCRIPTORS. C。

3.3.3　FPGA 相关软件设计

FPGA 应用软件主要实现 CY7C68001 的命令接口相关信号线与数字信号处理器 TMS320F2812 之间的连接时逻辑转换，并能够在 EP1C3 芯片预留大量空闲 I/O 的基础上大量扩展功能接口。

基于篇幅，本小节仅简单介绍该设计的 Verilog HDL 程序代码，有关 Verilog HDL 程序的语法结构及 FPGA 的程序仿真、编译、调试与烧录等介绍请参见《FPGA 嵌入式项目开发三位一体实战精讲》。

```
module TMS320F2812 (
            DSP_RSTn,//MAX811 复位输出
            DSPCLK_OUT,//时钟输出
            R_Wn,
            RDn,
            WEn,
            READY,
            NMI,
            INT1,
            INT2,
            DSP_DATA,
            DSP_ADDR,
```

```
                            //USB 命令接口信号
                            USB_CSn,
                            USB_PKTEND,
                            USB_INTn,
                            USB_RDY,
                            USB_FLAGA,
                            USB_FLAGB,
                            USB_FLAGC,
                            IFCLK,
                               ⋮
                            LD,
                            SW,
                            IOPORT
                            );
```

//相关连接信号定义

```
input       DSP_RSTn;//MAX811 复位芯片的复位信号
input       DSPCLK_OUT;
input       R_Wn;
input       RDn;
input       WEn; //TMS320F2812 的 WE 信号
input       READY;
output      NMI;
output      INT1;
output      INT2;
inout       [15:0]DSP_DATA;
input       [7:1]DSP_ADDR;
inout       [15:8]GPIOB;
input       CS0AND1n;
```

//外围 LED 驱动及按键开关等

```
output      [8:1]LD;
input       [4:1]SW;
    ⋮
```

//CY7C68001 芯片的命令接口信号及时钟信号

```
output      USB_CSn;
output      USB_PKTEND;
input       USB_INTn;
input       USB_RDY;
input       USB_FLAGA;
input       USB_FLAGB;
input       USB_FLAGC;
inout       IFCLK;
    ⋮
```

//FPGA 扩展的双向 GPIO 接口引脚

```
inout     [14:1]IOPORT;
//reg 定义
reg [7:0] DSP_DATA;
reg [8:1] LED;
//GPIOB 赋值
assign GPIOB[11] = SW[2]&USB_FLAGB;
assign GPIOB[12] = SW[3]&USB_FLAGC;
assign GPIOB[13] = SW[4]&USB_RDY;
assign INT1 = USB_INTn&SW[4];
//定义 USB 的 CSn 信号
assign USB_CSn = (WEn&RDn)|(~((~DSP_ADDR[4])&DSP_ADDR[3]))|DSP_ADDR[7]|CS0AND1n;
//定义 USB 的 PKTEND  信号
assign USB_PKTEND = (WEn)|(~(DSP_ADDR[4]&DSP_ADDR[3]))|DSP_ADDR[7]|CS0AND1n;
//外部 LED 指示灯接口
assign LD[8:1] = LED[8:1];
    ⋮
Endmodule
```

3.4　本章总结

　　本章首先讲述了 USB2.0 接口芯片 CY7C68001 的基本工作原理、结构特点、外围命令接口与寄存器读/写操作；然后介绍了数字信号处理器 TMS320F2812 的主要特性及系统应用框架等，最后在此基础上实现了 USB 2.0 接口芯片、FPGA 可编程逻辑门阵列与数字信号处理器 TMS320F2812 的接口扩展系统硬件与软件设计。本例接口扩展系统充分利用了 USB 总线＋FPGA＋DSP 结构高速高效的特点，很容易实现外围数据采集、处理和大批量传输（如 ADC 和 DAC 应用等），在实际应用中能收到良好的效果。

第**4**章

DSP 接口扩展设计

除了 USB 接口外，DSP 常用的高速接口还有 SRIO、GPIO 等，本章结合实例，对这两种接口的设计原理和具体应用进行详细介绍。

4.1　SRIO 高速接口设计

RapidIO 是新一代高速互连技术，包括面向高性能微处理器及系统互连的 Parallel RapidIO 接口和面向串行背板、DSP 和相关串行控制平面应用的 Serial RapidIO 接口两类技术。SRIO 是第二种 RapidIO 技术。SRIO 互连架构是一个开放的标准，满足了嵌入式基础实施在应用方面的广泛需要。可行的应用包括多处理器、存储器、网络设备中的存储器映射 I/O 器件、存储子系统和通用计算平台。这一互连技术主要作为系统内部互连，支持芯片到芯片和板到板的通信，性能水平可以实现 Gb/s 级别的速率，在高速互连方面有广阔的发展前景。

4.1.1　SRIO 高速接口设计实现

SRIO 有着以下特点：
- 4x SRIO 可自动协商至 1x 端口，可选操作的 4 个 1x 端口；
- TI SERDES 下的集成时钟恢复；
- 硬件错误处理，包括 CRC；
- 差分 CML 信号，支持 AC 耦合；
- 支持 1.25、2.5 和 3.125 Gb/s 的速率；
- 掉电选择未使用端口；
- 读、写、有响应写、流写、维护操作等；
- 产生中断给 CPU（门铃包和内部调度）；
- 支持 8 位和 16 位的器件 ID；

- 支持接收 34 位地址；
- 支持生成 34 位、50 位和 66 位地址；
- 支持数据大小包括字节、半字、字和双字；
- 大端模式数据传输；
- 直接 I/O 传输；
- 消息传递传输；
- 数据有效载荷可达 256 字节；
- 多达 16 个数据包组成单个消息；
- 弹性存储 FIFO 的时钟域切换；
- 遵守短期和长期的运行；
- 支持错误管理扩展；
- 支持拥塞控制扩展；
- 支持一个多播 ID。

　　SRIO 的结构分三层，从高到低分别是逻辑层、传输层、物理层。如图 4-1 所示，逻辑层定义了操作的协议，传输层定义了包交换、路由和寻址机制，物理层定义了电气特性、链路控制和纠错机制。

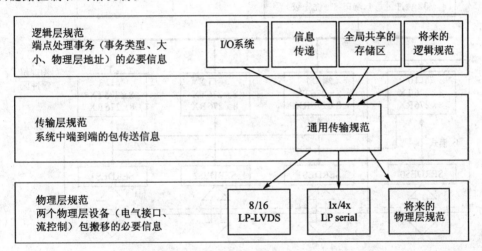

图 4-1　SRIO 分层协议结构

　　包括很多外围设备控制器来完成 SRIO 的传输。加载/存储单元 LSU 控制直接 I/O 包的发送，内存访问单元 MAU 控制直接 I/O 包的接收。信息包的传送和接收由 TXU 和 RXU 控制。这四个单元使用内部 DMA 与内部存储器通信，使用缓冲区和传输接收端口与外部设备通信。另外，串行器/解串器 SERDES 通过传输的并串转换和接收的串并转换来实现端口的传输。

　　在 SRIO 的硬件设计中，TI 提供有两个 DSP 互联的 PCB 可供参考设计，这是典型的参考设计，感兴趣的读者可以自行参考文档"Implementing Serial Rapid I/O PCB Layout on a TMS320C6455 Hardware Design"。本文主要介绍 SRIO 的软件设计。

图 4-2 是 SRIO 设备的外围组件框图。从高到低分别是逻辑层、传输层、物理层。包含所有的 SRIO 模块：LSU、MAU、TXU、RXU、SERDES 等。

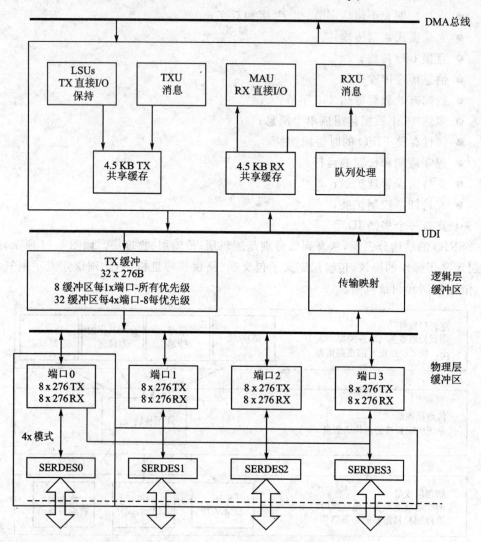

图 4-2 **SRIO 外围组件框图**

位于物理层的是端口和分发器，负责物理层数据的交换；中间逻辑层负责传输映射和数据缓存；最上层的模块负责与应用层接口，收发数据。通过图 4-2 可以清楚地看出 LSU、MAU、TXU、RXU 之间的关系及如何进行工作。

在发送端，首先 LSU 和 TXU 模块控制 SRIO 的发送，数据打入 4.5 KB 的发送数据缓冲区，其次可以看到端口与 SERDES 之间的关系，由 SERDES 打入给端口发送，发送的端口选择要看软件上的设置。

在接收端，由 SERDES 接收端口发送来的数据，同样接收端口的选择要看软件上的设置。其次逻辑层映射交给 4.5 KB 的接收数据缓冲区，最后交给 MAU 和 RXU

接收。

SRIO 的物理层支持两种串行规范,1x 端口模式和 4x 端口模式。支持的频点包括 1.25、2.5 和 3.125 Gb/s。一个 1x 端口使用 1TX 和 RX 差分对,一个 4x 端口为 4 对组合。图 4-3 显示了如何实现 1x 和 4x 模式。每个正的 TXD 接到其他设备的正的 RXD,负的 TXD 接到负的 RXD。

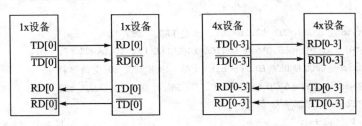

图 4-3　SRIO 1x 和 4x 设备接口图

通过程序,可以清楚地看见整个 SRIO 的初始化过程,按照图 4-3 介绍的基本流程,下面是初始化的程序:

首先是 SRIO 设备的打开与使能,此处多使用 CSL 函数。CSL 是 TI 提供的芯片支持库,用于配置、控制和管理 DSP 上的各种外设。TI 为 C5000 和 C6000 系列开发了各自的 CSL 库,使用 C 语言编写,并且已优化。CSL 提供了一组标准的方法访问和控制 DSP 的外设,免除了用户编写和控制片上外设的所需的代码,可以简化软件设计,缩短开发周期。CSL 提供了标准的函数、数据类型、宏,可使用 GUI 或者直接调用法调用。

下面是初始化的程序段:

```
/* 解锁节电器的 SRIO 控制寄存器 */
CSL_FINST((((CSL_DevRegs * )CSL_DEV_REGS) - >PERLOCK,DEV_PERLOCK_LOCKVAL,UNLOCK);
/* 使能 SRIO */
CSL_FINST ((((CSL_DevRegs * )CSL_DEV_REGS) - >PERCFG0,DEV_PERCFG0_SRIOCTL,ENABLE);
/* 初始化并打开 SRIO */
status = CSL_srioInit (&context);
hSrio = CSL_srioOpen (&srioObj,srioNum,&srioParam,&status);
```

再者,建立配置 SRIO 的寄存器。

```
pSetup - >perEn = 1;                                      /* 外围设备使能 */
pSetup - >periCntlSetup.swMemSleepOverride = 1;           /* 关闭模式时,存储器休眠 */
pSetup - >periCntlSetup.loopback = 0;                     /* 常规操作 */
pSetup - >periCntlSetup.bootComplete = bootcomplete;      /* 写到只读寄存器不使能 */
pSetup - >periCntlSetup.txPriority2Wm = CSL_SRIO_TX_PRIORITY_WM_0;
pSetup - >periCntlSetup.txPriority1Wm = CSL_SRIO_TX_PRIORITY_WM_0;
pSetup - >periCntlSetup.txPriority0Wm = CSL_SRIO_TX_PRIORITY_WM_0;
pSetup - >periCntlSetup.busTransPriority = CSL_SRIO_BUS_TRANS_PRIORITY_1;
                                                         /* 传输优先级,0 最高 */
pSetup - >periCntlSetup.bufferMode = CSL_SRIO_1X_MODE_PRIORITY;
```

```
                                                    /* UDI 缓冲区基于优先级 */
pSetup->periCntlSetup.prescalar = CSL_SRIO_CLK_PRESCALE_6;  /* 设置内部时钟频率 */
pSetup->periCntlSetup.pllEn = CSL_SRIO_PLL1_ENABLE;     /* 使能端口 0 的 PLL */
pSetup->gblEn = 1;                                      /* 使能所有域的时钟 */
for (index = 0; index<9; index ++) {                    /* 9 个域 */
    pSetup->blkEn[index] = 1;                           /* 每一个 */
}
/* 8 - bit id 是 SMALL_DEV_ID,16 - bit id 是 LARGE_DEV_ID */
pSetup->deviceId1 = SRIO_SET_DEVICE_ID(SMALL_DEV_ID,LARGE_DEV_ID);
/* 8 - bit id 是 SMALL_DEV_ID,16 - bit id 是 LARGE_DEV_ID;支持多播 */
pSetup->deviceId2 = SRIO_SET_DEVICE_ID(SMALL_DEV_ID,LARGE_DEV_ID);
/* 配置 SERDES 寄存器 */
for(i = 0;i<4;i ++)                                     /* 一共 4 个 SERDES 寄存器 */
{
    /* 通道 i 的 SERDES PLL 配置 */
    pSetup->serDesPllCfg[i].pllEnable = TRUE;
    pSetup->serDesPllCfg[i].pllMplyFactor = CSL_SRIO_SERDES_PLL_MPLY_BY_12_5;
    /* 通道 i 的 SERDES RX 使能 */
    pSetup->serDesRxChannelCfg[i].enRx = TRUE;
    pSetup->serDesRxChannelCfg[i].symAlign = CSL_SRIO_SERDES_SYM_ALIGN_COMMA;
    pSetup->serDesRxChannelCfg[i].los = CSL_SRIO_SERDES_LOS_DET_DISABLE;
    pSetup->serDesRxChannelCfg[i].clockDataRecovery = 0x00;  /* first order */
    pSetup->serDesRxChannelCfg[i].equalizer = 0x01;
    /* 通道 i 的 SERDES TX 使能 */
    pSetup->serDesTxChannelCfg[i].enTx = TRUE;
    pSetup->serDesTxChannelCfg[i].commonMode = CSL_SRIO_SERDES_COMMON_MODE_RAISED;
    pSetup->serDesTxChannelCfg[i].outputSwing = CSL_SRIO_SERDES_SWING_AMPLITUDE
_1000;
    pSetup->serDesTxChannelCfg[i].enableFixedPhase = TRUE;
}
pSetup->flowCntlIdLen[0] = 1;                   /* ID 长度模式 16 - bit */
pSetup->flowCntlId[0] = LARGE_DEV_ID;           /* ID 长度模式 16 - bit LARGE_DEV_ID */
pSetup->peLlAddrCtrl = CSL_SRIO_ADDR_SELECT_34BIT;     /* 地址长度 34 - bit */
/* 基设备 ID 配置 */
pSetup->devIdSetup.smallTrBaseDevId =   SMALL_DEV_ID;
pSetup->devIdSetup.largeTrBaseDevId =   LARGE_DEV_ID;
pSetup->devIdSetup.hostBaseDevId =   LARGE_DEV_ID;
/* 端口参数配置 */
pSetup->portGenSetup.portLinkTimeout = 0xFFFFF;     /* SPRU976E,215 ms */
pSetup->portGenSetup.portRespTimeout = 0xFFFFF;     /* SPRU976E,215 ms */
pSetup->portGenSetup.hostEn = 1;                    /* 主设备模式 */
pSetup->portGenSetup.masterEn = 1;                  /* 设备可发送请求 */
/* Port 控制配置 */
```

```
pSetup->portCntlSetup[0].portDis = 0;                    /* 不关闭端口 0 */
pSetup->portCntlSetup[0].outPortEn = 1;                  /* 使能端口 0 输出 */
pSetup->portCntlSetup[0].inPortEn = 1;                   /* 使能端口 0 输入 */
pSetup->portCntlSetup[0].portWidthOverride = CSL_SRIO_PORT_WIDTH_NO_OVERRIDE;
                                                         /* 4 端口 */
pSetup->portCntlSetup[0].errCheckDis = 0;                /* 错误检测使能 */
pSetup->portCntlSetup[0].multicastRcvEn = 1;             /* 使能多播接收 */
pSetup->portCntlSetup[0].stopOnPortFailEn = 1;           /* 失败停止 */
pSetup->portCntlSetup[0].dropPktEn = 1;                  /* 掉落包使能 */
pSetup->portCntlSetup[0].portLockoutEn = 0;              /* 发送任何包 */
/* 使能所有逻辑/传输错误 */
pSetup->lgclTransErrEn =
                        CSL_SRIO_IO_ERR_RESP_ENABLE |
                        CSL_SRIO_ILL_TRANS_DECODE_ENABLE |
                        CSL_SRIO_ILL_TRANS_TARGET_ERR_ENABLE |
                        CSL_SRIO_PKT_RESP_TIMEOUT_ENABLE |
                        CSL_SRIO_UNSOLICITED_RESP_ENABLE |
                        CSL_SRIO_UNSUPPORTED_TRANS_ENABLE;

/* 使能所有端口错误 */
pSetup->portErrSetup[0].portErrRateEn =
                        CSL_SRIO_ERR_IMP_SPECIFIC_ENABLE |
                        CSL_SRIO_CORRUPT_CNTL_SYM_ENABLE |
                        CSL_SRIO_CNTL_SYM_UNEXPECTED_ACKID_ENABLE |
                        CSL_SRIO_RCVD_PKT_NOT_ACCPT_ENABLE |
                        CSL_SRIO_PKT_UNEXPECTED_ACKID_ENABLE |
                        CSL_SRIO_RCVD_PKT_WITH_BAD_CRC_ENABLE |
                        CSL_SRIO_RCVD_PKT_OVER_276B_ENABLE |
                        CSL_SRIO_NON_OUTSTANDING_ACKID_ENABLE |
                        CSL_SRIO_PROTOCOL_ERROR_ENABLE |
                        CSL_SRIO_UNSOLICITED_ACK_CNTL_SYM_ENABLE |
                        CSL_SRIO_LINK_TIMEOUT_ENABLE;
pSetup->portErrSetup[0].prtErrRtBias = CSL_SRIO_ERR_RATE_BIAS_1S;
                                                /* 每秒递减错误率计数器 */
pSetup->portErrSetup[0].portErrRtRec = CSL_SRIO_ERR_RATE_COUNT_2; /* 只记错 2 次 */
pSetup->portErrSetup[0].portErrRtFldThresh = 10;         /* 错误门限 = 10 */
pSetup->portErrSetup[0].portErrRtDegrdThresh = 10;       /* 错误降级门限 = 10 */
pSetup->portIpModeSet = 0x0000002A;
pSetup->portIpPrescalar = 33;              /* 端口 IP Perscaler 寄存器,时钟频率 333 MHz */
pSetup->pwTimer = CSL_SRIO_PW_TIME_8;                    /* 端口写计时器 */
pSetup->portCntlIndpEn[0] = 0x01A20180; /* 端口控制独立错误报告使能,默认值 */
```

此段程序是对应于图 4 - 3 开发的,支持端口 0 的模式。

这里还有几点要解释一下。首先是 PLL、RIOCLK 与传输速率及 MPY 之间的关

系,换算公式如下:

$$RIOCLK = \frac{LINERATE * RATESCALE}{MPY} \qquad (4-1)$$

表 4-1 可计算 RIOCLK 与传输速率及 MPY 之间的关系。在配置 MPY 的时候需要参考表 4-1。

表 4-1　线路速率换算表

MPY	RIOCLK(MHz)	线路速率(Gb/s)/RATESCALE		
		Full/0.5	Half/1.0	Quarter/2.0
4	312.5	2.50	1.25	N/A
5	312.5	3.125	N/A	N/A
8	156.25	2.5	1.25	N/A
10	156.25	3.125	N/A	N/A
10	125	2.5	1.25	N/A
12.5	125	3.125	N/A	N/A

此外是时钟域使能,一共有 9 个块,块的使能与否决定于对应寄存器的使能。表 4-2 是相应寄存器的解释。

表 4-2　时钟域使能表

寄存器	地址偏移	相关块
BLK0_EN	0038h	逻辑块 0:SRIO 外设的内存映射控制寄存器
BLK1_EN	0040h	逻辑块 1:加载/存储模块(4 个 LSU 和支持逻辑)
BLK2_EN	0048h	逻辑块 2:内存访问单元(MAU)
BLK3_EN	0050h	逻辑块 3:消息传送单元(TXU)
BLK4_EN	0058h	逻辑块 4:消息接收单位(RXU)
BLK5_EN	0060h	逻辑块 5:SRIO 端口 0
BLK6_EN	0068h	逻辑块 6:SRIO 端口 1
BLK7_EN	0070h	逻辑块 7:SRIO 端口 2
BLK8_EN	0078h	逻辑块 8:SRIO 端口 3

另外,需要说明的是设备 ID 描述。有两种描述方式,分别是 16bit 方式和 8bit 方式,具体需要使用哪种方式可以通过设置 ID_SIZE 来区分实现。16bit 方式和 8bit 方式分别对应程序中的 LARGE_DEV_ID 和 SMALL_DEV_ID 两种。它们都可以作为 SRIO 设备的 ID 使用。详细的使用方法将在后续章节中介绍。

还有差错检测和控制及恢复,包括端口的差错控制和逻辑层/传输层差错控制; SRIO 设备端口参数,包括时间参数、设备模式、输入/输出等。

对 SRIO 的软件设置最重要的是理清楚 LSU、MAU、PORT 与 SERDES 之间的联系与区别。在此基础上对各个寄存器加以设置即可实现设备的初始化。不仅可以对一个 LSU 使用,还可以对所有的 LSU 和所有的端口使用,只需把其他 LSU 或者端口未初始化的寄存器添加进来就可以实现。在初始化完成之后还需要开发应用层程序才可实现 SRIO 的 Gb/s 速率级的数据发送与接收。下面一小节将详解并给出参考设计。

4.1.2 SRIO 高速接口应用层开发

SRIO 的应用层开发指的是使用配置初始化好的 SRIO 接口实现芯片与芯片间或者板间的通信。

SRIO 的传输是基于包的传输。首先 SRIO 的源设备要存放一张目的设备地址表,完成确立之后,SRIO 的源设备就可以使用这些表计算出目的设备的地址并插入到发送的数据包包头中。接收设备从包头中提取目标设备的地址并使用 DMA 传输完成 SRIO 传输。

根据包的格式的不同,将事务划分成很多类型,其中最重要的类型有三种:NREAD(基本读操作)、NWRITE(基本写操作)、DOORBELL(门铃操作)。通过这三种类型的组合就可以完成所有的存储器读/写操作。在介绍读/写操作之前,先介绍一下与 SRIO 有关的 DMA 操作。

在 TMS320C645x 上,SRIO 数据传输和 DMA 传输是结合的。此 DMA 与 EDMA 方式是独立的,当进行 SRIO 传输时,DMA 以自动方式启动。对于发送方来说,DMA 将数据从 L2 SRAM 搬移到 SRIO 端口;对于接收方来说,DMA 将数据从 SRIO 端口搬移到 L2 SRAM 内存。因此,在进行传输时,读/写地址是直接显示在包里的,而且此地址就是被读/写的 DSP 的地址。因为 SRIO 是 DSP 的主设备,所以直接的写的应用层开发是可以实现的。

1. 设备配置

对 SRIO 的应用层开发,最重要的是配置其传输参数,软件上面需要配置的传输参数基本都是通过配置 LSU 实现的,TMS320C645x 的 SRIO 有 4 个 LSU(地址偏移:LSU1 400h～418h,LSU2 420h～438h,LSU3 440h～458h,LSU4 460h～478h),它们是控制直接 I/O 操作写操作的。当 CPU 需要进行 SRIO 的读/写操作时,需要源地址、目标地址、目标 ID、优先级等信息。从本质上讲,需要添加 SRIO 的报头信息,LSU 就提供了这样的一个机制来处理这些信息。LSU 有 6 个寄存器来分别表示这些信息,这些信息在传输的时候非常必要。图 4-4 分别说明这些寄存器。

其中,需要特别注意的是源地址、目的地址、目的 ID、ID 大小、包类型、输出端口、字节数、中断请求、Bsy 代码等参数,这些都会在应用程序里面详细体现。

2. 基本的函数及注释

/ * 入口参数:LsuIndex 未使用,是标明 LSU 的标号,可扩展;DstAddr,目标设备地址;SrcAddr,源设备地址;Bytes,发送字节数;DestDevId,目标设备 ID * /

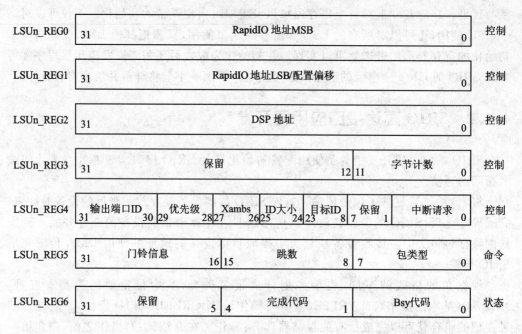

图 4 - 4   LSU 寄存器

```
Bool SrioWrite(Uint8 LsuIndex,Uint32 DstAddr,Uint32 SrcAddr,Uint16 Bytes,Uint16 Dest-
DevId)
    {
    volatile Uint32 index = 0;
    volatile Uint32 dummy_cnt;
    if (LsuIndex != 0)                                      /* 使用 LSU0,与初始化程序有关 */
    {
        LOG_printf(&trace,"SrioWrite: Invalid LSU index.Must Be 0! \n");
                                                            /* BIOS 打印错误信息 */
        return FALSE;
    }
    if ((Bytes > 4096) || (0 == Bytes))                     /* 最大字节数 4096 */
    {
        LOG_printf(&trace,"SrioWrite: Invalid size.Must < 4096 Bytes\n");
                                                            /* BIOS 打印错误信息 */
        return FALSE;
    }
    /* 创建 LSU 配置 */
    lsu_conf.srcNodeAddr              = SrcAddr;            /* 源设备地址 */
    lsu_conf.dstNodeAddr.addressHi    = 0;                  /* 高字节地址 */
    lsu_conf.dstNodeAddr.addressLo    = DstAddr;            /* 目标设备地址 */
    lsu_conf.byteCnt                  = Bytes;              /* 传输字节数 */
    lsu_conf.idSize                   = 1;                  /* ID_SIZE,16 bit 设备 ID */
```

```
lsu_conf.priority              = 2;                        /* PKT 优先级 2 */
lsu_conf.xambs                 = 0;                        /* 不是扩展地址 */
lsu_conf.dstId                 = DestDevId;                /* 目标设备 ID */
lsu_conf.intrReq               = 0;                        /* 中断不打开 */
lsu_conf.pktType               = SRIO_PKT_TYPE_NWRITE;     /* 没有响应 */
lsu_conf.hopCount              = 0;                        /* 维护包有效 */
lsu_conf.doorbellInfo          = 0;                        /* 不是门铃包 */
lsu_conf.outPortId             = 0;                        /* 端口 0 发送 */
/* 开始传输,并等待传输完成 */
{
    lsu_no = SELECTED_LSU;                                 /* 配置 LSU0 */
    CSL_srioLsuSetup (hSrio,&lsu_conf,lsu_no);             /* 开始传输 */
    response. index = lsu_no;
    do
{
        CSL_srioGetHwStatus (hSrio,CSL_SRIO_QUERY_LSU_BSY_STAT,&response);
    }while(response.data == 1);                            /* 等待传输完成 */
}
/* 检查 BSY 寄存器,确保可以准备下次传输 */
do
{
    index ++ ;
    dummy_cnt = index  + 1;
    dummy_cnt ++ ;
}while(1 == CSL_FEXT(hSrio - >regs - >LSU[LsuIndex].LSU_REG6,SRIO_LSU_REG6_BSY));
return TRUE;
}
```

3. 程序说明

首先是 LSU 的选择,这是基于初始化程序的。如果初始化了 LSU0 却使用了 LSU1,是不能完成一次 SRIO 传输的。可以将 LSU 都初始化使它们都可以使用,在最小化功耗的情况下建议使用哪个就打开哪个而不是全部打开,但此时必须对号入座。

其次是传输字节大小。SRIO 传输的最大包的载荷是 256 字节,而每个消息的最大载荷是 16 个包,因此一次发送最大的传输字节数是 4 096 字节。如果发送的字节数大于 4 096 则会导致错误而不能发送。

再者是 LSU 寄存器设置。这也与入口参数有关,是最重要的几个参数。包括源地址、目的地址、目的 ID、传输字节数等,这里的地址指的是内存或者外部存储器中的地址。设备 ID 在初始化中设置,有两种大小模式,16 bit 模式和 8 bit 模式,当设置为 16 bit 模式时,16 bit 的 ID 标识将区分各个芯片,8 bit 的 ID 标识将不再起作用,反之亦然。比如有两块 DSP,将其命名为 DSPA 和 DSPB,使用 16 bit ID_SIZE,将其 ID 初始化为 0x000A 和 0x000B,DSPA 想将自己内存中的一块地址 nsrcBaseAddr 中的 4 000

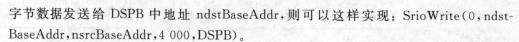

字节数据发送给 DSPB 中地址 ndstBaseAddr,则可以这样实现:SrioWrite(0,ndst-BaseAddr,nsrcBaseAddr,4 000,DSPB)。

SRIO 的应用层开发最重要的是明确源地址、目的地址、目的 ID、传输字节数等参数。因为 SRIO 是主设备,因此直接的 SRIO 写程序即可完成芯片间的数据传输。在此基础上,也可以写出 SRIO 读程序完成 SRIO 的传输。这些都是基于 SRIO 是主设备才能完成的。

根据 SRIO 协议,两个 SRIO 设备可以进行 1x 或 4x 的连续模式互传数据,也就使得两个 DSP 可以共享内存空间,这大大地提高了板上资源的利用效率。另外,DSP 与可编程器件 FPGA 之间也可以建立 SRIO 连接。在 TMS320C64xx 系列 DSP 中有 4 个 SRIO 接口,而在 Virtex4 Pro FPGA 系列 FPGA 中,亦有高速串行接口 RocketIO,所以可以通过 SRIO 接口将 FPGA 和 DSP 进行互连,以组成更高速,处理能力更强的嵌入式系统。

4.2 GPIO 接口设计

GPIO 顾名思义,意为通用目的输入/输出。作为通用的引脚,达到可以与外部器件相连通的目的,可以配置成输入或者输出模式。比如配置成输出模式时可以外接一个 LED 灯,通过拉高或者拉低电平达到点亮或者灭掉 LED 灯的目的;配置成输入模式时可以引入外部中断,DSP 响应中断达到控制的目的。当然,还有很多其他的用途,本节就这两个方面做详细的介绍。

4.2.1 GPIO 工作原理

DSP 的 GPIO 提供了一个可配置输入或者输出的引脚。当配置成输入时,可以通过这个引脚来读入当前的电平状态;当配置成输出时,可以往 GPIO 的寄存器里面写入特定的值,从而控制引脚的电平。

C6000 系列 DSP 的 GPIO 引脚一共有 16 个,都可以用来触发 EDMA 的同步事件,但只有特定的管脚才可以引入中断,这需要对应 DSP 的数据手册才能知晓。图 4-5 是 GPIO 的工作原理框图。

GPIO 可以通过改变寄存器的值来控制 GPIO 引脚上的电平。最简单直接的功能就是用来点亮 LED 灯,此时所有的 GPIO 引脚都可以用作此用途。另外,GPIO 的片内外设可以用不同的中断事件产生模式来产生 CPU 中断。

GPIO 有两种模式产生 CPU 中断,分别是直接传递模式和逻辑模式。直接传递模式允许每个 GPn 信号引脚配置为输入,直接触发 CPU 中断;逻辑模式下的中断是基于 GPIO 输入的逻辑组合而产生的。逻辑功能的输出 GPINT 和直接传递模式的内部输出 GPINT0_int 是复用的,产生一个 CPU 中断。图 4-6 显示了 GPIO 的中断产生逻辑。

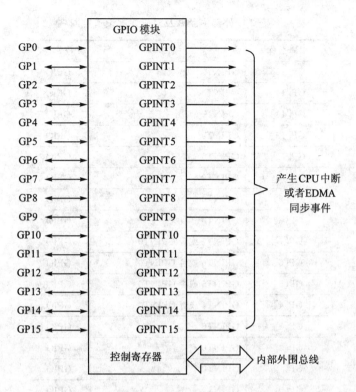

图 4 - 5　GPIO 原理框图

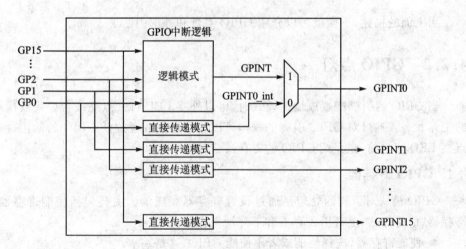

图 4 - 6　GPIO 中断产生逻辑

GPIO 的有关中断事件如表 4 - 3 所列,此时,用来做中断源的引脚是有限的,为 GPINT0 和 GPINT[4:7]。

表 4 - 3　外部中断源及对应外围设备控制

引脚名称	中断事件	模　块
GP[15]	GPINT0	GPIO
GP[14]	GPINT0	GPIO
GP[13]	GPINT0	GPIO
GP[12]	GPINT0	GPIO
GP[11]	GPINT0	GPIO
GP[10]	GPINT0	GPIO
GP[9]	GPINT0	GPIO
GP[8]	GPINT0	GPIO
GP[7]	GPINT7 或者 GPINT0	GPIO
GP[6]	GPINT6 或者 GPINT0	GPIO
GP[5]	GPINT5 或者 GPINT0	GPIO
GP[4]	GPINT4 或者 GPINT0	GPIO
GP[3]	GPINT0	GPIO
GP[2]	GPINT0	GPIO
GP[1]	GPINT0	GPIO
GP[0]	GPINT0	GPIO

由上面的描述,下面就可以介绍 GPIO 点灯和外部中断了。

4.2.2　GPIO 点灯

当 GPIO 的引脚配置成输出模式时,可以外接 LED 灯来点亮或者熄灭以指示 DSP 的工作状态。通过对 GPIO 引脚的操作可以达到拉高或者拉低 GPIO 的输出。在介绍点亮 LED 灯之前,先介绍 GPIO 的寄存器。

1. GPIO 寄存器

GPIO 模块对引脚的处理是通过设置寄存器完成的。主要包括使能寄存器、方向寄存器、值寄存器、上升沿寄存器和下降沿寄存器。

● 使能寄存器,选择使能或者不使能 GPIO,这是基本;

● 方向寄存器,决定 GPIO 引脚是作为输入还是输出;

● 值寄存器,寄存器给定 GPIO 引脚的驱动值,或者寄存器给定 GPIO 输入引脚检测的值;

● 上升沿寄存器,表明制定的 GPIO 输入引脚是否有上升沿转换;

● 下降沿寄存器,表明制定的 GPIO 输入引脚是否有下降沿转换。

在设置 GPIO 的基本属性时,需要考虑这 5 个基本寄存器。当某个 GPIO 被使能时,该引脚即可作为通用的输入/输出引脚。可以通过 GPIO 方向寄存器来设定其输入/输出。此外,GPIO 模块还有电平边沿检测功能。图 4-7 是 GPIO 模块的功能结构框图。

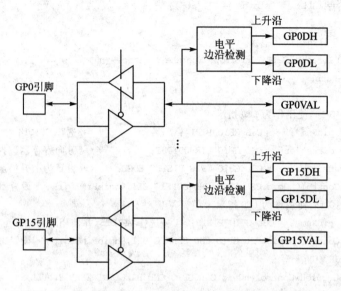

图 4-7　GPIO 功能结构框图

在 TMS320C64xx 上有 16 个 GPIO,都可以作为连接到 LED 灯的引脚。在初始化 GPIO 时,会用到下面的程序,这里举例使用 GPIO14 和 GPIO15。

2. 程序及注释

```
void gpio_init(void)
{
CSL_GpioPinConfig          gpioPinCfg;
CSL_Status                 status;
CSL_GpioContext            pContext;
CSL_GpioObj                gpioObj;
/* 使能 GPIO */
CSL_FINST(((CSL_DevRegs * )CSL_DEV_REGS) - >PERCFG0,DEV_PERCFG0_GPIOCTL,ENABLE);
/* 初始化 GPIO */
status = CSL_gpioInit(&pContext);
/* 初始化 GPIO 未成功 */
if (status != CSL_SOK)
{
    /* BIOS 打印错误信息 */
LOG_printf(&trace,"GPIO: Initialization error.\n");
    return;
}
```

```
/* 打开 GPIO 模块 */
hGpio = CSL_gpioOpen(&gpioObj,CSL_GPIO,NULL,&status);
/* GPIO 模块打开失败或者初始化 GPIO 未成功 */
if ((hGpio == NULL) || (status != CSL_SOK))
{
    /* BIOS 打印错误信息 */
LOG_printf(&trace,"GPIO: Error opening the instance.\n");
        return;
}
/* 举例 GPIO 14,使用作为 LED 指示 */
gpioPinCfg.pinNum      = CSL_GPIO_PIN14;             /* 选择 GPIO14 */
gpioPinCfg.direction   = CSL_GPIO_DIR_OUTPUT;       /* 方向寄存器选择为输出模式 */
gpioPinCfg.trigger     = CSL_GPIO_TRIG_RISING_EDGE; /* 设置为上升沿触发 */
CSL_gpioHwControl(hGpio,CSL_GPIO_CMD_CONFIG_BIT,&gpioPinCfg); /* 设置寄存器 */
/* 举例 GPIO 15,使用作为 LED 指示 */
gpioPinCfg.pinNum      = CSL_GPIO_PIN15;  /* 选择 GPIO15,并使用之前同样配置 */
CSL_gpioHwControl(hGpio,CSL_GPIO_CMD_CONFIG_BIT,&gpioPinCfg); /* 设置寄存器 */
/* 使能 BANK 中断 */
status = CSL_gpioHwControl(hGpio,CSL_GPIO_CMD_BANK_INT_ENABLE,NULL);
/* 使能未成功 */
if (status != CSL_SOK)
{
        /* BIOS 打印错误信息 */
LOG_printf(&trace,"GPIO: Command to enable bank interrupt... Failed.\n");
}
}//gpio_init
```

3. 程序说明

程序需要说明的地方主要有两处：首先是使用了 CSL 将显式的寄存器初始化给隐式化了，道理是一样的，需要设置 5 个基本的寄存器，达到的目标是相同的，使用 CSL 的好处是不必再往底层去做开发而省去开发时间，缩短开发周期；其次是 GPIO 管脚配置选项，主要包括 GPIO 管脚的选择，方向寄存器的配置，上升沿、下降沿或者双沿的触发条件的选择，这些都是必须要设置的 GPIO 的基本参数，在 LED 点灯这里需要，其他用到 GPIO 的地方也需要。

在此基础上，可以开发 GPIO 的点灯、熄灭程序。

```
/* 点灯程序 */
void gpioSet(Uint32 u32PinNum) /* 输入参数为对应管脚 */
{
    if( CSL_SOK != CSL_gpioHwControl(hGpio,CSL_GPIO_CMD_SET_BIT,&u32PinNum))
                                            /* 点灯 */
    {
```

```
            LOG_printf(&trace,"GPIO: Command to set bit... Failed.\n");
                                                /* BIOS 打印错误信息 */
      }
  }
/* 熄灭程序 */
void gpioClr(Uint32 u32PinNum)                  /* 输入参数为对应管脚 */
{
    if( CSL_SOK != CSL_gpioHwControl (hGpio,CSL_GPIO_CMD_CLEAR_BIT,&u32PinNum))
                                                /* 熄灭 */
    {
        LOG_printf(&trace,"GPIO: Command to clear bit... Failed.\n");
                                                /* BIOS 打印错误信息 */
    }
}
```

点亮或者熄灭都是在值寄存器的基础上操作的,当作为输出时,赋值 0 表示引脚被驱动为低电平,赋值为 1 时表示引脚被驱动为高电平。LED 灯的硬件连接决定了一般都是高电平点亮,所以赋值为 1 时点亮 LED 灯,赋值为 0 时熄灭 LED 灯。

程序中 CSL_GPIO_CMD_SET_BIT 与 CSL_GPIO_CMD_CLEAR_BIT 分别表示赋 1 和清 0 的操作。

4.2.3　GPIO 外部中断

中断是指正常的工作过程被外部的事件打断。在 CPU 运行的过程中,中断就是暂停 CPU 正在执行的进程,转去执行中断请求的响应程序,执行完毕后再返回执行原来的程序。嵌入式系统中有软件中断和硬件中断,本小节介绍的是硬件中断。

GPIO 模块通过内部信号 GPINT 可以产生 CPU 中断或者 EDMA 同步事件,也可以通过 GPIO 的引脚功能引入外部中断事件。此时需要外接外部中断源,比如定时器或者触发源。基于 GPIO 的特性,GPIO 外部中断也是基于寄存器的设置。

需要使用到的基本寄存器有 5 个,主要包括使能寄存器、方向寄存器、值寄存器、上升沿寄存器和下降沿寄存器。

初始化参数设置与 GPIO 点灯无异,下面是外部中断时需要的寄存器设置。这里举例使用 GPIO4 和 GPIO5。

```
void gpio_init(void)
{
CSL_GpioPinConfig            gpioPinCfg;
CSL_Status                   status;
CSL_GpioContext              pContext;
CSL_GpioObj                  gpioObj;
/* 使能 GPIO */
```

```
CSL_FINST((((CSL_DevRegs *)CSL_DEV_REGS)->PERCFG0,DEV_PERCFG0_GPIOCTL,ENABLE);
/*初始化 GPIO*/
status = CSL_gpioInit(&pContext);
/*初始化 GPIO 未成功*/
if (status != CSL_SOK)
{
    LOG_printf(&trace,"GPIO: Initialization error.\n");/*BIOS 打印错误信息*/
    return;
}
/*打开 GPIO 模块*/
hGpio = CSL_gpioOpen(&gpioObj,CSL_GPIO,NULL,&status);
/*GPIO 模块打开失败或者初始化 GPIO 未成功*/
if ((hGpio == NULL) || (status != CSL_SOK))
{
        /*BIOS 打印错误信息*/
LOG_printf(&trace,"GPIO: Error opening the instance.\n");
        return;
}
/*举例 GPIO 4,使用作为外部中断*/
gpioPinCfg.pinNum       = CSL_GPIO_PIN4;              /*选择 GPIO4*/
gpioPinCfg.direction    = CSL_GPIO_DIR_INPUT;         /*方向寄存器选择为输入模式*/
gpioPinCfg.trigger      = CSL_GPIO_TRIG_RISING_EDGE;/*设置为上升沿触发*/
CSL_gpioHwControl(hGpio,CSL_GPIO_CMD_CONFIG_BIT,&gpioPinCfg);/*设置寄存器*/
/*举例 GPIO 5,使用作为外部中断*/
gpioPinCfg.pinNum       = CSL_GPIO_PIN5;              /*选择 GPIO4*/
gpioPinCfg.direction    = CSL_GPIO_DIR_INPUT;         /*方向寄存器选择为输入模式*/
gpioPinCfg.trigger      = CSL_GPIO_TRIG_DUAL_EDGE;   /*设置为双沿触发*/
CSL_gpioHwControl(hGpio,CSL_GPIO_CMD_CONFIG_BIT,&gpioPinCfg);/*设置寄存器*/
/*使能 BANK 中断*/
status = CSL_gpioHwControl(hGpio,CSL_GPIO_CMD_BANK_INT_ENABLE,NULL);
/*使能未成功*/
if (status != CSL_SOK)
{
        /*BIOS 打印错误信息*/
LOG_printf(&trace,"GPIO: Command to enable bank interrupt... Failed.\n");
}
}//gpio_init
```

该程序段中,打开和使能 GPIO 的程序段与点亮 LED 的程序是相同的。不同点在于方向寄存器,上升沿、下降沿寄存器的设置。

在这里方向寄存器要设置为输入模式,意为外部输入给 GPIO 管脚,DSP 根据接收到的信息决定 DSP 的行为。另外,这里的上升沿、下降沿寄存器需要根据实际的需求设置,与外部中断源的信号波形有关,比如一个定时中断,输入的波形为周期性的占空比为 50％的方波,实际需求如果是在其周期的一半时产生一个外部中断信号,则此时的上升沿、下降沿寄存器需要设置为双沿触发,而如果输入的波形为周期性的脉冲波,只需要此波形的一个周期产生一次信号,则选择上升沿或者是下降沿触发都可以。

在此基础上,就可以开发一个由外部中断触发的中断服务程序了。要成功地触发一个中断服务程序,需要记住下面的 4 要素:

- 编写中断服务程序;
- GPIO 寄存器设置;
- 添加 BIOS;
- 打开中断。

这里就不再详细讲了,需要说明的有以下几点:首先要编写中断服务程序,要符合中断的特性,不能 1 ms 的中断里面做 2 ms 的事情,比如像打印之类的需要执行上千个时钟周期才能完成的函数就不能放入中断服务程序,而在 DSP/BIOS 里面的 log_Printf 就可以;编写完成后在 BIOS 中添加中断函数,即在 BIOS 的编辑窗内添加中断函数,让 DSP 知晓外部中断的存在;还有需要特别注意的是中断号要一一对应,比如TMS320C64xx 上的 GPIO 的中断号 51～66,对应于 16 个 GPIO 分别是 GPIO0～15,如 GPIO4 对应的中断号是 55;最后要打开该中断,使用的函数是 C64_enableIER,打开了才能被响应。

4.3　本章总结

本章通过分析 GPIO 的点灯实例与 GPIO 外部中断实例,详细地介绍了 GPIO 的内部组成与工作原理。GPIO 是通用的引脚,在正确初始化的基础上,用户可以使用GPIO 完成很多功能。配置 GPIO 的关键所在是其方向寄存器、值寄存器以及上升沿和下降沿寄存器,也就是设定 GPIO 管脚的输入/输出模式、赋值以及触发方式。之后,才能很好地运用 DSP 的 GPIO。

第**5**章
步进电机控制系统设计

数字技术、计算机技术和永磁材料的迅速发展,为步进电机的应用开辟了广阔的前景。步进电机适用于在数控开环系统中做执行元件,由步进电机与驱动电路组成的开环数控系统,既简单、廉价,又非常可靠。本章以 TMS320LF2407 数字信号处理器芯片作为控制核心,结合步进电机驱动电路讲述步进电机控制系统的设计。

5.1 步进电机系统概述

步进电机是数字控制电机,使用电脉冲信号进行控制,并将电脉冲信号转换成相应的角位移或线位移。在非超载的情况下,它输出的位移与输入的电脉冲个数成正比,转速与脉冲频率成正比。

步进电机的主要优势在于能提供开环位置控制,而成本只是需要反馈的伺服系统的几分之一。在过去,步进电机有时被称为"数字"电机,因为它们常用正交方波驱动。

虽然步进电机已被广泛地应用,但步进电机并不能像普通的交直流电机一样在常规电源下驱动,由脉冲信号、功率驱动电路等组成控制系统方可使用。

5.1.1 步进电机系统架构

步进电动机不能直接接到工频交流或直流电源上工作,而必须使用专用的步进电动机驱动器。本实例的步进电机控制系统由 TMS320LF2407 和电机驱动电路等组成,如图 5 - 1 所示。

TMS320LF2407 数字信号处理器主要用于脉冲信号的产生与控制,一

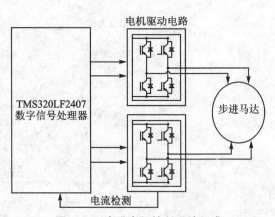

图 5 - 1 步进电机控制系统组成

电机驱动电路 / TMS320LF2407 数字信号处理器 / 步进马达 / 电流检测

般脉冲信号的占空比为 0.3～0.4 左右,电机转速越高,占空比则越大,并进行正反转旋转方向控制。

　　电机驱动电路将脉冲放大,以驱动步进电动机转动,称之为功率放大器,是驱动系统最为重要的部分。不同的场合需要采取不同的的驱动方式,到目前为止,驱动方式一般有以下几种:单电压功率驱动、双电压功率驱动、高低压功率驱动、斩波恒流功率驱动、升频升压功率驱动、集成功率驱动芯片。

5.1.2　步进电机分类及原理

　　多数步进电机采用双凸极设计,转子和定子结构上均有齿。永久磁性位于转子上;电磁包含在定子中,且至少包含 2 组定子绕组,由正交相位信号独立驱动。

　　驱动这些绕组有许多方法,包括全步进、半步进或微步进,具体驱动方法主要取决于使用的控制技术。每种情况下都会确定定子磁通矢量,转子上的磁性将尝试与该矢量保持一致。由于转子和定子的齿数不同,产生的移动或步进可能极小。对齐之后,定子电流立即按这种方式发生变化,以增加定子磁通矢量角度,从而使电机移动到下一个步进。

1. 步进电机分类

　　按照励磁方式分类,步进电机一般可分为反应式步进电机、永磁式步进电机和混合式步进电机三种。

- 反应式步进电机一般为三相,可实现大转矩输出,步进角一般为 1.5°,但噪声和振动都很大;
- 永磁式步进电机一般为两相,转矩和体积较小,步进角一般为 7.5°或 15°;
- 混合式步进电机则综合了永磁式与反应式步进电机的优点,它可以分为两相和五相:两相步进角度一般为 1.8°,五相步进角度一般为 0.72°。

2. 步进电机驱动控制原理

　　步进电机的驱动电路根据控制信号工作,控制信号由驱动控制器来产生,其基本原理作用如下。

　　(1) 控制换相顺序,通电换相。这一过程称为“脉冲分配”。例如:四相步进电机的单四拍工作方式,其各相通电顺序为 A-B-C-D。通电控制脉冲必须严格按照这一顺序分别控制 A、B、C、D 相的通断,控制步进电机的转向。如果给定工作方式正序换相通电,则步进电机正转;如果按反序换相通电,则电机就反转。

　　(2) 控制步进电机的速度。如果给步进电机发一个控制脉冲,它就转一步,再发一个脉冲,它会再转一步。两个脉冲的间隔越短,步进电机就转得越快。调整控制器发出的脉冲频率,就可以对步进电机进行调速。

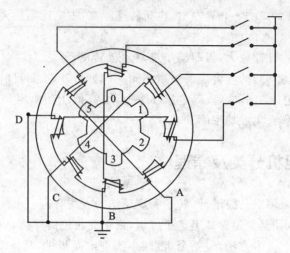

图 5 - 2　四相步进电机通电顺序示意图

5.1.3　定点数字信号处理器

　　TMS320LF2407 芯片是 TI 公司 C2000 系列 DSP 芯片的一种,专为实时信号处理设计,将实时处理功能和控制外设功能集于一身,具有灵活的指令集和内部操作,高速的运算能力以及改进型哈佛结构,为控制系统应用提供了一个理想的解决方案。

　　TMS320LF2407 芯片内部集成有存储器和外设,采用高性能静态 CMOS 技术,30 MIPS 的执行速度使得指令周期缩短到 33 ns (30 MHz),从而提高了控制器的实时控制能力。

　　TMS320LF2407 芯片内有高达 32K 的 FLASH 程序存储器、1.5K 的数据/程序 RAM、544 字双口 RAM (DARAM) 、2K 的单口 RAM (SARAM) 、64K 的程序存储器空间、64K 的数据存储器空间和 64K 的 I/O 寻址空间,共计 192K 可扩展的外部存储器空间。这不仅使得控制器可以存储大量的程序代码,还具有在线仿真功能,方便系统调试。

　　芯片内有 2 个事件管理器模块 EVA 和 EVB,每个模块包括 2 个 16 位通用定时器和 8 个 16 位的脉冲调制(PWM) 通道,能够实现三相反相器控制、PWM 的对称和非对称波形输出。还有 3 个捕获单元、光电编码接口电路和 16 通道的 A/D 转换器。相关的硬件资源使得 TMS320LF2407 芯片特别适用于控制各种类型的电机。

　　内置的 10 位 A/D 转换器最小转换时间为 500 ns,可选择由 2 个事件管理器来触发 2 个 8 通道输入的 A/D 转换器或 1 个 16 通道输入的 A/D 转换器。

　　芯片内的串行通信接口(SCI) 模块和 16 位的串行外设接口(SPI) 模块为控制器与外部通信提供了接口;40 个可单独编程或复用的通用输入/输出引脚(GPIO)为相关信号的输入/输出提供了接口。此外,片内还有 3 种低功耗电源管理模式,能独立地将外设器件转入低功耗工作模式。

　　TMS320LF2407 数字信号处理器的内部功能框图如图 5 - 3 所示。

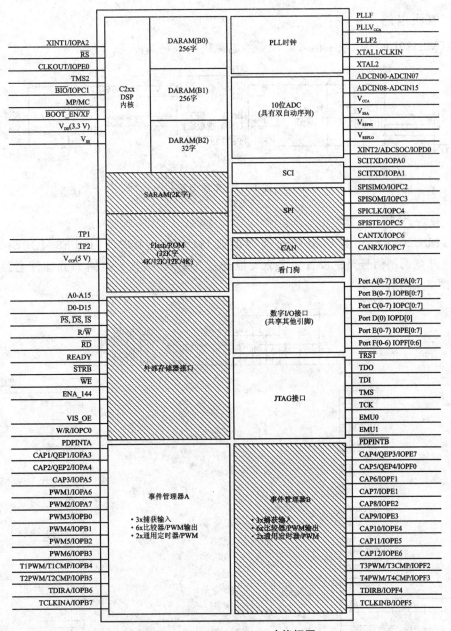

图 5 - 3　TMS320LF2407 功能框图

5.2　步进电机控制系统硬件设计

　　本实例的步进电机控制电路硬件设计比较简单,步进电机控制电路集中在 TMS320LF2407 为核心的数字信号处理器,由于本例试验用的步进电机采用 6 V_{DC} 的小电机,外围功率驱动电路就可简化,只需要将输出的 PWM 用三极管或 MOSFET 管驱动即可。

1. 电源电路

TMS320LF2407 数字信号处理器的电源供电电路如图 5 - 4 所示。

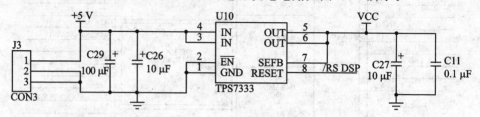

图 5 - 4　电源电路

2. 核心电路

TMS320LF2407 数字信号处理器的端口 IOPE1、IOPE2、IOPE3、IOPE4 输出 PWM 脉宽调制信号至三极管功率驱动极进行功率放大,核心电路部分硬件电路示意图如图 5 - 5 所示。

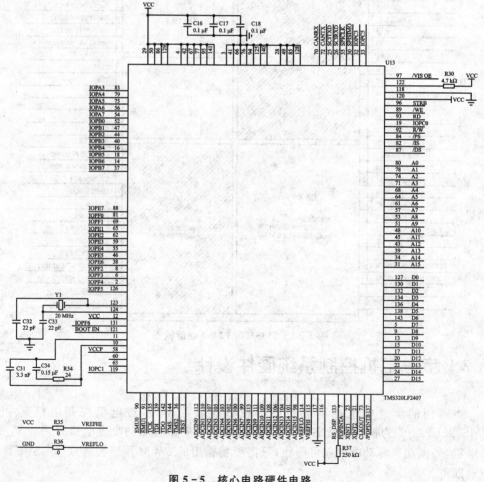

图 5 - 5　核心电路硬件电路

3. 功率驱动电路

本实例由于采用较小功率的步进电机,其功率驱动电路由四组三极管功率驱动电路组成,如图 5 - 6 所示。

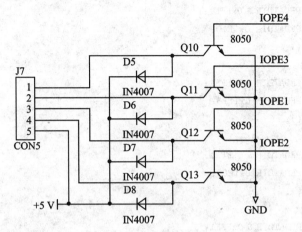

图 5 - 6　功率驱动电路

5.3　步进电机控制软件设计

步进电机控制软件设计的主要任务是设置 PWM 频率,产生与相序同步的 PWM 脉宽信号,然后控制步进电机正反转,相关的软件代码见下文。

```
/＊PWM 步进电机控制程序,正反转,默认设置的工作频率 1 kHz＊/
# include "global.c"
void SystemInit();
void Delay_Time() ;
void KickDog();
unsigned int tag = 1;
unsigned int t_step;
main()
{
    SystemInit();                        //系统初始化

    MCRA = MCRA & 0xC0FF;                //IOPB0 - 6 设为 IO 口模式
    PBDATDIR = 0xFFC2;                   //所有 LED = 0
    PBDATDIR = PBDATDIR |0x003D;         //所有 LED = 1
    t_step = 650;        /＊ t_step = 650～1000 转动 ＊/
    PEDATDIR = PEDATDIR|0x1E1E;
    PEDATDIR = PEDATDIR & 0xFFE1;
    PEDATDIR = PEDATDIR|0x1E00;
```

```
    while(1)
{
if(tag)
{
PEDATDIR = PEDATDIR & 0xFFE1;
PEDATDIR = PEDATDIR|0x1E10;
Delay_Time();

PEDATDIR = PEDATDIR & 0xFFE1;
PEDATDIR = PEDATDIR|0x1E18;
Delay_Time();

PEDATDIR = PEDATDIR & 0xFFE1;
PEDATDIR = PEDATDIR|0x1E08;
Delay_Time();

PEDATDIR = PEDATDIR & 0xFFE1;
PEDATDIR = PEDATDIR|0x1E0A;
Delay_Time();

PEDATDIR = PEDATDIR & 0xFFE1;
PEDATDIR = PEDATDIR|0x1E02;
Delay_Time();

PEDATDIR = PEDATDIR & 0xFFE1;
PEDATDIR = PEDATDIR|0x1E06;
Delay_Time();

PEDATDIR = PEDATDIR & 0xFFE1;
PEDATDIR = PEDATDIR|0x1E04;
Delay_Time();

PEDATDIR = PEDATDIR & 0xFFE1;
PEDATDIR = PEDATDIR|0x1E14;
Delay_Time();
}
else
{
PEDATDIR = PEDATDIR & 0xFFeb;
PEDATDIR = PEDATDIR|0x1E0a;
Delay_Time();

PEDATDIR = PEDATDIR & 0xFFef;
```

```
    PEDATDIR = PEDATDIR|0x1E0e;
    Delay_Time();

    PEDATDIR = PEDATDIR & 0xFFe7;
    PEDATDIR = PEDATDIR|0x1E06;
    Delay_Time();

    PEDATDIR = PEDATDIR & 0xFFf7;
    PEDATDIR = PEDATDIR|0x1E16;
    Delay_Time();

    PEDATDIR = PEDATDIR & 0xFFf5;
    PEDATDIR = PEDATDIR|0x1E14;
    Delay_Time();

    PEDATDIR = PEDATDIR & 0xFFfd;
    PEDATDIR = PEDATDIR|0x1E1c;
    Delay_Time();

    PEDATDIR = PEDATDIR & 0xFFf9;
    PEDATDIR = PEDATDIR|0x1E18;
    Delay_Time();

    PEDATDIR = PEDATDIR & 0xFFfb;
    PEDATDIR = PEDATDIR|0x1E1a;
    Delay_Time();
        }
    };
    while(1);
    }
/* 系统初始化程序 */
void SystemInit()
{
    asm(" SETC    INTM ");              /* 关闭总中断 */
    asm(" CLRC   SXM   ");              /* 禁止符号位扩展 */
    asm(" CLRC   CNF   ");              /* B0 块映射为 on - chip DARAM */
    asm(" CLRC   OVM   ");              /* 累加器结果正常溢出 */
    SCSR1 = 0x83FE;                     /* 系统时钟 CLKOUT = 20 × 2 = 40M */
/* 打开 ADC,EVA,EVB,CAN 和 SCI 的时钟,系统时钟 CLKOUT = 40M */
    WDCR = 0x006F;                     /* 禁止看门狗,看门狗时钟 64 分频 */
    KickDog();                         /* 初始化看门狗 */
    IFR = 0xFFFF;                      /* 清除中断标志 */
    IMR = 0x0000;
```

```
        }
/ * 延时函数 * /
void Delay_Time()
{
int i;
for(i = 0;i< = t_step;i ++ );
}
/ * 踢除看门狗 * /
void KickDog()
{
    WDKEY = 0x5555;
    WDKEY = 0xAAAA;
}
```

5.4　本章总结

步进电机是机电一体化产品中的关键组件之一,是一种性能良好的数字化执行元件。本章主要介绍步进电机的驱动原理和控制方法,并通过实例设计了一个简单的步进电机驱动器,演示了如何产生 PWM 脉宽信号驱动步进电机。

在实际设计与应用中,还需要考虑细分模式、角位移等很多问题。比如在低速工作时,可能需要考虑选用 1/4 细分或 1/8 细分模式,以提高步距角精度;在高速工作时,细分模式有可能达不到要求的速度,这时可能需要考虑选用整步或半步方式,可以让步进电机运行稳定,振动小,噪声也小。

第**6**章

工业流程计量与控制系统设计

工业流程处理及控制系统应用于许多不同的领域,包括了测试实验室、装配及加工设备、医疗及自动化。这类系统应用不同类型的传感器及反馈机制,通过采集、存储、分析传感器数据来实现对本地环境及系统/机械设备间相互作用的监测及控制。传感器的数据采集涉及到模拟电压及电流信号的精密测量及处理。准确性、精密度、噪声抑制及处理速度都是此类流程处理最为重要的方面。本章将基于 16 位定点实时处理器 TMS320LF2407 芯片介绍工业流程计量与控制方面的应用。

6.1 工业流程计量与控制系统概述

工业流程计量与控制系统涉及开关量、数字量、模拟量以及传感器数据等的采集与处理,目前广泛采用的方案主要有两种:

(1) PLC(Programmable Logic Controller,可编程逻辑控制器)

PLC 实质是一种专用于工业控制的计算机,其硬件结构基本上与微型计算机相同,基本构成为:中央处理单元(CPU)、存储器、输入/输出接口电路(I/O 模块)、功能模块、通信模块、人机界面、编程设备等。如果按照 PLC 具有的 I/O 点数可分为三类:小型(256 点以下)、中型(256~2 048 点)、大型(2 048 点以上)。

目前,PLC 在国内外广泛应用于钢铁、石油、化工、电力、建材、机械制造、汽车、轻纺、交通运输、环保及文化娱乐等各个行业领域,其使用情况大致分为:开关量的逻辑控制、模拟量控制、运动控制、过程控制、数据处理、通信及联网等类型。

(2) DDC(Direct Digital Control,直接数字控制,也称为 DDC 控制器)

DDC 系统的组成通常包括中央控制设备(集中控制电脑、彩色监视器、键盘、打印机、不间断电源、通信接口等)、现场 DDC 控制器、通信网络以及相应的传感器、执行器、调节阀等元器件,通常成为各种建筑环境控制的通用模式。

从如上情况看,PLC 和 DDC 都是专业性、综合性强的控制系统,在中、大型规模的场合应用非常广泛,性能优越。基于设备成本、架构环境、运行及可维护性等因素考虑,

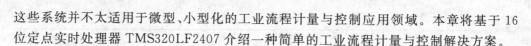
这些系统并不太适用于微型、小型化的工业流程计量与控制应用领域。本章将基于 16 位定点实时处理器 TMS320LF2407 介绍一种简单的工业流程计量与控制解决方案。

6.1.1　系统架构

在本章的工业流程计量与控制系统设计中,16 位定点实时处理器 TMS320LF2407 是整个控制系统的核心,是系统实现控制功能的关键部件。它的工作过程是,控制器通过模拟量输入通道(AI)和开关量输入通道(DI)采集实时数据,并将模拟量信号转变成数字信号(A/D 转换),然后按照一定的控制规律进行运算,最后发出控制信号,并将数字量信号转变成模拟量信号(D/A 转换),并通过模拟量输出通道(AO)和开关量输出通道(DO)直接控制设备的运行。由 TMS320LF2407 实时数字处理器构成的一个典型的工业流程计量与控制系统架构如图 6-1 所示。

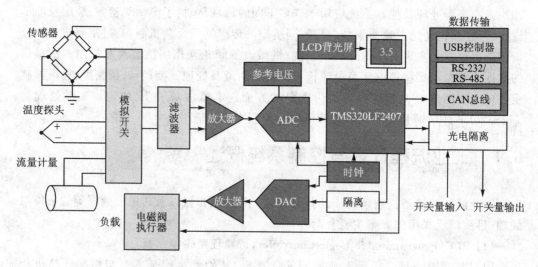

图 6-1　工业流程计量与控制系统架构

6.1.2　TMS320LF2407 处理器 ADC 模块

16 位定点实时处理器 TMS320LF2407 内置有 ADC 模块,它是一个 10 位分辨率的增强功能模块,可提供灵活的接口与事件管理器 A 和 B 对接,ADC 模块共有 16 个通道,也可配置成两个独立的 8 通道模块分别用于事件管理器 A 和 B,并且能够组成级联模式,虽然有多个输入通道和 2 个自动序列器,但只有 1 个 A/D 转换器,它们通过多路模拟开关输入转换。ADC 模块特点如下:

- 10 位采样保持 A/D,最大转换时间 500 ns;
- 每个模数转换器有 8 个模拟输入通道;
- 可单转换或连续转换;

- 触发源可由软件、内部事件或外部事件启动；
- 可单独访问的 16 个结果寄存器；
- 可编程预定标选择和中断、查询操作。

TMS320LF2407 处理器 ADC 模块功能框图如图 6 - 2 所示。

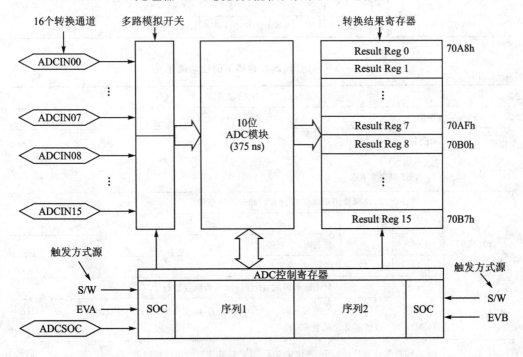

图 6 - 2　ADC 模块功能框图

1. A/D 转换模式

A/D 转换可以有两种模式：第一种采用连续转换的方式，即输入的模拟信号值被反复地测量，转换成数字等效值；第二种是单次转换，即在一次转换完成后，只有等待 ADC 模块提示后方可进行下一次测量和转换，通常会使用定时器设定指定的时间间隔。

2. ADC 寄存器功能

为了使用模拟数字转换器，必须先配置 ADC 模块的相关寄存器，主要涉及 ADC 控制寄存器 1（ADCTRL1）和 ADC 控制寄存器 2（ADCTRL2）等。

（1）ADC 控制寄存器 1。其组成和功能如表 6 - 1、表 6 - 2 所列。

表 6 – 1   ADC 控制寄存器 1

15	14	13	12	11	10	9	8	7	6	5	4	3	2	1	0
保留	RESET	SOFT	FREE	ACQ PS3	ACQ PS2	ACQ PS1	ACQ PS0	CPS	CONT RUN	INT PRI	SEQ CASC	CAL ENA	BRG ENA	HI/LO	STEST ENA
RS-0	RW-0	RW-0	RW-0	RW-0	RW-0	RW-0	RW-0	RW-0	RW-0	RW-0					

表 6 – 2   ADC 控制寄存器 1 的位功能定义

位	功能定义
15	保留
14	RESET,ADC 模块软件复位。 0：无作用; 1：ADC 模块主复位
13:12	SOFT、FREE,这两位用于确定当仿真挂起时产生事件。 | SOFT	FREE	产生事件 | |---|---|---| | 0 | 0 | 挂起时,立即停止。 | | 1 | 0 | 停止前,完成当前转换。 | | x | 1 | 自由运行模式,不管挂起与否继续运行 |
11:8	ACQ PS3 ～ACQ PS0,采集时间窗口,分频位 3：0,确实分频因子。当系统时钟为 30 MHz/40 MHz 时,值域定义详见表 6 – 3
7	CPS,转换时钟预分频因子,该位定义了 ADC 转换逻辑的预分频因子。 0：Fclk=CLK/1; 1：Fclk=CLK/2
6	CONT RUN,连续运行,该位定义自动序列运行于连续转换或开始-停止模式。 0：开始-停止模式; 1：连续转换模式
5	INT PRI,ADC 中断请求优先级。 0：高优先级; 1：低优先级
4	SEQ CASC,级联的序列操作。 0：双序列模式,SEQ1 和 SEQ2 作为两个 8 通道序列或作为单个 16 通道的序列; 1：级联模式,SEQ1 和 SEQ2 运行于单个 16 通道的序列
3	CAL ENA,偏置校验使能。 0：校验模式禁止; 1：校验模式使能

位	功能定义
2	BRG ENA,桥使能,与 HI/LO 位组合使用。BRG ENA 准许在校验模式时对参考电压转换。 0:全参考电压输入 ADC 通道; 1:一个参考中点电压输入 ADC 通道
1	HI/LO,用于 V_{REFHI}/V_{REFLO} 电位选择。 0:V_{REFHI} 参考电压预充电至 ADC 通道; 1:V_{REFLO} 参考电压预充电至 ADC 通道
0	STEST ENA,自检功能使能。 0:自检模式禁止; 1:自检模式使能

表 6 - 3 为 30 MHz/40 MHz 的时钟分频因子的描述。

表 6 - 3　30 MHz/40 MHz 的时钟分频因子

编号	ACQPS3	ACQPS2	ACQPS1	ACQPS0	分频因子	采集时钟窗口
0	0	0	0	0	1	2×Tclk
1	0	0	0	1	2	4×Tclk
2	0	0	1	0	3	6×Tclk
3	0	0	1	1	4	8×Tclk
4	0	1	0	0	5	10×Tclk
5	0	1	0	1	6	12×Tclk
6	0	1	1	0	7	14×Tclk
7	0	1	1	1	8	16×Tclk
8	1	0	0	0	9	18×Tclk
9	1	0	0	0	10	20×Tclk
A	1	0	1	0	11	22×Tclk
B	1	0	1	1	12	24×Tclk
C	1	1	0	0	13	26×Tclk
D	1	1	0	1	14	28×Tclk
E	1	1	1	0	15	30×Tclk
F	1	1	1	1	16	32×Tclk

(2) ADC 控制寄存器 2。其组成和功能如表 6 - 4、表 6 - 5 所列。

表 6 - 4　ADC 控制寄存器 2

15	14	13	12	11	10	9	8	7	6	5	4	3	2	1	0
EVB SOC SEQ	RST SEQ1/ STRT CAL	SOC SEQ1	SEQ1 BSY	INT ENA SEQ1 (Mode 1)	INT ENA SEQ1 (Mode 0)	INT FLAG SEQ1	EVA SOC SEQ1	EXT SOC SEQ1	RST SEQ2	SOC SEQ2	SEQ2 BSY	INT ENA SEQ2 (Mode 1)	INT ENA SEQ2 (Mode 0)	INT FLAG SEQ2	EVB SOC SEQ2
RW-0	RS-0	RW-0	R-0	RW-0	RW-0	RC-0	RW-0	RW-0	RS-0	RW-0	R-0	RW-0	RW-0	RC-0	RW-0

表 6 - 5　ADC 控制寄存器 2 的位功能定义

位	功能定义
15	EVB SOC SEQ,级联序列 EVB SOC 触发使能。 0：无作用； 1：置该位由 EVB 触发级联序列
14	RST SEQ1 / STRT CAL,复位序列,启动校验。 如果校验禁止,ADCTRL1 位 CAL ENA＝0： 0：无作用； 1：立即复位序列至 CONV00。 如果校验禁止,ADCTRL1 位 CAL ENA＝1： 0：无作用； 1：立即启动校验程序。
13	SOC SEQ1,序列 1 开始转换触发,该位可以设置如下触发： S/W→软件写 1 至该位 EVA→事件管理器 A EVB→事件管理器 B EXT→外部引脚
12	SEQ1 BSY,序列 1 忙。 0：序列 1 空闲； 1：序列 1 转换操作中。
11:10	INT ENA SEQ1,序列 1 中断模式使能控制。 <table><tr><td>0</td><td>0</td><td>中断禁止</td></tr><tr><td>0</td><td>1</td><td>中断模式 1</td></tr><tr><td>1</td><td>0</td><td>中断模式 2</td></tr><tr><td>1</td><td>1</td><td>保留</td></tr></table>
9	INT FLAG SEQ1,序列 1 中断标志位。 0：无中断事件； 1：产生一个中断事件

续表 6 - 5

位	功能定义
8	EVA SOC SEQ1,序列1事件管理器A开始转换屏蔽位。 0:EVA无法触发序列1转换; 1:EVA触发序列1转换
7	EXT SOC SEQ1,序列1外部信号触发转换位。 0:无作用; 1:触发序列1转换
6	RST SEQ2,复位序列2。 0:无作用; 1:立即复位序列2
5	SOC SEQ2,序列2开始转换触发,该位由下列方式触发: S/W→软件写1至该位 EVB→事件管理器B
4	SEQ2 BSY,序列2忙。 0:序列2空闲; 1:序列2转换操作中
3:2	INT ENA SEQ1,序列2中断模式使能控制 0　0　中断禁止 0　1　中断模式1 1　0　中断模式2 1　1　保留
1	INT FLAG SEQ2,序列2中断标志位。 0:无中断事件; 1:产生一个中断事件
0	EVA SOC SEQ2,序列2事件管理器A开始转换屏蔽位。 0:EVB无法触发序列2转换; 1:EVB触发序列2转换

(3) 最大转换通道寄存器。其组成和功能定义如表 6 - 6、表 6 - 7 所列。

表 6 - 6　最大转换通道寄存器

15	14	13	12	11	10	9	8	7	6	5	4	3	2	1	0
保留									MAX CONV2_2	MAX CONV2_1	MAX CONV2_0	MAX CONV1_3	MAX CONV1_2	MAX CONV1_1	MAX CONV1_0
									RW-0	RW-0	RW-0	RW-0	RW-0	RW-0	RW-0

表 6 - 7   最大转换通道寄存器位功能定义

位	功能定义
15：7	保留
6：0	MAX CONVn，该位用于定义自动序列时的转换数量（按二进制编码）。 序列 1 时，使用位 MAX CONV1_2-0； 序列 2 时，使用位 MAX CONV2_2-0； 序列 3 时，使用位 MAX CONV1_3

（4）自动序列状态寄存器。其组成和功能定义如表 6 - 8、表 6 - 9 所列。

表 6 - 8   自动序列状态寄存器

15	14	13	12	11	10	9	8	7	6	5	4	3	2	1	0
保留				SEQ CNTR 3	SEQ CNTR 2	SEQ CNTR1	SEQ CNTR0	保留	SEQ2- State2	SEQ2- State1	SEQ2- State0	SEQ1- State3	SEQ1- State2	SEQ1- State1	SEQ1- State0
				R-0	R-0	R-0	R-0		R-0	R-0	R-0	R-0	R-0	R-0	R-0

表 6 - 9   自动序列状态寄存器位功能定义

位	功能定义
15：12	保留
11：8	SEQ CNTR 3～SEQ CNTR 0，序列计数器状态位。 SEQ CNTRn 余下的转换数量 　　0000　　　　　　　1 　　⋮ 　　1111　　　　　　16
7	保留
6：4	SEQ2-State2～SEQ2-State0，序列 2 定序状态
3：0	SEQ1-State3～SEQ1-State0，序列 1 定序状态

（5）ADC 输入通道选择序列控制寄存器。其组成和功能定义如表 6 - 10～表 6 - 13 所列。

表 6 - 10   ADC 输入通道选择序列控制寄存器 1

15	14	13	12	11	10	9	8	7	6	5	4	3	2	1	0
CONV03				CONV02				CONV01				CONV00			
RW-0	RW-0	RW-0	RW-0	RW-0	RW-0	RW-0	RW-0	RW-0	RW-0	RW-0	RW-0	RW-0	RW-0	RW-0	RW-0

表 6-11　ADC 输入通道选择序列控制寄存器 2

15	14	13	12	11	10	9	8	7	6	5	4	3	2	1	0
CONV07				CONV06				CONV05				CONV04			
RW-0	RW-0	RW-0	RW-0	RW-0	RW-0	RW-0	RW-0	RW-0	RW-0	RW-0	RW-0	RW-0	RW-0	RW-0	RW-0

表 6-12　ADC 输入通道选择序列控制寄存器 3

15	14	13	12	11	10	9	8	7	6	5	4	3	2	1	0
CONV11				CONV10				CONV09				CONV08			
RW-0	RW-0	RW-0	RW-0	RW-0	RW-0	RW-0	RW-0	RW-0	RW-0	RW-0	RW-0	RW-0	RW-0	RW-0	RW-0

表 6-13　ADC 输入通道选择序列控制寄存器 4

15	14	13	12	11	10	9	8	7	6	5	4	3	2	1	0
CONV15				CONV14				CONV13				CONV12			
RW-0	RW-0	RW-0	RW-0	RW-0	RW-0	RW-0	RW-0	RW-0	RW-0	RW-0	RW-0	RW-0	RW-0	RW-0	RW-0

表 6-10～表 6-13 中 CONVnn 的每 4 位用于自动序列转换选择 16 选 1 模拟输入通道,其定义如表 6-14 所列。

表 6-14　ADC 输入通道选择位定义

CONVnn 位值	ADC 输入通道选择	CONVnn 位值	ADC 输入通道选择
0000	通道 0	1000	通道 8
0001	通道 1	1001	通道 9
0010	通道 2	1010	通道 10
0011	通道 3	1011	通道 11
0100	通道 4	1100	通道 12
0101	通道 5	1101	通道 13
0110	通道 6	1110	通道 14
0111	通道 7	1111	通道 15

(6) ADC 转换结果缓冲寄存器,具体表示见表 6-15。

表 6-15　ADC 转换结果缓冲寄存器

15	14	13	12	11	10	9	8	7	6	5	4	3	2	1	0
D9	D8	D7	D6	D5	D4	D3	D2	D1	D0	0	0	0	0	0	0
R-0	R-0	R-0	R-0	R-0	R-0	R-0	R-0	R-0	R-0	R-0	R-0	R-0	R-0	R-0	R-0

注:10 位分辨率的转换结果是左对齐存储。

6.1.3 TMS320LF2407 数字 I/O 模块

16 位定点处理器 TMS320LF2407 具有 41 个通用的双向 I/O 引脚（又称为 GPIO 引脚），这些引脚中大部分是分时复用的，既可以作为普通功能使用，也可以配置成为通用的 I/O 引脚。其功能框图如图 6-3 所示。

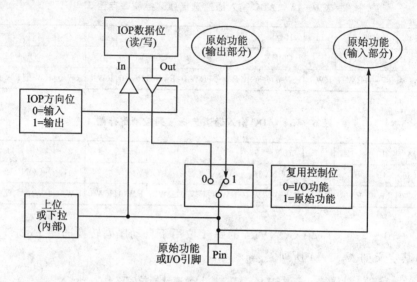

图 6-3 数字 I/O 功能框图

数字 I/O 端口为控制专用 I/O 引脚和共享引脚的功能提供了灵活的方式，主要通过两类寄存器（共 9 个）设置：I/O 复用控制寄存器、数据和方向控制寄存器。

1. I/O 复用控制寄存器

I/O 复用控制寄存器包括三个寄存器：I/O 复用控制寄存器 A（MCRA）、I/O 复用控制寄存器 B（MCRB）、I/O 复用控制寄存器 C（MCRC）。

（1）I/O 复用控制寄存器 A。其组成和功能定义如表 6-16、表 6-17 所列。

表 6-16 I/O 复用控制寄存器 A

15	14	13	12	11	10	9	8	7	6	5	4	3	2	1	0
MCR A.15	MCR A.14	MCR A.13	MCR A.12	MCR A.11	MCR A.10	MCR A.9	MCR A.8	MCR A.7	MCR A.6	MCR A.5	MCR A.4	MCR A.3	MCR A.2	MCR A.1	MCR A.0
RW-0	RW-0	RW-0	RW-0	RW-0	RW-0	RW-0	RW-0	RW-0	RW-0	RW-0	RW-0	RW-0	RW-0	RW-0	RW-0

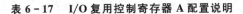

表 6-17　I/O 复用控制寄存器 A 配置说明

位#	位#命名	引脚功能选择	
		(MCA.n=1)原始功能	(MCA.n=0)第二功能
0	MCRA.0	SCITXD	IOPA0
1	MCRA.1	SCIRXD	IOPA1
2	MCRA.2	XINT1	IOPA2
3	MCRA.3	CAP1/QEP1	IOPA3
4	MCRA.4	CAP2/QEP2	IOPA4
5	MCRA.5	CAP3	IOPA5
6	MCRA.6	PWM1	IOPA6
7	MCRA.7	PWM2	IOPA7
8	MCRA.8	PWM3	IOPB0
9	MCRA.9	PWM4	IOPB1
10	MCRA.10	PWM5	IOPB2
11	MCRA.11	PWM6	IOPB3
12	MCRA.12	T1PWM/T1CMP	IOPB4
13	MCRA.13	T2PWM/T2CMP	IOPB5
14	MCRA.14	TDIRA	IOPB6
15	MCRA.15	TCLKINA	IOPB7

(2) I/O 复用控制寄存器 B。其组成和功能定义如表 6-18、表 6-19 所列。

表 6-18　I/O 复用控制寄存器 B

15	14	13	12	11	10	9	8	7	6	5	4	3	2	1	0
MCR B.15	MCR B.14	MCR B.13	MCR B.12	MCR B.11	MCR B.10	MCR B.9	MCR B.8	MCR B.7	MCR B.6	MCR B.5	MCR B.4	MCR B.3	MCR B.2	MCR B.1	MCR B.0
RW-1	RW-1	RW-1	RW-1	RW-1	RW-1	RW-1	RW-0	RW-0	RW-0	RW-0	RW-0	RW-0	RW-0	RW-1	RW-1

表 6-19　I/O 复用控制寄存器 B 配置说明

位#	位#命名	引脚功能选择	
		(MCB.n=1)原始功能	(MCB.n=0)第二功能
0	MCRB.0	W/$\overline{R}$	IOPC0
1	MCRB.1	$\overline{BIO}$	IOPC1
2	MCRB.2	SPISIMO	IOPC2
3	MCRB.3	SPISOMI	IOPC3
4	MCRB.4	SPICLK	IOPC4

续表 6 - 19

位#	位#命名	引脚功能选择	
		(MCB. n=1)原始功能	(MCB. n=0)第二功能
5	MCRB. 5	SPISTE	IOPC5
6	MCRB. 6	CANTX	IOPC6
7	MCRB. 7	CANRX	IOPC7
8	MCRB. 8	XINT2/ADCSOC	IOPD0
9	MCRB. 9	EMU0	保留
10	MCRB. 10	EMU1	保留
11	MCRB. 11	TCK	保留
12	MCRB. 12	TDI	保留
13	MCRB. 13	TDO	保留
14	MCRB. 14	TMS	保留
15	MCRB. 15	TMS2	保留

（3）I/O复用控制寄存器C。其组成和功能定义如表6-20、表6-21所列。

表 6 - 20　I/O 复用控制寄存器 C

15	14	13	12	11	10	9	8	7	6	5	4	3	2	1	0
保留	保留	MCR C. 13	MCR C. 12	MCR C. 11	MCR C. 10	MCR C. 9	MCR C. 8	MCR C. 7	MCR C. 6	MCR C. 5	MCR C. 4	MCR C. 3	MCR C. 2	MCR C. 1	MCR C. 0
		RW-0	RW-0	RW-0	RW-0	RW-0	RW-0	RW-0	RW-0	RW-0	RW-0	RW-0	RW-0	RW-0	RW-1

表 6 - 21　I/O 复用控制寄存器 C 配置说明

位#	位#命名	引脚功能选择	
		(MCB. n=1)原始功能	(MCB. n=0)第二功能
0	MCRC. 0	CLKOUT	IOPE0
1	MCRC. 1	PWM7	IOPE1
2	MCRC. 2	PWM8	IOPE2
3	MCRC. 3	PWM9	IOPE3
4	MCRC. 4	PWM10	IOPE4
5	MCRC. 5	PWM11	IOPE5
6	MCRC. 6	PWM12	IOPE6
7	MCRC. 7	CAP4/QEP3	IOPE7
8	MCRC. 8	CAP5/QEP4	IOPF0
9	MCRC. 9	CAP6	IOPF1

位#	位#命名	引脚功能选择	
		（MCB. n＝1）原始功能	（MCB. n＝0）第二功能
10	MCRC. 10	T3PWM/T3CMP	IOPF2
11	MCRC. 11	T4PWM/T4CMP	IOPF3
12	MCRC. 12	TDIRB	IOPF4
13	MCRC. 13	TCLKINB	IOPF5
14	MCRC. 14	保留	保留
15	MCRC. 15	保留	保留

2. 数据和方向控制寄存器

数据和方向控制寄存器包括 5 个寄存器：端口 A 方向和控制寄存器（PADATDIR）；端口 B 方向和控制寄存器（PBDATDIR）；端口 C 方向和控制寄存器（PCDATDIR）；端口 D 方向和控制寄存器（PADATDIR）；端口 E 方向和控制寄存器（PEDATDIR）。现以端口 A 方向和控制寄存器为例对该类端口数据和方向控制寄存器进行说明，如表 6 - 22 和表 6 - 23 所列。

表 6 - 22　端口 A 方向和控制寄存器

15	14	13	12	11	10	9	8	7	6	5	4	3	2	1	0
A7DIR	A6DIR	A5DIR	A4DIR	A3DIR	A2DIR	A1DIR	A0DIR	IOPA7	IOPA6	IOPA5	IOPA4	IOPA3	IOPA2	IOPA1	IOPA0
RW-0	RW-0	RW-0	RW-0	RW-0	RW-0	RW-0	RW-0	RW-0	RW-0	RW-0	RW-0	RW-0	RW-0	RW-0	RW-0

表 6 - 23　端口 A 方向和控制寄存器位功能定义

位	功能定义
15：8	AnDIR 0：配置对应数字的引脚作为输入； 1：配置对应数字的引脚作为输出
7：0	IOPAn 当 AnDIR＝0 时， 0：对应 I/O 引脚读为低电平； 1：对应 I/O 引脚读为高电平； 当 AnDIR＝1 时， 0：配置对应 I/O 引脚读为低电平； 1：配置对应 I/O 引脚读为高电平

6.2 工业流程计量与控制系统硬件设计

工业流程计量与控制系统硬件主要由如下几个部分组成：

（1）由 TMS320LF2407 处理器组成的核心板，这是整个系统硬件的核心部分；

（2）提供模拟信号输出的传感器。本例演示 ADC 的两个采样通道，需要采样两个传感器模拟信号源；

（3）传感器输出模拟信号调理电路，由于一般工业用流程计量的传感器多数使用 4～20 mA 电流输出，需要通过电流-电压变换转换成处理器能够识别的 0～3.3 V 电压信号；

（4）开关输入量、开关输出量的光电隔离及 I/O 接口电路。

完整的工业流程计量与控制系统硬件电路结构如图 6-4 所示。

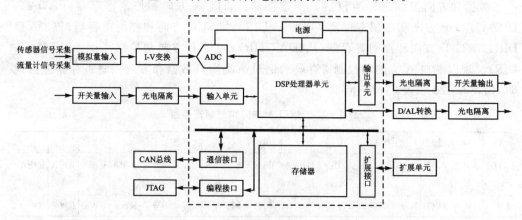

图 6-4 工业流程计量与控制硬件结构

6.2.1 硬件设备概述

本试验的硬件设备涉及到工业现场模拟信号数据采集，采用的是由深圳加信安技术有限公司研发，加拿大索特韦尔技术公司生产的液体压力变送器与风速变送器。

1. 液体压力变送器

本例采用的液体压力变送器具体型号为 LPT-G110LCD，带 LCD 显示功能，外形如图 6-5 所示，内部功能框图如图 6-6 所示。该类变送器的传感器结构为高强度抗腐蚀不锈钢，没有硅油、焊缝、O 型圈，结构安全耐用，适合大部分液体和气体应用，特别适合高冲击和震动的恶劣环境。其主要性能参数如表 6-24 所列。

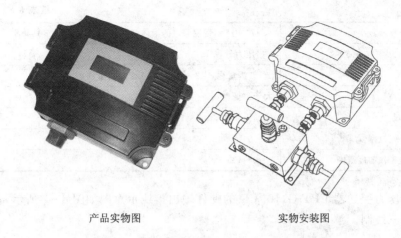

产品实物图　　　　　　　　　　　实物安装图

图 6 – 5　LDP-G 液体压力变送器示意图

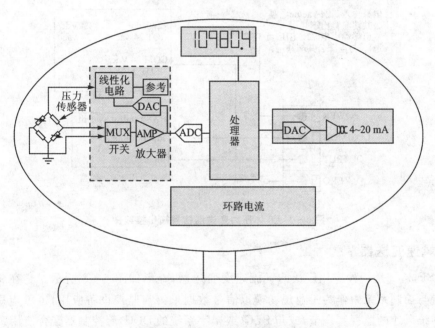

图 6 – 6　压力变送器功能框图

表 6 – 24　LDP-G 液体压力变送器规格参数

测量介质	与 17-4PH 不锈钢兼容的液体和气体
电源	5～30 V_{DC}/24 V_{AC}
最大电流消耗	100 mA(带 LCD 背光)，35 mA(关闭 LCD 背光)
输出信号	3 线制，跳线选择：4～20 mA/0～5 V_{DC}/0～10 V_{DC}
压力量程范围	75/150/375/750 KPa
测试压力	2 倍压力量程

续表 6－24

测量介质	与 17-4PH 不锈钢兼容的液体和气体
极限压力	5 倍压力量程
精度	±1％满量程，±2％（组内第 4 个压力量程）
承压寿命	大于 1 亿次
浪涌抑制	标准为 4 秒平均，慢速为 8 秒平均，开关选择
温度补偿范围	0～55 ℃
传感器工作温度范围	−40～105 ℃

液体压力变送器 LPT-G110LCD 的硬件输出接线示意图如图 6－7 所示，信号输出采用的是三线制。

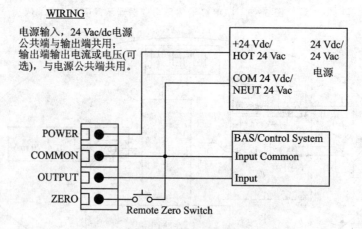

图 6－7　液体压力变送器信号输出接线图

2．风速变送器

ESF-35-2 是一种应用广泛的气流速度变送器，外形如图 6－8 所示。它在工业流程计量与控制系统中作为工业现场模拟信号数据采集与监控设备应用，也可应用于对通风系统风速的监视和调节，或与 PLC（或楼宇系统的 DDC）等控制器配合使用。ESF-35-2 还带有一个温度变送器，用于同时测量空气温度。其主要性能特点有：

● 将空气流速转换为 4～20 mA 或 0～10 V_{DC} 输出信号；
● 线性信号输出；
● 抗腐蚀；
● 全电子空气速度检测；
● 交流或直流电源；
● 带温度变送器信号输出 0～10 V_{DC}；
● 带保险丝保护。

ESF-35-2 对气流速度的检测是基于随着气流速度增加，空气冷却速度也加快的热

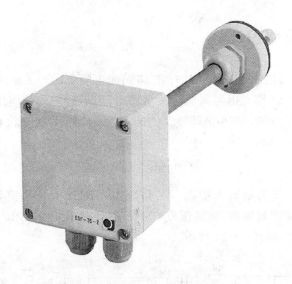

图6-8 ESF-35-2风速变送器外形图

力学原理。对应气流速度0～8 m/s或0～16 m/s,输出信号为4～20 mA或0～10V$_{DC}$,其内部功能结构图如图6-9所示,规格参数见表6-25。

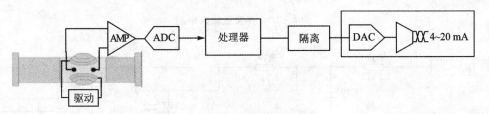

图6-9 风速变送器功能框图

表6-25 ESF-35-2风速变送器规格参数表

空气流速	0～8 m/s或0～16 m/s(跳线选择)
流速信号输出	4～20 mA/0～10 V$_{DC}$
温度信号输出	0～10 V$_{DC}$
温度量程	0～50 ℃
空气温度范围	-10～60 ℃
环境温度范围	-20～50 ℃
交流电源	24 V$_{AC}$(120 mA)
直流电源	16～30 V$_{DC}$(80 mA)
精度	±5%
预热时间	20秒
时间常数	5秒

6.2.2　硬件电路设计

工业流程计量与控制系统硬件具有有 18 路光电隔离的开关量输入,2 路光电隔离的高速开关量输入,18 路光电隔离的开关量输出,用于监控外部应用的开关状态和控制开关的闭合/断开动作。本小节就涉及的这三个硬件以及 DSP 核心单元原理作详细介绍。

1. 开关量输入

20 路光电隔离开关量输入中,前 18 路经 100 KHz 光电隔离器隔离,后 2 路经 10 MHz 高速光电隔离器隔离,都是作为 DSP 核心处理单元的 GPIO 输入,它们的隔离电路分别如图 6-10 和图 6-11 所示。

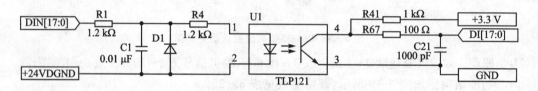

图 6-10　开关量输入电路

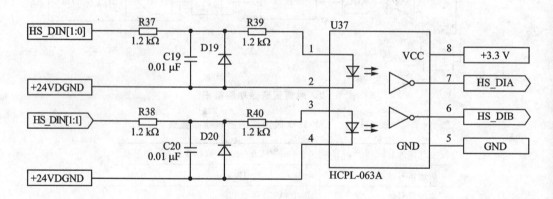

图 6-11　高速开关量输入电路

2. 开关量输出

18 路光电隔离开关量输出经 100 KHz 光电隔离器隔离后输出,作为 DSP 核心处理单元的 GPIO 输出,其输出控制外部的继电器,使继电器闭合/断开,也可以控制其他开关量。它们的隔离电路如图 6-12 所示。

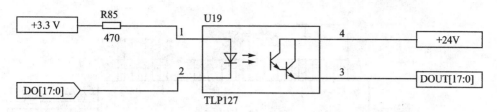

图 6 - 12 开关量输出电路

3. 模拟量输入

工业现场模拟信号数据一般都是采用 4～20 mA 电流输出,本例的模拟量输入信号取自液体压力变送器与风速变送器输出的 4～20 mA 电流信号,为了能够匹配 DSP 核心处理单元的 ADC 模块,需要将两路 4～20 mA 电流信号经过电流-电压 (I-V) 转换成 0～3.3 V 模拟信号,由于 I-V 转换的电压最高幅度为 3.3 V,所以无法采用诸如 RCV420 电流-电压转换之类的专用器件,本例采用 LM2904 运放来完成 I-V 转换,详细硬件电路如图 6 - 13 所示。

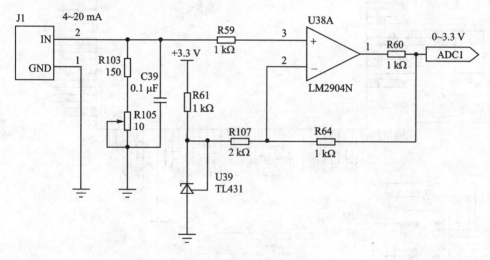

图 6 - 13 电流-电压转换电路

4. DSP 核心处理单元

TMS320LF2407 数字信号处理器是整个系统的控制核心,是系统实现控制功能的关键部件,输入模块将开关量信号变换成数字信号进入系统,输出模块则输出开关量信号,ADC 模块将模拟量输入信号转换成数字信号进入系统。

处理器的 I/O 按功能可分为开关量输入(DI)、开关量输出(DO)、模拟量输入(AI)等模块。DSP 核心以及 I/O 硬件端口电路如图 6 - 14 所示。

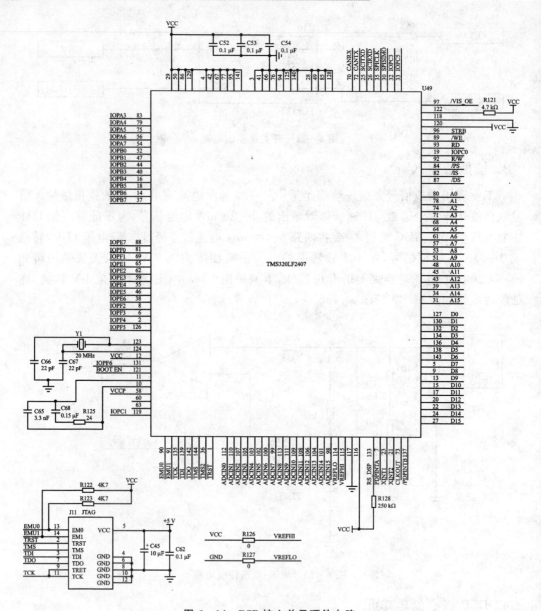

图 6-14　DSP 核心单元硬件电路

6.3　工业流程计量与控制软件设计

　　工业流程计量与控制软件设计主要集中在模拟量输入信号采集部分,其它开关量输入、开关量输出等应用涉及到 GPIO 端口配置,其应用代码较为简单。

　　AD 采样的信号源来自于液体压力变送器与风速变送器经 I−V 转换后的模拟量输入,该采样程序能够完成两路信号采样,并带有排队滤波函数,采样结果的精度与稳定性较好,详细程序代码与程序注释如下。

```c
# include "global.c"
void SystemInit();
void Timer1Init();
void KickDog();
void SPI_Init();
void DA_OUT(unsigned CHANNEL,unsigned int RNG,unsigned int SPI_DATA);
void AD_Sample();
void Que();
int numled0 = 200;
unsigned int t0 = 0,i = 0,j = 0;
unsigned int RESULT_0 = 0,RESULT_8 = 0;
unsigned int AD0[18],AD8[18],AD_0,AD_8,AD_FLAG = 0;
float AD_SIG0 = 0.0,AD_SIG8 = 0.0;
main()
{
    SystemInit();                       //系统初始化
    MCRA = MCRA & 0xC0FF;               //IOPB0 - 6 设为 I/O 口模式
    PBDATDIR = 0xFFC2;                  //所有 LED = 0
    PBDATDIR = PBDATDIR |0x003D;        //所有 LED = 1
    SPI_Init();
    DA_OUT(0,0,192);                    //2.475 V,Voltage 范围 0~255 对应 0~3.3 V
    DA_OUT(1,0,128);                    //1.65 V,Voltage 范围 0~255 对应 0~3.3 V
    DA_OUT(2,0,192);                    //2.475 V,Voltage 范围 0~255 对应 0~3.3 V
    DA_OUT(3,0,128);                    //1.65 V,Voltage 范围 0~255 对应 0~3.3 V

    Timer1Init();                       //定时器初始化
    asm(" CLRC INTM ");
    while(1)
    {
        if(AD_FLAG == 1)
        {
            AD_FLAG = 0;
            for(i = 0;i<18;i ++ )
            {
                AD_Sample();
                AD0[i] = RESULT_0;
                AD8[i] = RESULT_8;
            }
            Que();                      //排队滤波
        }
    }
```

```
    }
/* 系统初始化 */
void SystemInit()
{
    asm(" SETC    INTM ");                    /* 关闭总中断 */
    asm(" CLRC    SXM  ");                    /* 禁止符号位扩展 */
    asm(" CLRC    CNF  ");                    /* B0 块映射为 on - chip DARAM */
    asm(" CLRC    OVM  ");                    /* 累加器结果正常溢出 */
    SCSR1 = 0x87FE;                           /* 系统时钟 CLKOUT = 20 × 2 = 40M */
                                              /* 打开 ADC、EVA、EVB、CAN 和 SCI 的时钟 */
    WDCR = 0x006F;                            /* 禁止看门狗,看门狗时钟 64 分频 */
    KickDog();                                /* 初始化看门狗 */
    IFR = 0xFFFF;                             /* 清除中断标志 */
    IMR = 0x0002;                             /* 打开中断 2 */
    }
/* 定时器 1 初始化 */
void Timer1Init()
{

    EVAIMRA = 0x0080;                         //定时器 1 周期中断使能
    EVAIFRA = 0xFFFF;                         //清除中断标志
    GPTCONA = 0x0000;
    T1PR = 2500;                              //定时器 1 初值,定时 0.4 μs × 2500 = 1 ms
    T1CNT = 0;
    T1CON = 0x144E;                           //增模式,TPS 系数 40M/16 = 2.5M,T1 使能

}
/* SPI 接口初始化,用于 D/A 转换 */
void SPI_Init()                               //SPI - DA 初始化
{
    MCRB = MCRB | 0x0014;                     //SPISIMO,SPICLK 特殊功能方式
    PBDATDIR = PBDATDIR | 0x0002;             //CS_DA = 1
    SPICCR = 0x004a;                          //11 位数据
    SPICTL = 0x000E;                          //禁止中断
    SPIBRR = 0x0027;                          //1M 波特率,40M/40 = 1M
    SPICCR = SPICCR | 0x80;
}
/* D/A 转换输出 */
void DA_OUT(unsigned CHANNEL,unsigned int RNG,unsigned int SPI_DATA)
{
    unsigned char flag = 0;
    SPITXBUF = (CHANNEL<<14) | (RNG<<13) | (SPI_DATA<<5);
    //bit10,9~CHANNEL;bit8~RNG 倍数
```

```
    while(1)
    {
    flag = SPISTS&0x40;
    if(flag == 0x40)        break;
    }
    SPIRXBUF = SPIRXBUF;/* 虚读寄存器以清除中断标志 */
        PBDATDIR = PBDATDIR & 0xFFFD;        //CS_DA = 0,更新模拟信号输出
        for(i = 0;i<5;i ++);                //延时
    PBDATDIR = PBDATDIR|0x0002;            //CS_DA = 1,锁存数据

}
/* A/D 采样模拟量 */
void AD_Sample()
{

    ADCTRL1 = 0x4000;                   /* ADC 模块复位 */
    asm(" NOP     ");
    ADCTRL1 = 0x0020;                      /* 自由运行,启动/停止模式,双排序器工作模式 */

    MAXCONV = 0x0000;
    CHSELSEQ1 = 0x0000;                   //第 0 通道
    ADCTRL2 = 0x4000;                     //复位使排序器指针指向 CONV00
    ADCTRL2 = 0x2000;                     /* 启动 ADC 转换 */
    while( (ADCTRL2&0x1000) == 0x1000);   /* 等待转换完成 */
    asm(" NOP ");
    asm(" NOP ");
    RESULT_0 = RESULT0>>6;
    MAXCONV = 0x0000;                     //第 8 通道
    CHSELSEQ3 = 0x0008;
    ADCTRL2 = 0x0040;
    ADCTRL2 = 0x0020;
    while( (ADCTRL2&0x0010) == 0x0010);
    asm(" NOP ");
    asm(" NOP ");
    RESULT_8 = RESULT8>>6;
}
/* AD 采样队列 */
void Que()
{
    unsigned int MaxAD0 = 0;
    unsigned int MinAD0 = AD0[0];
    unsigned int MaxAD8 = 0;
    unsigned int MinAD8 = AD8[0];
```

```
    unsigned int tempAD0 = 0;
    unsigned int tempAD8 = 0;
    for(j = 0;j<18;j ++ )
    {
        if(AD0[j]>MaxAD0)    MaxAD0 = AD0[j];
        else if(AD0[j]<MinAD0)    MinAD0 = AD0[j];

        if(AD8[j]>MaxAD8)    MaxAD8 = AD8[j];
        else if(AD8[j]<MinAD8)    MinAD8 = AD8[j];

    }
    for(j = 0;j<18;j ++ )
    {
        tempAD0 = tempAD0 + AD0[j];
        tempAD8 = tempAD8 + AD8[j];
    }
    AD_0 = (tempAD0 - MaxAD0 - MinAD0)/16;
    AD_8 = (tempAD8 - MaxAD8 - MinAD8)/16;
    AD_SIG0 = AD_0 * 4.983/1023;        //1023~3.3×(10 + 5.1)/10 = 4.983 V,对应满量程
    AD_SIG8 = AD_8 * 4.983/1023;
    asm(" NOP ");
}
/ * 定时器 1 中断服务程序 * /
void c_int2()
{
    if(PIVR!= 0x27)
        {        asm(" CLRC INTM ");
            return;
        }
    T1CNT = 0;
    t0 ++ ;
    numled0 -- ;
    if(numled0 == 0)
    {
        numled0 = 200;
        if((PBDATDIR & 0x0001) == 0x0001)
            PBDATDIR = PBDATDIR & 0xFFFE;    //IOPB0 = 0;LED 灭
        else
            PBDATDIR = PBDATDIR |0x0101;    //IOPB0 = 1;LED 亮
    }
    if((AD_FLAG == 0)&((t0 % 100) == 0))    //定时 AD 采样
    {
        AD_FLAG = 1;
```

```
    }
    EVAIFRA = 0x80;
    asm(" CLRC    INTM ");
    }
/* 踢除看门狗 */
void KickDog()
{
    WDKEY = 0x5555;
    WDKEY = 0xAAAA;
}
```

6.4　本章总结

　　本章介绍了工业流程计量与控制系统设计过程。在模拟输入量的电路设计过程中,需要考虑硬件电路的准确性、精密度、噪声抑制及处理速度等方面,开关量输入与开关量输出电路方面则需着重于光电隔离方面,以提高系统抗干扰性和稳定性。

　　工业流程计量与控制系统软件设计主要集中 AD 采样方面的程序处理,给出了两路信号源采样示例程序,并带有排队滤波函数,采样结果的精度与稳定性与基准源和信号源有关,请在项目开发的时候选择稳定的电压基准源。

第**7**章

液晶屏显示系统设计

　　液晶屏是人机交互最重要的通道,广泛应用于通信工具、家用电器、掌上电脑、交通工具、计量器械、仪器仪表、游艺设施等行业领域。液晶屏不仅可以显示文字信息,还可以显示波形图像信息。本章将基于 16 位实时数字处理器 TMS320LF2407 讲述液晶屏显示系统硬件架构与软件设计。

7.1　液晶屏显示系统概述

　　液晶显示屏是一种将液晶显示器件、连接件、集成电路、PCB 线路板、背光源、结构件装配在一起的组件,英文名称叫"LCD Module",简称"LCM",长期以来人们都已习惯称其为"液晶显示模块"。

　　本实例的液晶屏显示系统由 16 位定点实时数字信号处理器 TMS320LF2407、数据总线缓冲器、逻辑转换电路以及外围液晶显示模块组成,其硬件架构如图 7 - 1 所示。

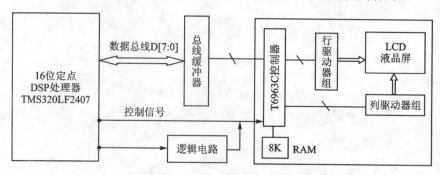

图 7 - 1　液晶屏显示系统硬件架构

7.1.1　液晶屏显示原理

液晶,是液态晶体的简称,它是一种在一定温度范围内呈现既不同于固态、液态,又不同于气态的特殊物质态,既具有各向异性的晶体所特有的双折射性,又具有液体的流动性。液晶分子的排列有一定秩序,在外界电场的作用下液晶分子的排列会发生变化,从而影响它的光学性质。

液晶屏由两块平行的薄玻璃板构成,两块玻璃板之间的距离非常小,填充的是被分割成很小单元的液晶体,液晶板的背面有发光板作为液晶屏的背光源,使液晶屏亮起来。液晶屏中的液晶体在外加交流电场的作用下排列状态会发生变化,呈不规则扭转形状,形成一个个光线的闸门,从而控制液晶显示器件背后的光线是否穿透,呈现明与暗或者透过与不透过的显示效果,这样人们可以在液晶屏上看到深浅不一、错落有致的图像。液晶屏有体积小、重量轻、显示面积大、画面稳定、无辐射、低能耗和环保等特点。

7.1.2　液晶显示屏的分类

通常液晶显示屏按照显示内容的类型可以分为位段型液晶显示模块、字符型液晶显示模块、图形点阵型液晶显示模块三种类型。

1. 位段型液晶显示模块

位段型液晶显示模块是一种由位段型液晶显示器件与专用的集成电路组装成一体的功能部件,位段型液晶显示器件大多应用在便携、袖珍设备上。由于这些设备体积小,所以尽可能不将显示部分设计成单独的部件。

常见位段型液晶显示模块的每字为 8 段组成,即 8 字和一点,只能显示数字和部分字母,如果必须显示其他少量字符、汉字和符号,一般需要从厂家定做,可以将所要显示的字符、汉字和其他符号固化在指定的位置。图 7-2 所示的就是一款位段型液晶显示模块。

图 7-2　位段型液晶显示模块

2. 字符型液晶显示模块

字符型液晶显示模块是由字符液晶显示器件与专用的行、列驱动器,控制器,必要的连接件以及结构件装配而成的,可以显示数字和西文字符。这种字符模块本身具有字符发生器,显示容量大,功能丰富。一般该种模块最少可以显示 8 位 1 行或 16 位 1 行以上的字符。

字符型 LCD 一般有以下几种分辨率:8×1、16×1、16×2、16×4、20×2、20×4、40×2、40×4 等,其中 8(16、20、40)的意义为一行可显示的字符(数字)数,1(2、4)是指显示的行数。图 7-3 所示的就是一款字符型液晶显示模块。

3. 图形点阵型液晶显示模块

图形点阵型显示模块是可以动态显示字符和图片的 LCD。其点阵像素连续排列,行和列在排布中均没有空隔,不仅可以显示字符,还可以同时显示连续、完整的图形。图 7-4 所示的是一款图形点阵型液晶显示模块。

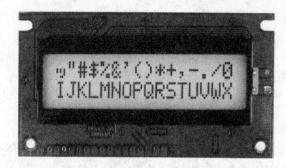

图 7-3　字符型液晶显示模块

图 7-4　图形点阵型液晶显示模块

显然,图形点阵型液晶显示模块是三种液晶显示模块中功能最全面也最为复杂的一种。选择图形点阵液晶模块时有三种类型可供选择:行列驱动型、行列驱动控制型及行列控制型。

(1) 行列驱动型

这是一种必须外接专用控制器的模块,液晶显示模块生产时只装配了通用的行、列驱动器,这种驱动器实际上只有对像素的一般驱动输出端,而输入端一般只有 4 位以下的数据输入端、移位信号输入端、锁存输入端、交流信号输入端(如 HD44100、HD66100)等,此种模块必须外接控制电路(如 HD61830、HD43160、SEDl330 等)才能使用。

图 7-5 所示的是外置专用控制器 HD43160AH 与 HD44100R 组成的行列驱动型模块的电路结构图。

(2) 行列控制型

这是一种内置控制器的图形点阵液晶显示模块,也是比较受欢迎的一种类型。这种液晶显示模块不仅装有如第一类的行、列驱动器,而且还装配有专用控制器,这种控

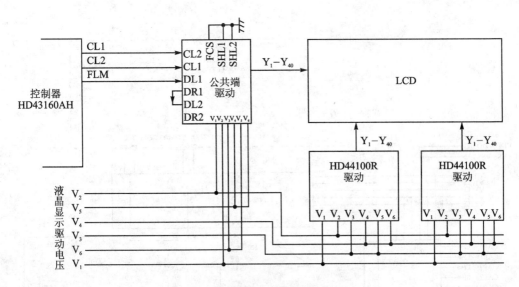

图 7 - 5　行列驱动型典型电路结构

制器是液晶驱动器与 MPU 的接口，它以最简单的方式受控于 MPU，接收并反馈 MPU 的各种信息，经过自己独立的信息处理实现对显示缓冲区的管理，并向驱动器提供所需要的各种信号、脉冲，操纵驱动器实现液晶显示模块的显示功能。

图 7 - 6 所示的是内置 NT7534 控制器的图形点阵液晶显示模块的功能结构框图，该模块与微控制器-8080 总线接口的电路连接示意图如图 7 - 7 所示。

(3) 行列驱动控制型

这类模块所用的驱动器具有 I/O 总线数据接口，可以将模块直接挂在 MPU 的总线上，省去了专用控制器，因此对整机系统降低成本有好处。对于像素数量不大，整机功能不多，对计算机软件的编程又很熟悉的用户非常适用，不过它会占用系统的部分资源。

7.1.3　T6963C 控制器概述

本例液晶显示模块内置控制器采用的是 T6963C，由其构成的液晶显示模块功能结构如图 7 - 8 所示。这款控制器多用于中小规模的液晶显示器件，本小节对 T6963C 控制器作选择性的介绍。

T6963C 是图形点阵式液晶显示控制器，主要特点如下：

● 直接与 8080 系列的 8 位微处理器接口连接；

● 字符字体可由硬件或软件设置，字体有 4 种：5×8、6×8 、7×8、8×8；

● 可以图形方式、文本方式及图形和文本合成方式进行显示，以及文本方式下的特征显示，还可以实现图形复制操作等；

● 具有内部字符发生器 CG-ROM，共有 128 个字符，T6963C 可管理 64K 显示缓

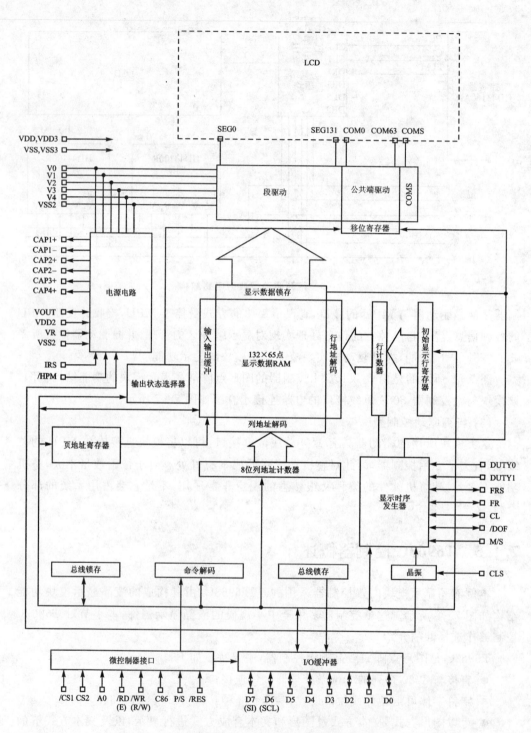

图 7－6　NT7534 组成的行列控制型图形点阵液晶

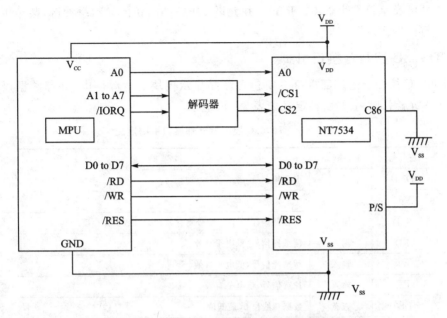

图 7 - 7　MPU 与行列控制型液晶连接示意图

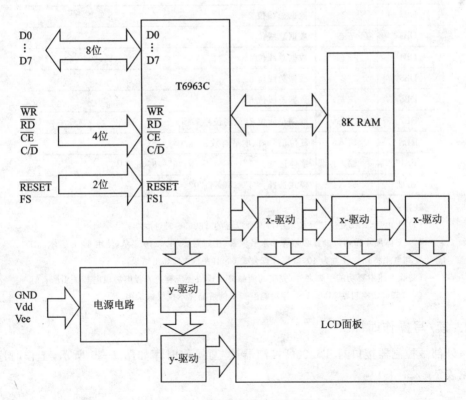

图 7 - 8　内置 T6963C 控制器的图形点阵液晶显示模块结构

冲区及字符发生器 CG-RAM,并允许 MPU 随时访问显示缓冲区,甚至可以进行位操作。

1. T6963C 控制器接口引脚

T6963C 控制器的外部接口主要包含液晶显示模块的电源供电、外部数据以及控制接口等功能引脚,主要引脚定义如表 7 - 1 所列。

表 7 - 1　T6963C 控制器外部接口引脚定义

符 号	I/O 状态	功 能
GND	—	电源地。
Vdd	—	+5 V 逻辑电源。
C/$\overline{\text{D}}$	输入	寄存器选择:"1"=命令寄存器;"0"=数据寄存器。
$\overline{\text{RD}}$	输入	读选择信号,低电平有效。
$\overline{\text{WR}}$	输入	写选择信号,低电平有效。
$\overline{\text{CE}}$	输入	片选信号,低电平有效。
DB0	三态	数据总线位 0(最低位)
DB1	三态	数据总线位 1
DB2	三态	数据总线位 2
DB3	三态	数据总线位 3
DB4	三态	数据总线位 4
DB5	三态	数据总线位 5
DB6	三态	数据总线位 6
DB7	三态	数据总线位 7(最高位)
$\overline{\text{RES}}$	输入	复位信号,低电平有效。
FS1	输入	字体选择:"1"=6×8 字体;"0"=8×8 字体。
MD2	输入	模式选择:"1"=40 列;"0"=32 列。

注意:

(1) 上电后,$\overline{\text{RES}}$复位信号必须维持 6 个以上的 T6963C 时钟周期;

(2) 字体尺寸和列数设置必须等于水平像素(比如需要 64×240 显示,使用 6×8 字体,MD2 必须置高电平将列数设置为 40,根据计算公式 6×40=240 推算出结果);

(3)除上述主要功能引脚之外,完整的液晶显示模块还应有背光板电源供电相关引脚;

(4)T6963C 控制器 MD3、FS0 等功能引脚本例液晶显示模块未采用。

2. 读/写操作时序

外部微控制器接口对 T6963C 控制器读/写操作时序如图 7 - 9 所示,工作时序参数见表 7 - 2。

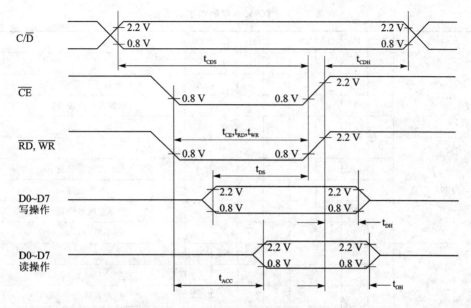

图 7 - 9　T6963C 控制器读/写操作时序

表 7 - 2　读/写操作时序参数说明

信　　号	符　　号	最小(ns)	典型(ns)	最大(ns)
C/$\overline{\text{D}}$建立时间	t_{CDS}	100	—	—
C/$\overline{\text{D}}$保持时间	t_{CDH}	10	—	—
$\overline{\text{CE}}$,$\overline{\text{WR}}$,$\overline{\text{RD}}$脉宽	t_{CE},t_{RD},t_{WR}	80	—	—
数据建立时间	t_{DS}	80	—	—
数据保持时间	t_{DH}	40	—	—
访问时间	t_{ACC}	—	—	150
输出保持时间	t_{OH}	10	—	50

3. T6963C 控制器指令

　　本例液晶显示模块的系统指令集其实就是 T6963C 控制器的指令集。模块的初始化设置一般都由管脚设置完成,因此指令系统集中于显示功能的设置上。T6963C 的指令可带一个或两个参数,或无参数。每条指令的执行都是先送入参数(如果有的话),再送入指令代码。T6963C 控制器完整的指令集如表 7 - 3 所列。

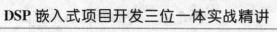

表 7 - 3   T6963C 控制器的指令集

指令	D7	D6	D5	D4	D3	D2	D1	D0	说　明
指针设置	0	0	1	0	0	N2	N1	N0	
						0	0	1	光标指针设置
						0	1	0	偏置寄存器设置
						1	0	0	地址指针设置
控制字设置	0	1	0	0	0	0	N1	N0	
							0	0	文本首地址设置
							0	1	文本区设置
							1	0	图形首地址设置
							1	1	图形地址设置
模式设置	1	0	0	0	CG	N2	N1	N0	
					0				CGROM 模式
					1				CGRAM 模式
						0	0	0	"或"模式
						0	0	1	"异或"模式
						0	1	1	"与"模式
						1	0	0	文本模式
显示模式	1	0	0	1	N3	N2	N1	N0	
					0				图形关闭
					1				图形开启
						0			文本关闭
						1			文本开启
							0		光标关闭
							1		光标开启
								0	光标闪烁关闭
								1	光标闪光开启
光标形状选择	1	0	1	0	0	N2	N1	N0	光标线数(需+1)
						0	0	0	最底行光标
						0	0	1	2行光标
						⋮	⋮	⋮	⋮
						1	1	1	8行光标

指令	D7	D6	D5	D4	D3	D2	D1	D0	说明
数据自动读/写	1	1	0	0	0	0	N1	N0	
							0	0	数据自动写设置
							0	1	数据自动读设置
							1	0	自动复位用于连续读/写(地址指针递增)
数据读/写	1	1	0	0	0	N2	N1	N0	
						0			地址指针向上/向下
						1			地址指针不变
							0		地址指针向上
							1		地址指针向下
								0	数据写
								1	数据读
屏幕读	1	1	1	0	0	0	0	0	读显示数据
屏幕复制	1	1	1	0	1	0	0	0	通过地地址指针复制指定行的显示数据至图形 RAM 区
置位/复位	1	1	1	1	N3	N2	N1	N0	N3～N0 指定指针地址的位
					0				复位
					1				置位
						0	0	0	位 0(最低有效位)
						0	0	1	位 1
						⋮	⋮	⋮	⋮
						1	1	1	位 7(最高有效位)

(1) 状态字

每次操作之前需要进行状态字检测,T6963C 控制器的状态字格式如表 7-4 所列,状态字位功能定义如表 7-5 所列。

表 7-4　状态字格式

STA7	STA6	STA5	STA4	STA3	STA2	STA1	STA0

表 7-5　状态字功能功能定义

位	功能定义
STA7	闪烁状态检测。1:正常显示;0:关闭显示
STA6	屏读/复制出错状态。1:出错;0:正确
STA5	控制器运行检测。1:可以;0:不能

续表 7－5

位	功能定义
STA4	保留
STA3	数据自动写状态。1：就绪；0：忙
STA2	数据自动读状态。1：就绪；0：忙
STA1	数据读/写状态。1：就绪；0：忙
STA0	指令读/写状态。1：就绪；0：忙

由于状态位作用不一样,因此执行不同指令必须检测不同状态位。在微控制器每一次读、写指令和数据时,STA0 和 STA1 都要同时有效即处于"就绪"状态。

(2) 指针设置指令

指针设置指令包括两个数据字节和一个指令字节,可分为光标指针设置、偏移寄存器设置、地址指针设置。

光标指针设置指令有两个数据字节,用于指定光标的字符位置,指令格式如表 7－6 所列。

表 7－6　光标指针设置指令

描　述	D7	D6	D5	D4	D3	D2	D1	D0
第一个参数(0～7FH)	*	光标列位置(字符)						
第二个参数(0～1FH)	*	*	*	光标行位置(字符)				
光标指针设置(21H)	0	0	1	0	0	0	0	1

偏移寄存器设置指令的第一个数据字节的低 5 位应设置成字符发生器 RAM(CG-RAM)区起始地址的高 5 位,第二个数据字节则必须设置为"0",偏移寄存器设置指令格式如表 7－7 所列。

表 7－7　偏移寄存器设置

描　述	D7	D6	D5	D4	D3	D2	D1	D0
第一个参数(0～1FH)	*	*	*	CG－RAM 地址				
第二个参数(00H)	0	0	0	0	0	0	0	0
偏移寄存器设置(22H)	0	0	1	0	0	0	1	0

地址指针设置指令在读/写视频 RAM 数据时用于指定起始地址,指令格式如表 7－8 所列。

表 7 - 8　地址指针设置

描　述	D7	D6	D5	D4	D3	D2	D1	D0
第一个参数(0~FFH)	地址指针低 8 位							
第二个参数(0~FFH)	地址指针高 8 位							
地址指针设置(24H)	0	0	1	0	0	1	0	0

(3) 控制字设置指令

控制字设置指令可分为文本首地址设置、文本区设置、图形首地址设置、图形区设置。

文本首地址设置指令在文本数据显示时,用于定义视频 RAM 的首地址,该地址存储的数据将显示在顶层左侧位置,指令格式如表 7 - 9 所列。

表 7 - 9　文本首地址设置

描　述	D7	D6	D5	D4	D3	D2	D1	D0
第一个参数(0~FFH)	文本首地址(低位)							
第二个参数(0~FFH)	文本首地址(高位)							
文本首地址设置(40H)	0	1	0	0	0	0	0	0

文本区设置指令用于定义视频 RAM 的文本区域的文本列数,指令格式如表 7 - 10 所列。

表 7 - 10　文本区设置

描述	D7	D6	D5	D4	D3	D2	D1	D0
第一个参数(0~FFH)	文本列数							
第二个参数(00H)	00H							
文本区设置(41H)	0	0	1	0	0	0	0	1

图形首地址设置指令在视频 RAM 的图形显示区域定义视频 RAM 的首地址,指令格式如表 7 - 11 所列。

表 7 - 11　图形首地址设置

描　述	D7	D6	D5	D4	D3	D2	D1	D0
第一个参数(0~FFH)	图形首地址(低位)							
第二个参数(0~FFH)	图形首地址(高位)							
图形首地址设置(42H)	0	1	0	0	0	0	1	0

图形区设置指令在视频 RAM 的图形区域定义图形数据的列数,指令格式如表 7 - 12 所列。

表 7-12　图形区设置

描　述	D7	D6	D5	D4	D3	D2	D1	D0
第一个参数(0~FFH)	图形数据列数							
第二个参数(00H)	00H							
图形区设置(43H)	0	1	0	0	0	0	1	1

(4) 模式设置指令

若同时使用 T6963 片上 CG-ROM 和外部 CG-RAM 的字符(各 128 个字符),则设置 D3 为"0",若仅使用 CG-RAM 用户自定义的 256 个字符,则设置 D3 为"1",模式设置指令格式如表 7-13 所列。

表 7-13　模式设置指令

描　述	D7	D6	D5	D4	D3	D2	D1	D0
CG-ROM 模式:代码 00H-7FH;CG-ROM 代码 80H-FFH;CGRAM	1	0	0	0	0	N2	N1	N0
CG-RAM 模式:代码 00H-FFH;CG-RAM	1	0	0	0	1	N2	N1	N0

(5) 显示模式指令

显示模式指令格式如表 7-14 所列。

表 7-14　显示模式指令

描　述	D7	D6	D5	D4	D3	D2	D1	D0
显示关闭(90H)	1	0	0	1	0	0	0	0
光标开启,闪烁关闭	1	0	0	1	*	*	1	0
光标开启,闪烁开启	1	0	0	1	*	*	1	1
文本开启,图形关闭	1	0	0	1	0	1	*	*
文本关闭,图形开启	1	0	0	1	1	0	*	*
文本开启,图形开启	1	0	0	1	1	1	*	*

光标闪烁:使能-设置 D0(N0=1);禁止-复位 D0(N0=0)。

光标使能:使能-设置 D1(N1=1);禁止-复位 D1(N1=0)。

文本使能:使能-设置 D2(N2=1);禁止-复位 D2(N2=0)。

图形使能:使能-设置 D3(N3=1);禁止-复位 D3(N3=0)。

(6) 光标形状选择指令

光标形状选择指令是一个单字节指令,使能光标显示后用于选择光标的类型,比如下划线类型光标发送指令"A0H"、块状类型光标发送指令"A7H"。完整的指令定义如表 7-15 所列。

表 7 - 15　光标形状选择指令

光标类型描述	D7	D6	D5	D4	D3	D2	D1	D0
1 行光标(A0H)	1	0	1	0	0	0	0	0
2 行光标(A1H)	1	0	1	0	0	0	0	1
⋮	⋮	⋮	⋮	⋮	⋮	⋮	⋮	⋮
7 行光标(A6H)	1	0	1	0	0	1	1	0
8 行光标(A7H)	1	0	1	0	0	1	1	1

(7) 数据自动读/写指令

这些指令用于从(或向)视频 RAM 传输数据块,当发送一个数据自动写指令(B0H)或数据自动读指令(B1H)后,就不需要再发送数据读或数据写指令;当发送或接收到所有数据后,自动模式复位指令(B2H 或 B3H)可以返回正常操作模式。指令格式如表 7 - 16 所列。

表 7 - 16　数据自动读/写指令

描　述	D7	D6	D5	D4	D3	D2	D1	D0
数据自动写设置(B0H)	1	0	1	1	0	0	0	0
数据自动读设置(B1H)	1	0	1	1	0	0	0	1
自动模式复位设置(B2H 或 B3H)	1	0	1	1	0	0	1	*

(8) 数据读/写指令

这些指令用于向视频内存(VRAM)写数据或从 VRAM 读数据,数据读/写指令应在指针设置指令发送完地址之后发送。根据数据读/写指令的类型,地址指针可以递增、递减、维持不变。指令格式如表 7 - 17 所列。

表 7 - 17　数据读/写指令

描　述	D7	D6	D5	D4	D3	D2	D1	D0
数据写—地址指针递增(C0H)	1	1	0	0	0	0	0	0
数据读—地址指针递增(C1H)	1	1	0	0	0	0	0	1
数据写—地址指针递减(C2H)	1	1	0	0	0	0	1	0
数据读—地址指针递减(C3H)	1	1	0	0	0	0	1	1
数据写—地址指针不变(C4H)	1	1	0	0	0	1	*	0
数据读—地址指针不变(C5H)	1	1	0	0	0	1	*	1

(9) 屏幕读指令

屏幕读指令是一个单字节指令,用于传送一字节的显示数据至数据堆栈,也可以通过 MPU 的数据读指令读取。该指令通常是读取屏显的文本和图形逻辑组合数据。指令格式如表 7 - 18 所列。

表 7 - 18 屏幕读指令

描 述	D7	D6	D5	D4	D3	D2	D1	D0
屏读(E0H)	1	1	1	0	0	0	0	0

(10) 屏幕复制指令

屏幕复制指令是一个单字节指令,用于复制一行液晶屏上的显示数据至地址指针指定的图形内存区。指令格式如表 7 - 19 所列。

表 7 - 19 屏幕复制指令

描 述	D7	D6	D5	D4	D3	D2	D1	D0
屏幕复制(E8H)	1	1	1	0	1	0	0	0

(11) 置位/复位指令

置位/复位指令是一个单字节指令,用于置位/复位 RAM 的各个独立位,该指令容许地址指针指令指定字节中的某一位置位或者复位,指令格式如表 7 - 20 所列。

表 7 - 20 置位/复位指令

描 述	D7	D6	D5	D4	D3	D2	D1	D0
复位(F0H-F7H)	1	1	1	1	0	N2	N1	N0
置位(F8H-FFH)	1	1	1	1	1	N2	N1	N0

4. 数据传输方法

T6963C 控制器通信异步与 MPU 时钟、T6963C 控制器与 MPU 之间的数据传输指令主要分为两数据字节指令、单数据字节指令、无数据指令。数据传输指令的流程如下。

(1) 两数据字节指令

两数据字节指令操作流程图如图 7 - 10 所示。

(2) 单数据字节指令

单数据字节指令操作流程图如图 7 - 11 所示。

(3) 无数据指令

该类指令不带数据,指令操作流程图如图 7 - 12 所示。

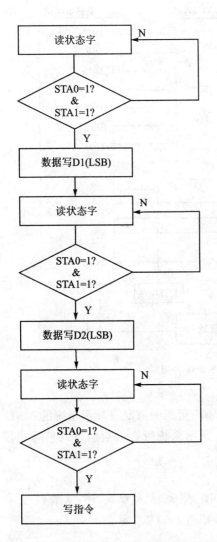

图 7 - 10　两数据字节指令操作流程

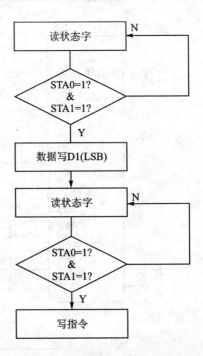

图 7 - 11　单数据字节指令操作流程

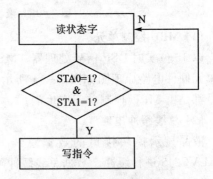

图 7 - 12　无数据指令操作流程

7.2　硬件系统设计

本例的液晶屏显示系统硬件电路主要由两个部分构成：

（1）16 位实时 DSP 信号处理器作为液晶屏显示系统的 MPU 控制单元，为系统提供数据总线、控制信号等；

（2）液晶显示模块数据总线缓冲、逻辑电路以及亮度调整电路等外围硬件电路。

液晶屏显示系统硬件组成示意图如图 7 - 13 所示。

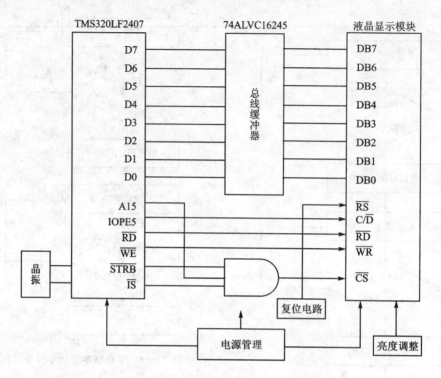

图 7 - 13　液晶屏显示系统硬件组成

（1）MPU 控制单元

以 16 位实时 DSP 信号处理器 TMS320LF2407 组成的液晶屏显示系统的 MPU 控制单元硬件电路原理图如图 7 - 14 所示，液晶屏显示系统所有的数据总线信号和控制信号都是由 MPU 控制单元产生的。

（2）总线缓冲电路

液晶显示模块接口的数据总线 DB0～DB7 都先输入双向 16 位数据缓冲器 74ALVC245 进行缓冲。数据总线缓冲硬件电路如图 7 - 15 所示。

（3）逻辑电路

液晶显示模块的片选信号$\overline{CS}$的硬件逻辑电路如图 7 - 16 所示。

（4）液晶显示模块接口

液晶显示模块接口引脚如图 7 - 17 所示，读/写控制信号直接与 TMS320LF2407 连接。

（5）亮度调整电路

液晶显示模块的亮度调节通过板上的电位器进行，亮度调整电路如图 7 - 18 所示。

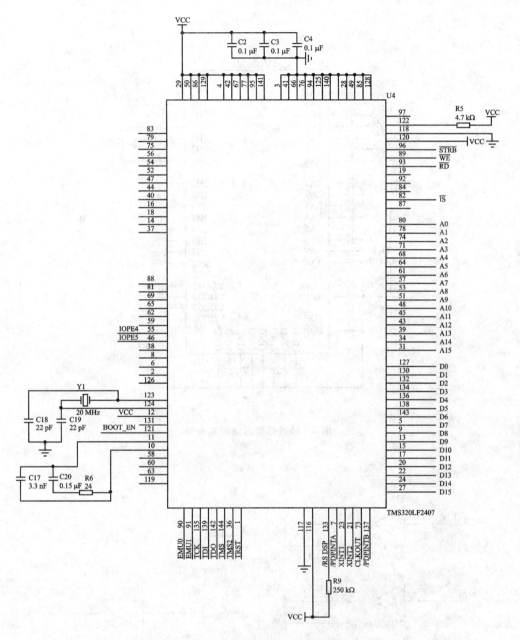

图 7－14　MPU 控制单元硬件电路

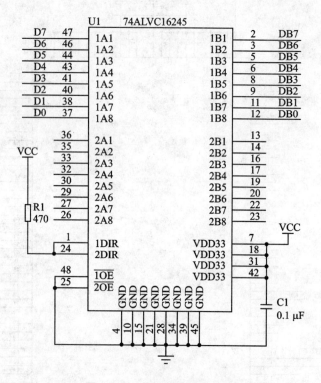

图 7 - 15　数据总线缓冲电路

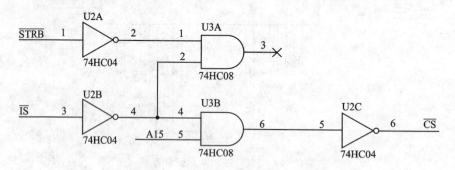

图 7 - 16　片选信号逻辑电路

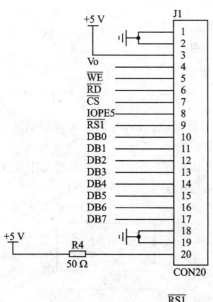

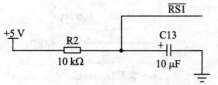

图 7 - 17　液晶显示模块接口

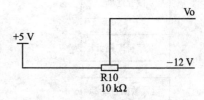

图 7 - 18　液晶显示亮度调整

7.3　系统软件设计

T6963C 控制器不仅具备基本的文字显示和图形显示功能,还具有将文字显示与图形显示以某种逻辑关系在显示屏上显示的组合功能。本节将重点介绍 T6963C 控制器的汉字文本显示和图形显示方法,并基于 TMS320LF2407 实现完整功能的液晶屏显示系统软件设计。

7.3.1　汉字显示

汉字显示是将程序内的字模数据代表的汉字在液晶屏上显示出来。汉字显示的方法主要有两种,即文本显示方式和图形显示方式。两者显示的方式不相同,但都必须先在程序区设定汉字的字模数据。排列格式是,第 1～16 字节为汉字左半部分自上而下排列的字模数据,第 17 ～32 字节为汉字右半部分自上而下排列的字模数据。

本小节对这两种显示方法举例介绍,以下为"欢迎"二字在程序中的字模数据表:

{0x00,0x00,0xFC,0x05,0x85,0x4A,0x28,0x10},/ ＊欢 ＊/
{0x18,0x18,0x24,0x24,0x41,0x86,0x38,0x00},

```
{0x80,0x80,0x80,0xFE,0x04,0x48,0x40,0x40},
{0x40,0x60,0xA0,0x90,0x18,0x0E,0x04,0x00},
{0x40,0x21,0x36,0x24,0x04,0x04,0xE4,0x24},/ * 迎 * /
{0x25,0x26,0x24,0x20,0x20,0x50,0x8F,0x00},
{0x00,0x80,0x7C,0x44,0x44,0x44,0x44,0x44},
{0x44,0x54,0x48,0x40,0x40,0x00,0xFE,0x00},
```

文本方式下必须先将程序中的字模数据写入显示缓冲区,并建立字符发生器内存 (CG-RAM),建立过程如图 7 - 19 所示。

在 CG-RAM 中的位置取得相应的汉字代码数据,通过写汉字代码将汉字在文本显示区坐标 X、Y 处依次显示出来,详细的软件流程如图 7 - 20 所示。

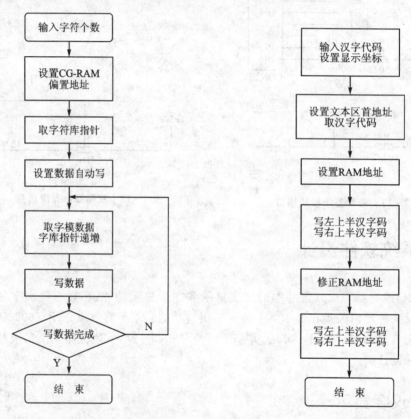

图 7 - 19　建立字符发生器内存流程　　　　　图 7 - 20　汉字显示流程

图形方式下显示汉字也是一种常用的方法,与文本显示方式不同的是,汉字代码不是取决于字模数据在 CG-RAM 中的位置,而是根据其在字模数据表中的排列顺序定义的。汉字的显示不是通过写其代码实现,而是通过将字模数据逐个字节地写入图形显示区,然后在显示屏上的 X、Y 坐标处依序将汉字显示出来,软件流程图如图 7 - 21 所示。

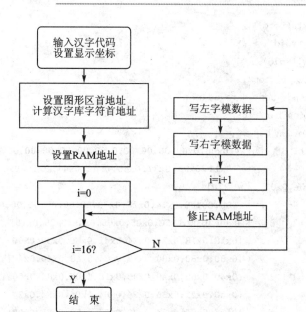

图7-21 图形方式汉字显示流程

7.3.2 软件设计实例

液晶屏不仅可以显示文字信息,还可以显示波形图像信息,为了支持这些信息的显示,必不可少地需要一整套的显示函数库,主要包括显示 ASCII 码、字符串、整型数字、浮点数、汉字、画点、画线等一系列函数。同时上层函数的建立离不开底层的驱动,最底层驱动应该是建立在液晶基本时序与指令的基础上。

本章的软件设计实例基于 TMS320LF2407 数字信号处理器演示了汉字的显示方式,并给出了相关的底层指令,详细代码如下。

```
/ * T6963C 控制器的液晶测试程序,数据端口 8000H,代码端口 8001H * /
# include "global.c"
void SystemInit();
void KickDog();
void ShowChar(unsigned char,unsigned char,unsigned char);
void ShowHZ(unsigned char,unsigned char,unsigned int);
void Init_Lcd(void);
void Clr_Lcd(void);
void Creat_CGRAM(unsigned char);
void Judge1_Ready(void);
void Judge2_Ready(void);
void Write_Code(void);
void Write1_Data(void);
```

```
    void Write2_Data(void);
    void Lcd_Delay(void);
    void Lcd_Delay1(void);
    unsigned int temp1,temp2;
    unsigned long code_addr,data_addr;
    unsigned int LineChar = 16;
    unsigned int ColumnChar = 8;
    unsigned int ch1[3][16] = {{0x00,0x00,00,00,00,0,00,00,00,00,00,00,00,00,00,00},
                       {0x11,0x0e,0x37,0x45,0x4c,0x43,0x4f,0x4d,0x45,0x00,0x39,
0x4f,0x55,0x3e,0x3e,0x01},/* ;21H!  */
                       {00,00,00,0x14,0x28,0x50,00,00,00,00,00,00,00,00,00,00}};
    unsigned int ch2[][8] = {{0x00,0x00,0xFC,0x05,0x85,0x4A,0x28,0x10},/* 欢 */
                       {0x18,0x18,0x24,0x24,0x41,0x86,0x38,0x00},
                       {0x80,0x80,0x80,0xFE,0x04,0x48,0x40,0x40},
                       {0x40,0x60,0xA0,0x90,0x18,0x0E,0x04,0x00},
                       {0x40,0x21,0x36,0x24,0x04,0x04,0xE4,0x24},/* 迎 */
                       {0x25,0x26,0x24,0x20,0x20,0x50,0x8F,0x00},
                       {0x00,0x80,0x7C,0x44,0x44,0x44,0x44,0x44},
                       {0x44,0x54,0x48,0x40,0x40,0x00,0xFE,0x00},
                       {0x09,0x09,0x11,0x13,0x22,0x34,0x68,0xA2},/* 你 */
                       {0x23,0x22,0x24,0x24,0x28,0x21,0x20,0x00},
                       {0x00,0x80,0x04,0xFE,0x04,0x48,0x40,0x50},
                       {0x48,0x48,0x44,0x46,0x44,0x40,0x80,0x00},
                       {0x40,0x20,0x27,0x09,0x89,0x52,0x52,0x16},/* 液 */
                       {0x2B,0x22,0xE2,0x22,0x22,0x22,0x23,0x22},
                       {0x40,0x20,0xFE,0x20,0x20,0x7C,0x44,0xA8},
                       {0x98,0x50,0x20,0x30,0x50,0x88,0x0E,0x04},
                       {0x00,0x0F,0x08,0x0F,0x08,0x0F,0x08,0x00},/* 晶 */
                       {0x7E,0x42,0x7E,0x42,0x42,0x7E,0x42,0x00},
                       {0x00,0xF0,0x10,0xF0,0x10,0xF0,0x10,0x00},
                       {0x7E,0x42,0x7E,0x42,0x42,0x7E,0x42,0x00},
                       {0x01,0x00,0x3F,0x20,0x22,0x21,0x30,0x28},/* 应 */
                       {0x24,0x24,0x26,0x44,0x40,0x5F,0x80,0x00},
                       {0x00,0x80,0xFC,0x00,0x00,0x08,0x8C,0xC8},
                       {0x90,0x90,0x20,0x20,0x40,0xFE,0x00,0x00},
                       {0x00,0x1F,0x10,0x10,0x10,0x1F,0x10,0x10},/* 用 */
                       {0x10,0x1F,0x10,0x10,0x20,0x20,0x40,0x80},
                       {0x00,0xFC,0x84,0x84,0x84,0xFC,0x84,0x84},
                       {0x84,0xFC,0x84,0x84,0x84,0x84,0x94,0x88}};/* 欢迎你液晶应用 */
    main()
    {

        SystemInit();                           //系统初始化
```

```
    code_addr = 0x8010;
    data_addr = 0x8000;

    MCRC = MCRC & 0xFFF0;
    PEDATDIR = PEDATDIR|0x0200;
    PEDATDIR = PEDATDIR & 0xFFFD;
    asm(" nop ");
    asm(" nop ");
    asm(" nop ");
    asm(" nop ");
    PEDATDIR = PEDATDIR|0x0202;
    Init_Lcd();                      //初始化液晶屏

    ShowChar(0,0,1);                 //字符显示
    Creat_CGRAM(28);                 //建立 CG-RAM

    ShowHZ(4,0,0x80);
    ShowHZ(4,2,0x84);
    ShowHZ(4,4,0x88);
    ShowHZ(4,8,0x8c);
    ShowHZ(4,10,0x90);
    ShowHZ(4,12,0x94);
    ShowHZ(4,14,0x98);

    while(1)
    {
    };
}
/* TMS320LF2407 系统初始化 */
void SystemInit()
{
    asm(" SETC    INTM ");           /* 关闭总中断 */
    asm(" CLRC   SXM  ");            /* 禁止符号位扩展 */
    asm(" CLRC   CNF  ");            /* B0 块映射为 on-chip DARAM */
    asm(" CLRC   OVM  ");            /* 累加器结果正常溢出 */
    SCSR1 = 0x8FFE;                  /* 系统时钟 CLKOUT = 20×0.5 = 10M */
    /* 打开 ADC,EVA,EVB,CAN 和 SCI 的时钟,系统时钟 CLKOUT = 10M */
    WDCR = 0x006F;                   /* 禁止看门狗,看门狗时钟 64 分频 */
    KickDog();                       /* 初始化看门狗 */
    IFR = 0xFFFF;                    /* 清除中断标志 */
    IMR = 0x0000;                    /* 关闭中断 */

}
```

```
/ * 显示字符函数 * /
void ShowChar(unsigned char lin,unsigned char column,unsigned char k)
{
unsigned char i;
unsigned int StartAddr;                     //首地址
StartAddr = lin * LineChar + column;        //定位起始行
for(i = 0;i<16;i++)
{
data1 = (unsigned char)(StartAddr);
data2 = (unsigned char)(StartAddr>>8);
data3 = 0x24;
Write1_Data();                              //写数据 1
Write2_Data();                              //写数据 2
Write_Code();                               //写代码
data1 = ch1[k][i];
Write1_Data();
data3 = 0xc4;
Write_Code();
StartAddr = StartAddr + 1;                  //首地址递增
}
}
/ * 建立字符发生器内存 * /
void Creat_CGRAM(unsigned char count)
{
  unsigned int i,j;
  data1 = 0x03;                             //CG - RAM 偏置地址设置
  data2 = 0x00;
  data3 = 0x22;
  Write1_Data();
  Write2_Data();
  Write_Code();
  data1 = 0x00;                             //RAM 地址指针设置
  data2 = 0x1c;
  data3 = 0x24;
  Write1_Data();
  Write2_Data();
  Write_Code();
  data3 = 0x0b0;
  Write_Code();                             //自动写入状态
  data1 = count * 8;                        //汉字字节数
  for(i = 0;i<count;i++)
    {
  for(j = 0;j<8;j++)
```

```
  {
    Lcd_Delay();                        //延时
    data2 = ch2[i][j];
    Write2_Data();
   }
 }
  data3 = 0x0b2;                        //指令
  Write_Code();
  Lcd_Delay1();
}
/* 显示汉字字模 */
void ShowHZ(unsigned char lin,unsigned char column,unsigned int code)
{
unsigned char i;
unsigned int StartAddr1;                //首地址
unsigned int temp;
temp = code;
StartAddr1 = lin * LineChar + column;    //定位起始行
for(i = 0;i<4;i ++ )
{
data1 = (unsigned char)(StartAddr1);
data2 = (unsigned char)(StartAddr1>>8);
data3 = 0x24;
Write1_Data();
Write2_Data();
Write_Code();
data1 = temp;
Write1_Data();
data3 = 0xc4;                           //指令
Write_Code();
if(i == 0)
{
temp = temp + 2;
StartAddr1 = StartAddr1 + 1;
}
if(i == (1)
{
temp = temp - 1;
StartAddr1 = StartAddr1 + 15;
}
if(i == (2)
{
temp = temp + 2;
```

```
          StartAddr1 = StartAddr1  + 1;
            }
          }
        }
        /* 液晶显示屏初始化 */
        void Init_Lcd()
        {
          data1 = 0x00;                              //图形区首址(0000H)
          data2 = 0x08;
          data3 = 0x42;
          Write1_Data();
          Write2_Data();
          Write_Code();
          data1 = 0x10;                              //图形区宽度
          data2 = 0x00;
          data3 = 0x43;
          Write1_Data();
          Write2_Data();
          Write_Code();
          data1 = 0x00;                              //文本区首址(1000h)
          data2 = 0x00;
          data3 = 0x40;
          Write1_Data();
          Write2_Data();
          Write_Code();
          data1 = 0x10;                              //文本区宽度
          data2 = 0x00;
          data3 = 0x41;
          Write1_Data();
          Write2_Data();
          Write_Code();

          data3 = 0xa7;                              //设置光标的形状
          Write_Code();
          data1 = 0x0f;              //光标指针,data1 为列(00 - 0f),data2(00 - 07)为行,8×8 框格
          data2 = 0x07;
          data3 = 0x21;
          Write1_Data();
          Write2_Data();
          Write_Code();

          data3 = 0x9f;
          Write_Code();                              //启用图形和文本显示,光标闪烁
```

```
    data3 = 0x81;
    Write_Code();                              //字符发生器为 CG－RAM,显示方式为逻辑或

    data1 = 0x00;                              //置地址指针位置,(＊)
    data2 = 0x00;
    data3 = 0x24;
    Write1_Data();
    Write2_Data();
    Write_Code();

    Clr_Lcd();                                 //清屏
    return;
}
/＊清屏函数＊/
void Clr_Lcd()
{
    unsigned int p = 0,q = 0,r = 0;

data2 = 0x00;
    data3 = 0x0b0;
    Write_Code();                              //自动写入状态
    data1 = 0x2000;                            //清显示 RAM 0000H－2000H(8K)
    while(data1 －－ ＞0)
    {
        Lcd_Delay1();
        data2 = 0x00;
        Write2_Data();
    }
    data1 = 0x00;                              //置地址指针位置,(＊)
    data2 = 0x00;
    data3 = 0x24;
    Write1_Data();
    Write2_Data();
    Write_Code();
    data1 = 0x2000;                            //写显示 RAM 0000H－2000H(8K)
    while(data1 －－ ＞0)
    {
        Lcd_Delay1();
        data2 = 0x0aa;
        Write2_Data();
    }
    data1 = 0x00;                              //置地址指针位置,(＊)
    data2 = 0x00;
```

```
data3 = 0x24;
Write1_Data();
Write2_Data();
Write_Code();
data1 = 0x2000;                    //清显示 RAM 0000H - 2000H(8K)
  while(data1 -- >0)
  {
    Lcd_Delay1();
    data2 = 0x0;
    Write2_Data();
  }

  data3 = 0x0b2;                    //指令
  Write_Code();
 return;
}
/* 延时函数 */
void Lcd_Delay()
{
unsigned int i = 1;
unsigned int j = 1;
while(i -- )
{
 while(j -- ){;}
  }
}
/* 延时函数 1 */
void Lcd_Delay1()
{
unsigned int i = 1;
unsigned int j = 25;
while(i -- )
{
 while(j -- ){;}
  }
}

void Judge1_Ready()
{
 do
 {
asm(" IN 8010h,_temp1 ");
asm(" nop ");
```

```
asm(" nop ");
asm(" nop ");
asm(" nop ");
temp1 = temp1&3;
}while(temp1!= 3);
temp1 = 0;
}


void Judge2_Ready()
{
  do
  {
asm(" IN 8010h,_temp2 ");
asm(" nop ");
asm(" nop ");
asm(" nop ");
asm(" nop ");
temp2 = temp2&8;
}while(temp2!= 8);
temp2 = 0;
}


void Write_Code()
{
Lcd_Delay();
  PEDATDIR = PEDATDIR|0x2020;
 asm(" ldp #010h ");
 asm(" OUT 062h,8010h ");
 asm(" nop ");
 asm(" nop ");
 asm(" nop ");
 asm(" nop ");
 return;
 }


void Write1_Data()
{
 Lcd_Delay();
 PEDATDIR = PEDATDIR|0x2000;
 PEDATDIR = PEDATDIR & 0xFFDF;

 asm(" ldp #010h ");
 asm(" OUT 060h,8000h ");
```

```
asm(" nop ");
asm(" nop ");
asm(" nop ");
asm(" nop ");
return;
}


void Write2_Data()
{
Lcd_Delay();
PEDATDIR = PEDATDIR|0x2000;
PEDATDIR = PEDATDIR & 0xFFDF;
asm(" ldp ♯010h ");
asm(" OUT 061h,8000h ");
asm(" nop ");
asm(" nop ");
asm(" nop ");
asm(" nop ");
return;
}
/ * 踢除看门狗 * /
void KickDog()
{
    WDKEY = 0x5555;
    WDKEY = 0xAAAA;
}
```

7.4 本章总结

　　本章首先介绍了内置 T6963C 控制器的主要特点和功能应用,然后基于
TMS320LF2407 数字信号处理器构成了一个液晶屏显示系统,并演示了汉字显示
方法。

　　在中规模图形液晶显示器中,内置控制器 T6963C 是目前较为常用的图形点阵液
晶显示屏之一。它的最大特点是具有独特的硬件初始值设置功能。初始化在上电时就
已经基本设置完成,软件操作主要是显示画面的设计,从而加强了 T6963C 的显示控制
能力。

第 **8** 章

网络摄像机系统设计

随着视频监控系统的发展以及网络技术、数字成像和智能摄像机等技术的推动,基于远程图像与视频监控的网络摄像机系统的技术与水平得到了空前的提高和发展。网络摄像机可以提供模拟视频的全部功能,并具备只有网络技术才能实现的各种创新功能和特性,常应用于交通、能源、公安、电信、军事等部门。

本章将介绍基于视频/图像定点数字信号处理器 TMS320DM642 的网络摄像机方案设计,其网络通信协议、音视频处理软件等均在单芯片上实现。

8.1 网络摄像机系统概述

网络摄像机简称 IP 摄像机,英文全称为"IP Camera",是传统摄像机与网络视频技术相结合所产生的新一代摄像机。从摄像头获取的影像经过数字信号处理器的优化处理和压缩之后,通过局域网、Internet 或无线网络送至终端用户,终端用户则可以在 PC 上根据网络摄像机的 IP 地址使用标准的网络浏览器,对网络摄像机进行访问,实时监控和浏览影像等现场情况,并可对影像资料实时编辑和存储,同时也可通过通信接口对摄像机的云台和镜头等进行全方位控制。

网络摄像机系统的主要功能是对视频信号进行处理和传输,当系统配置了音频编解码芯片时,就可以完成音频信号的实时采集、压缩及传输功能,实现音频和视频功能,将声音和图像有机地结合在一起。

网络摄像机系统的硬件主要包括摄像头、视频解码处理芯片(A/D 转换)、视频/图像定点数字信号处理器 TMS320DM642、视频编码处理芯片(D/A 转换)、音频编解码芯片、Flash 存储器、SDRAM 存储器以及 RS-485 与以太网通信接口等模块单元。

图 8-1 所示的是一个完整功能的网络摄像机系统硬件组成结构图,本实例的网络摄像机方案的硬件设计也是基于该硬件结构图。从摄像头输入的视频信号以及从麦克风输入的音频信号经过数据采集、A/D 转换变成为数字信号后送入数字信号处理器;数字信号处理器对音视频信号进行压缩编码和优化处理,然后通过局域网或因特网将

数据传输给远程的视频监控中心（视频图像也可经过本地的 SAA7121 视频编码处理后，实现本地化复合视频输出）；监控中心可同时监视多个现场，并根据需要通过 RS－485 总线接口实时控制摄像机的云台，调整摄像头的方向和位置。

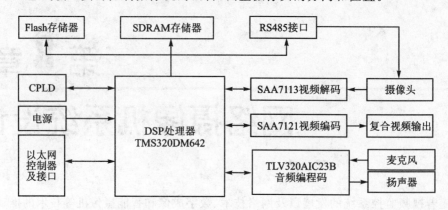

图 8 - 1　网络摄像机硬件组成图

　　由于实际应用设计中摄像头一般是外部接入的功能组件，通常属于独立的产品，所以网络摄像机的设计主要涉及视频/图像定点数字信号处理器、视频采集、视频编码、音频编解码、以太网通信单元等模块单元，本节将对这些功能模块单元作简单介绍。

8.1.1　视频/图像定点数字信号处理器核心单元概述

　　本章的网络摄像机系统以 TMS320DM642 为核心，完成音视频信号的实时采集、压缩及传输功能等。

　　TMS320DM642 是 TI 公司在 TMS320C6000 数字信号处理器平台上开发的一款高性能定点 DSP，采用第二代高性能、先进的超长指令字 veloci T1.2 结构的 DSP 核及增强的并行机制，其核心是 C6416 型高性能数字信号处理器，具有极强的处理性能（当工作在 720 MHz 时钟频率下，处理性能最高可达 5 760 MIPS），高度的灵活性和可编程性，同时外围集成了非常完整的音频、视频和网络通信等设备及接口，特别适用于机器视觉、医学成像、网络视频监控、数字广播以及基于数字视频/图像处理的消费类电子产品等高速数字信号处理器应用领域。

　　TMS320DM642 的主要构成以及性能特点如下。

- 高性能数字媒体处理器：

  2 - ns, 1.67 - ns, 1.39 - ns 指令周期；

  500 - MHz, 600 - MHz, 720 - MHz 时钟频率；

  每周期执行 8 条 32 位指令；

  完全兼容 C64x。

- 具有 VelociTI.2 结构，扩展了 TMS320C64x DSP 核 VelociTI 增强超长指令字（VLIW）。

8 个独立的功能的 VelociTI. 2 扩展单元：

◇ 6 个 ALU(32/40 位)，每个都支持单时钟周期 32 位、双 16 位或 4 个 8 位算术操作；

◇ 2 个乘法器支持单时钟周期 4 个 16×16 位的乘法运算(结果是 32 位)或者 8 个 8×8 位的乘法运算(结果是 16 位)。

Load-Store(载入/存储)体系结构无需数据对齐。

64 个 32 位通用寄存器。

指令打包技术，减少代码容量。

● 指令设置特点：

字节寻址(8/16/32/64 位数据)；

8 位溢出保护；

位段提取、设置、清除操作；

标准化，饱和度，位计数。

● L1/L2 存储体系结构：

128Kb(16KB)L1P 程序缓存(直接映射)；

128Kb(16KB)L1D 数据缓存(2 路结合设置)；

2Mb(256KB)L2 标准映射 RAM/缓存(灵活的 RAM/缓存分配)。

● 数据对齐支持小端模式、大端模式。

● 64 位外部存储器接口(EMIF)；

无缝连接接口支持异步存储器(SRAM 和 EPROM)和同步存储器(SDRAM，SBSRAM，ZBT SRAM 和 FIFO)等；

共 1 024MB 可寻址外部存储空间。

● 增强的直接存储器访问(EDMA)控制器(64 个独立的通道)。

● 10/100 Mb/s 以太网控制器(EMAC)；

兼容 IEEE802.3 标准；

介质无关接口(MII)；

8 个独立的发送通道和 1 个接收通道。

● 数据输入/输出(MDIO)管理接口。

● 3 个可配置的视频接口；

无缝连接接口支持视频编解码器件；

支持多种分辨率/视频标准。

● VCXO 插值控制接口支持音频/视频同步。

● 支持 16/32 位主机接口(HPI)总线。

● 32 位/66 MHz，3.3V PCI 主/从接口符合 PCI 接口规范 2.2 版本。

● 多通道音频串行接口(McASP)；

8 个串行数据引脚；

多种 I^2S 及类似比特流格式；

集成数字音频接口发送器,支持 S/PDIF、IEC60958-1、AES-3、CP-430 格式。

- I²C 总线。
- 2 个多通道缓存串行接口。
- 3 个 32 位通用定时器。
- 16 个通用输入/输出(GPIO)引脚。
- 灵活的 PLL 时钟发生器。
- 支持 IEEE-1149.1(JTAG)边界扫描接口。
- 引脚封装支持 BGA-548 0.8 mm 间距和 BGA-548 1.0 mm 间距。
- 0.13ìm/6 等级 CMOS 工艺。

视频/图像定点数字信号处理器 TMS320DM642 的内部功能结构框图如图 8-2

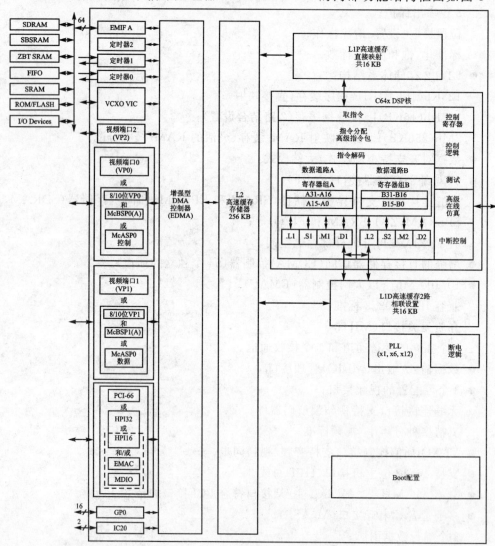

图 8-2 TMS320DM642 内部功能框图

所示。数字信号处理器 TMS320DM642 的外围集成了很完整的音频、视频和网络通信等设备及接口,其中多个外设接口需要共享或内部复用引脚。视频端口 0(VP0)外设与 McBSP0 和 McASP0 控制引脚复用;视频端口 1 外设与 McBSP1 和 McASP1 数据引脚复用;PCI 外设与 HPI 接口(32/16 位),EMAC 和 MDIO 外设引脚复用。

8.1.2　视频采集单元概述

本系统的视频采集单元采用的视频解码芯片是 9 位视频输入处理器 SAA7113。SAA7113 是 Philips 公司生产的一种高集成度视频解码芯片,它支持隔行扫描和多种数据输出格式,可通过其 I²C 接口对芯片内部电路进行控制。

SAA7113 芯片的主要作用是把输入的模拟视频信号解码成标准的"VPO"数字信号,相当于一种"A/D"器件。从模拟视频接口输入的摄像头信号在 SAA7113 内部经过钳位、抗混叠滤波、A/D 转换、YUV 分离电路之后,在 YUV 到 YCrCb 的转换电路中转换成 ITU-656 标准的视频数据流(这串数据流包含视频信号、定时基准信号和辅助信号等),输入到核心单元 TMS320DM642 中。

SAA7113 芯片兼容全球各种视频标准,在我国应用时需要根据相应视频标准来配置芯片内部的寄存器。

该芯片具有如下特点:

- 支持 4 路模拟输入,内置信号源选择器:
  - 4 路 CVBS 信号;
  - 2 路 S 视频(Y/C)信号;
- 2 个模拟预处理通道;
- 内置 2 个模拟抗混叠滤波器;
- 2 个片内 9 位视频 A/D 转换器;
- 兼容 PAL、NTSC、SECAM 多种制式,行/场同步信号自动检测;
- 多种数据输出格式,8 位"VPO"总线输出标准的 ITU 656、YUV 4:2:2 格式。

SAA7113 芯片内部功能框图如图 8-3 所示。SAA7113 芯片的控制主要包括对输入模拟信号的预处理,色度、亮度、对比度及饱和度的控制,输出数据格式及输出图像同步信号的选择控制等。在 SAA7113 芯片所提供的多种数据输出格式中,ITU656 格式能直接输出与像素时钟相对应的像素灰度值,因此对灰度图像的采集时 ITU656 数据格式比其他格式更具优势。

1. SAA7113 芯片引脚功能描述

SAA7113 芯片采用 QFP44 封装,其引脚排列如图 8-4 所示,相关引脚功能定义如表 8-1 所列。

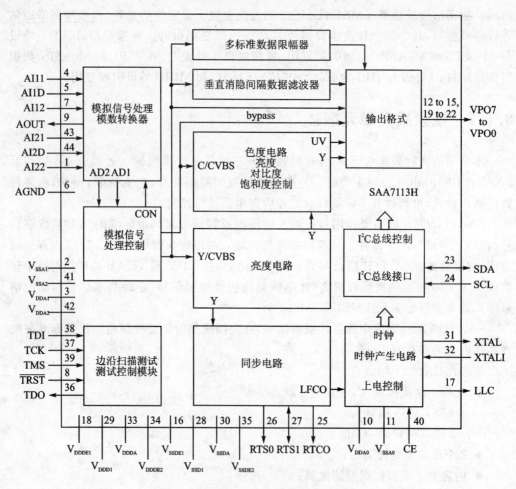

图 8 - 3　SAA7113 芯片内部功能框图

表 8 - 1　SAA7113 芯片引脚功能定义

引脚名	引脚号	I/O 类型	功能描述
AI22	1	I	模拟输入 22
VSSA1	2	P	模拟通道 1 电源地
VDDA1	3	P	模拟通道 1 电源
AI11	4	I	模拟输入 11
AI1D	5	I	差分模拟输入 AI1 和 AI2 去耦端,串接电容到地
AGND	6	P	模拟信号地
AI12	7	I	模拟输入 12
$\overline{TRST}$	8	I	测试复位输入,低电平有效,用于边沿扫描测试
AOUT	9	O	模拟测试输出
VDDA0	10	P	内部时钟产生电路(CGC)供电

引脚名	引脚号	I/O 类型	功能描述
VSSA0	11	P	内部时钟产生电路(CGC)供电地
VPO7 ～VPO4	12～15	O	数字 VPO 总线输出信号[7：4]
VSSDE1	16	P	电源地 1 或数字供电输入 E
LLC	17	O	内部锁相环时钟(27 MHz)
VDDDE1	18	P	数字供电输入 E1
VPO3～VPO0	19～22	O	数字 VPO 总线输出信号[3：0]
SDA	23	I/O	串行总线数据输入/输出(兼容 5 V)
SCL	24	I	串行总线时钟
RTCO	25	(I/)O	实时控制输出。包含系统时钟频率、场频、奇/偶、解码器状态、副载波频率和相位、PAL 时序等参数
RTS0	26	(I/)O	实时控制输出 0。 多功能输出端,由 I^2C 总线位 RTSE03～ RTSE00 控制
RTS1	27	I/O	实时控制输出 1,由 I^2C 总线位 RTSE13～ RTSE10 控制
VSSDI	28	P	数字内核供电地
VDDDI	29	P	内核供电
VSSDA	30	P	内部晶振电路地
XTAL	31	O	晶振输出引脚
XTALI	32	I	晶振输入引脚
VDDDA	33	P	内部晶振供电
VDDDE2	34	P	数字供电 E2
VSSDE2	35	P	数字供电输入 E 的地
TDO	36	O	边界扫描测试数据输出
TCK	37	I	边界扫描测试时钟
TDI	38	I	边界扫描测试数据输入
TMS	39	I	边界扫描测试模式选择
CE	40	I	片选信号
VSSA2	41	P	模拟通道 2 供电地
VDDA2	42	P	模拟通道 2 供电
AI21	43	I	模拟输入 21
AI2D	44	I	差分输入 A21 和 A22 去耦端,串接电容到地

2. SAA7113 芯片寄存器简述

SAA7113 芯片的寄存器地址从 00H 开始,其中 14H、18H～1EH、20H～3FH、63H～FFH 为保留地址,00H、1FH、60H～62H 为只读寄存器,只有以下寄存器可以

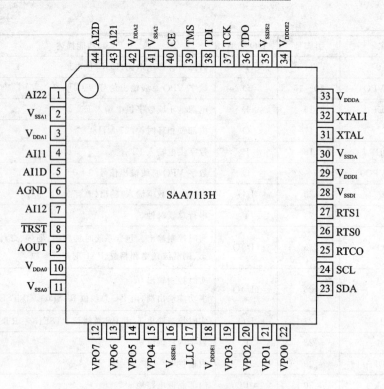

图 8 - 4   SAA7113 芯片封装示意图

读/写：

- 01H～05H(前端输入通道部分)；
- 06H～13H、15H～17H(解码部分)；
- 40H～60H(常规分离数据部分)。

SAA7113 中的寄存器简要说明如表 8 - 2 所列,其中默认值为芯片复位后的寄存器默认值,设置值为可以适用于我国 PAL 制式的设置参数,更为详细的资料请参考 SAA7113 芯片的数据手册。

表 8 - 2   SAA7113 芯片寄存器配置

地 址	寄存器功能	默认值	设置值	功能描述
00H	版本号	只读	—	芯片版本号
01H	水平增量延迟	08H	08H	延时值
02H	模拟输入控制 1	C0H	C0H	选模式 0,输入通道选 AI11,输入复合视频信号
03H	模拟输入控制 2	33H	33H	自动增益通过模式 0～3 控制
04H	模拟输入控制 3	00H	00H	静态增益控制通道 1 取值
05H	模拟输入控制 4	00H	00H	静态增益控制通道 2 取值
06H	水平同步开始	E9H	EBH	延迟时间
07H	水平同步结束	0DH	E0H	延迟时间

地　址	寄存器功能	默认值	设置值	功能描述
08H	同步控制	98H	B8H	正常模式
09H	亮度控制	01H	01H	亮度处理
0AH	亮度辉度	80H	80H	取值 128,范围 0~255 可选
0BH	亮度对比度	47H	47H	取值 1.1091,范围 -2~+2 可选
0CH	色度饱和度	40H	42H	取值 1.0,范围 -2~+2 可选
0DH	色度色调控制	00H	01H	取值 0,范围 -180~+178 可选
0EH	色度控制	01H	01H	正常带度
0FH	色度增益控制	2AH	0FH	自动色度增益控制
10H	格式/延迟控制	00H	00H	亮度延迟取值 0
11H	输出控制 1	0CH	0CH	彩色输出自动控制
12H	输出控制 2	01H	A7H	RTS0,RTS1 输出信号选择
13H	输出控制 3	00H	00H	模拟输出信号控制
14H	保留	00H	00H	保留
15H	垂直门控信号开始	00H	00H	槽脉冲起始位置取值
16H	垂直门控信号结束	00H	00H	槽脉冲结束位置取值
17H	垂直门控信号 MSB	00H	00H	配合 15H,16H 使用
18H ~ 1EH	保留	00H	00H	保留
1FH	解码器状态字节	只读	—	解码器状态信息
20H ~ 3FH	保留	00H	00H	保留
40H	分离控制 1	02H	02H	分离器时钟选择
41H ~ 57H	行控制寄存器	FFH	FFH	默认值
58H	可编程帧编码	00H	00H	默认值
59H	分离的水平偏移值	54H	54H	默认值
5AH	分离的垂直偏移值	07H	07H	行使 50 Hz,625 行
5BH	场偏移,水平垂直偏移值的 MSB	83H	83H	默认值
5CH 5DH	保留	00H	00H	保留

地　址	寄存器功能	默认值	设置值	功能描述
5EH	分离数据识别码	00H	00H	默认值
5FH	保留	00H	00H	保留
60H	分离器状态字节 1	只读	—	分离器状态信息
61H	分离器状态字节 2	只读	—	分离器状态信息
62H		只读	—	分离器状态信息

8.1.3　视频输出单元概述

网络摄像机系统的视频输出单元主要用于本地视频编码及视频输出功能,由 SAA7121 视频编码芯片组成,可以将视频/图像定点数字信号处理器 TMS320DM642 处理后输出的 ITU656 格式的数字视频数码流从芯片的视频数据输入端输入,经过 SAA7121 芯片内的数据管理模块分离出 Y、Cb、Cr 信号,然后再送到片内数模转换模块将数字视频信号转换为复合视频信号,最后由 CVBS 或者 Y、C(即 S 端子)输出。简单地说 SAA7121 视频输出模块是实现视频 D/A 转换,完成视频编码的功能,将数字视频信息转换成场频为 50 Hz 的模拟全电视信号。

SAA7121 是 Philips 公司的一种高集成度视频编码芯片,支持 NTSC-M、PAL-B/G 等电视制式,它采用 I^2C 总线接口控制,通过 8 位数据总线接收解压缩的视频数据,再由内置编码器将数字亮度信号与色度信号同时编码成模拟的 CVBS 和 S 视频信号。

该芯片具有如下特点:

- 3 个片内 10 位视频 D/A 转换器分别对应 Y(亮度信号)、C(色度信号)和 CVBS (复合视频信号),2 倍过采样;
- 实时载波控制;
- 支持主(Master)和从(Slave)模式 ;
- 多种数据输出格式,支持 PAL 和 NTSC 视频制式,其像素频率为 13.5 MHz。

SAA7121 视频编码芯片主要由数据管理单元、编码器、输出接口、10 位 D/A 转换器、同步时钟电路和 I^2C 总线接口等组成,其内部功能方框图如图 8-5 所示。

1. SAA7121 芯片引脚功能

SAA7121 芯片采用 QFP44 封装,其引脚排列如图 8-6 所示,相关引脚功能定义如表 8-3 所列。

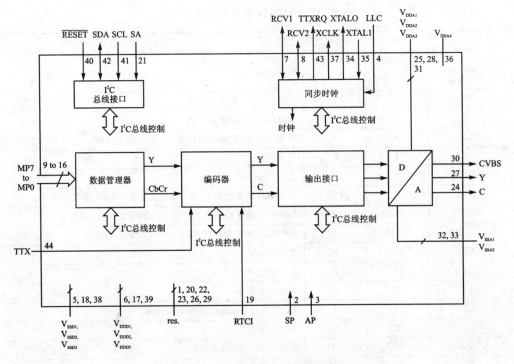

图8-5　SAA7121 内部功能框图

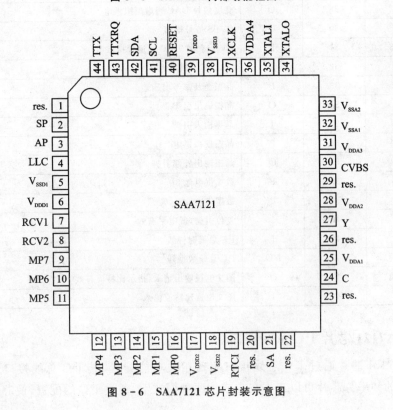

图8-6　SAA7121 芯片封装示意图

表 8 - 3   SAA7121 芯片引脚功能定义

引脚名	引脚号	I/O 类型	功能描述
res.	1,20,22, 23,26,29	—	保留
SP	2	I	测试引脚,一般接数字地
AP	3	I	测试引脚,一般接数字地
LLC	4	I	行锁定时钟,为编码器提供 27 MHz 的主时钟
VSSD1	5	P	数字供电地 1
VDDD1	6	P	数字供电 1
RCV1	7	I/O	视频端口光栅控制 1,用于接收或提供 VS/FS/FSEQ 信号
RCV2	8	I/O	视频端口光栅控制 2,用于提供可编程长度的 HS 脉冲
MP7~MP0	9~16	I	MPEG 视频数据(CCIR656 标准 Cb,Y,Cr 数据)
VDDD2	17	P	数字供电地 2
VSSD2	18	P	数字供电 2
RTCI	19	I	实时控制输入
SA	21	I	I^2C 总线设备从地址选择输入引脚。0=88H;1=8CH
C	24	O	色度信号输出
VDDA1	25	O	色度信号 DAC 通道模拟供电
Y	27	O	亮度信号输出
VDDA2	28	O	亮度信号 DAC 通道模拟供电
CVBS	30	O	CVBS 信号输出
VDDA3	31	P	CVBS 信号 DAC 通道模拟供电
VSSA1	32	P	DAC 模拟供电地
VSSA2	33	P	晶振地及参考电压地
XTALO	34	O	晶振输出引脚
XTALI	35	I	晶振输入引脚
VDDA4	36	P	晶振模拟供电
XCLK	37	O	晶振输出外部引脚
VSSD3	38	P	数字供电地 3
VDDD3	39	P	数字供电 3
RESET	40	I	复位引脚,低电平有效
SCL	41	I	I^2C 总线时钟线
SDA	42	I/O	I^2C 总线数据线
TTXRQ	43	O	图文电视输出请求,指示比特流有效
TTX	44	I	图文电视比特流输入

2. SAA7121 芯片 I^2C 总线接口

SAA7121 芯片通过 I^2C 总线接口实现相关功能配置,其 I^2C 总线接口最大支持 400 kHz 的频率。芯片可以工作在主或从两种模式下,通过 I^2C 的配置,使芯片工作在不同的模式下。SAA7121 芯片支持 7 位从地址寻址,其完整的 I^2C 总线地址格式如表 8 - 4 所列,相关位功能定义如表 8 - 5 所列。

表 8 - 4　I^2C 总线地址格式

S	SLAVE	ADDRESS	ACK	SUBADDRESS	ACK	...	DATAn	ACK	P

表 8 - 5　I^2C 总线地址格式位功能定义

位　域	功能描述
S	起始位
SLAVE	从地址,1000100x 或 1000110x。 注 x:读/写控制位,读状态是为逻辑 1,写状态是逻辑 0
ADDRESS	地址字节
SUBADDRESS	子地址字节
DATAn	数据字节
⋮	持续数据和应答
P	停止位
ACK	应答信号,由从设备产生

8.1.4　音频输入/输出单元概述

本系统的音频输入/输出单元采用高性能数字立体声编解码器芯片 TLV320AIC23B(以下简称 AIC23)来实现音频信号的采集和播放。数字立体声编解码器 AIC23 与视频/图像定点数字信号处理器 TMS320DM642 的 I/O 电压兼容,可以实现与 TMS320DM64 的 McASP 接口的无缝连接。

AIC23 是 TI 公司推出的一款高性能的数字立体声音频编解码芯片,具有 48 kHz 带宽,内置耳机输出放大器,支持 MIC 和 LINE IN 两种输入方式(二选一),且对输入和输出都具有可编程增益调节,可以满足包括噪声信号在内的声音信号的采集要求。

AIC23 的模数转换(ADC)和数模转换(DAC)部件都集成在芯片内部,可以在 8K～96K 的频率范围内提供 16bit、20bit、24bit 和 32bit 的采样,ADC 和 DAC 的输出信噪比分别可以达到 90 dB 和 100 dB。同时,AIC23 具有很低的能耗,可以很好地应用于数字音频领域。

AIC23 芯片的主要特点如下:

● 能通过软件控制与 TI 的 MCBSP 兼容;
● 音频数据可通过与 TI 的 MCBSP 兼容的可编程音频接口输入/输出(支持 I^2S 兼容接口及标准 I^2S 协议);
● 内部集成了驻极体话筒的偏置电压和缓冲器;

- 具有立体声线路输入；
- 具有模数转换器的多种输入（立体声线路输入和麦克风输入）；
- 具有立体声线路输出；
- 内含静音功能的模拟音量控制功能；
- 带有高效率线性耳机放大器。

数字立体声音频编解码芯片 AIC23 的内部结构框图如图 8-7 所示。

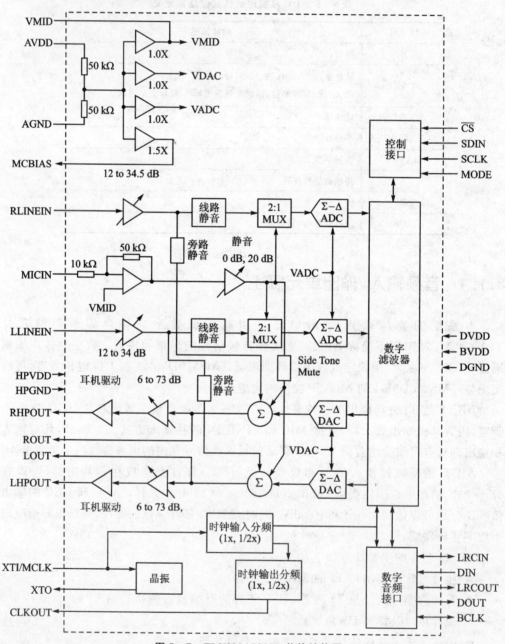

图 8-7　TLV320AIC23B 芯片结构图

1. 芯片 AIC23 引脚功能

AIC23 芯片提供多种引脚的应用封装,常用的封装是 TSSOP-28,其主要引脚根据功能可以分为电源及时钟引脚、语音信号输入引脚、语音信号输出引脚、配置控制接口引脚和数字音频接口引脚等部分,如表 8-6 所列。

表 8-6 AIC23 芯片的主要引脚功能介绍

引脚名称	I/O	功能描述
数字音频接口引脚		
BCLK	I/O	数字音频接口时钟信号。TLV320AIC23B 工作在主模式时,它来提供这个时钟信号;工作在从模式时,时钟信号提供给 TLV320AIC23B
LRCIN	I/O	数字音频接口数据输入帧信号。TLV320AIC23B 工作在主模式时,它来提供这个帧信号;工作在从模式时,帧信号提供给 TLV320AIC23B
DIN	I	数字音频接口串行数据输入引脚
LRCOUT	I/O	数字音频接口数据输出帧信号。TLV320AIC23B 工作在主模式时,它来提供这个帧信号;工作在从模式时,帧信号提供给 TLV320AIC23B
DOUT	O	数字音频接口串行数据输出引脚
配置控制接口引脚		
MODE	I	配置模式选择引脚。低电平时控制口配置成两线 I^2C 模式,高电平时配置成三线 SPI 模式
$\overline{CS}$	I	片选信号,配置控制接口锁存/地址选择引脚。配置工作在 SPI 模式时,作为数据输入锁存引脚;控制口工作在 I^2C 模式时,作为 I^2C 器件的地址选择引脚
SCLK	I	配置串行时钟引脚
SDIN	I	配置串行数据输入引脚
语音信号输入引脚		
MICBIAS	O	麦克风偏置电压输出引脚。在选择麦克风输入时,该引脚输出的电压作为麦克风的偏置。其电压在正常模式下为 $\frac{3}{4}$ 的模拟电源电压
MICIN	I	麦克风输入引脚。麦克风输入放大器放大增益默认 5 倍增益
LLINEIN	I	立体声的左声道模拟语音信号输入引脚
RLINEIN	I	立体声的右声道模拟语音信号输入引脚
语音信号输出引脚		
LOUT	O	立体声的左声道模拟语音信号输出引脚(未经过内部放大器)
ROUT	O	立体声的右声道模拟语音信号输出引脚(未经过内部放大器)
LHPOUT	O	耳机输出的左声道输出引脚
RHPOUT	O	耳机输出的右声道输出引脚
时钟引脚		
MCLK	I	芯片时钟输入引脚(12.288 MHz、11.289 6 MHz、18.432 MHz、16.934 4 MHz 可选)
CLKOUT	O	时钟输出,可以为 MCLK 或者 MCLK/2(详见下节寄存器配置)

<header>DSP 嵌入式项目开发三位一体实战精讲</header>

2. 芯片 AIC23 寄存器配置

AIC23 芯片有 11 个控制寄存器，用于设置其工作方式。下面是各个寄存器功能的简单介绍，如表 8 - 7 所列。

表 8 - 7　AIC23 芯片的控制寄存器介绍

寄存器地址	寄存器名称	寄存器功能
0000000	立体声左声道输入音量控制寄存器	控制立体声左声道输入的音量
0000001	立体声右声道输入音量控制寄存器	控制立体声右声道输入的音量
0000010	耳机左声道输出音量控制寄存器	控制耳机左声道输出音量
0000011	耳机右声道输出音量控制寄存器	控制耳机右声道输出音量
0000100	模拟音频路径控制寄存器	模拟接口方式选择控制
0000101	数字音频路径控制寄存器	控制芯片内部 ADC 和 DAC 的工作方式
0000110	断电控制寄存器	控制芯片内部各个功能单元的开或者关
0000111	数字接口模式控制寄存器	控制数字口的接口方式
0001000	采样频率控制寄存器	设置 A/D 转换的采样频率
0001001	数字接口激活寄存器	用于激活数字接口
0001111	复位寄存器	用于复位整个芯片

3. 芯片 AIC23 控制接口配置

AIC23 芯片的控制接口有两种工作方式，都通过 MODE 引脚高低电平的配置来控制。当 MODE 接低电平时设置为 2 线制的 I²C 方式；MODE 接高电平时设置为 3 线制的 SPI 方式。

在 SPI 工作方式下，SDIN 是串行数据，SCLK 是串行时钟，$\overline{\text{CS}}$是控制位。串行数据由 16 位组成，高位在前，低位在后。串行数据的前 7 位表示 AIC23 的某个寄存器的地址，后 9 位表示写到这个寄存器的数据。SPI 工作方式的时序如图 8 - 8 所示。

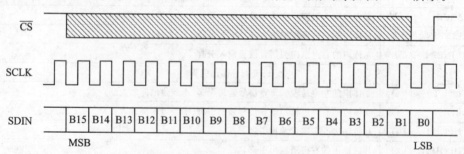

图 8 - 8　SPI 工作方式的时序图

在 I²C 工作方式下，数据传输使用 SDI 作为串行数据引脚，SCLK 作为串行时钟引脚。在 SCLK 为高电平、SDIN 处于下降沿时，作为起始条件；在 SCLK 为高电平、SDIN 处于上升沿时，作为终止传输条件。串行数据序列分为位[15：9]和位[8：0]两

<footer>•206•</footer>

个部分。I²C 工作方式的时序图如图 8-9 所示。

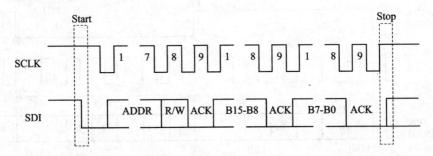

图 8-9　I²C 工作方式的时序图

4. 芯片 AIC23 数字音频接口模式

芯片 AIC23 的数字音频接口支持 4 种模式：右对齐、左对齐、I²S 模式以及 DSP 模式。这 4 种模式都是最高有效位(MSB)在前，除右对齐模式之外都可在 16 位～32 位字宽度范围内操作。AIC23 的数字音频接口是由 BCLK、DIN、DOUT、LRCIN、LRCOUT 等 5 个引脚组成，BCLK 在主模式下是输出，在从模式下为输入。

(1) 右对齐模式

右对齐模式下，最低有效位 LSB 是在 BCLK 的上升沿及上一个 LRCIN 或 LRCOUT 的下降沿时才有效，其工作时序图如图 8-10 所示。

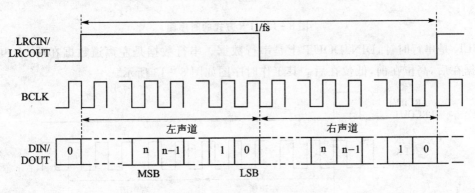

图 8-10　右对齐方式的时序图

(2) 左对齐模式

左对齐模式下，最高有效位 MSB 是在 BCLK 及 LRCIN 或 LRCOUT 的上升沿时有效，其工作时序图如图 8-11 所示。

(3) I²S 模式

I²S 模式下，最高有效位 MSB 是在 LRCIN 或 LRCOUT 的下降沿之后第 2 个 BCLK 上升沿时才有效，其工作时序图如图 8-12 所示。

(4) DSP 模式

DSP 模式下是与 TI 的多通道缓冲串行口(McBSP)兼容的模式。LRCIN/LRCOUT 是帧信号，它连接到 TI 的数字处理器(DSP)的 McBSP 的帧同步信号引脚，

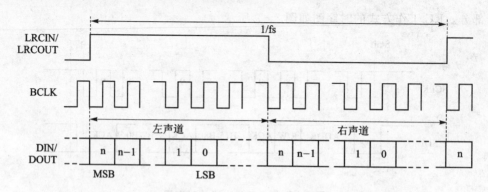

图 8-11 左对齐方式的时序图

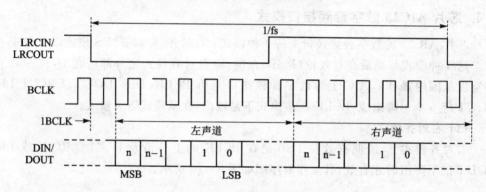

图 8-12 I²S 方式的时序图

BCLK 是串行时钟,DIN/DOUT 上是串行数据。串行数据是左声道数据在前,右声道数据在后,高位在前,低位在后。其工作时序图如图 8-13 所示。

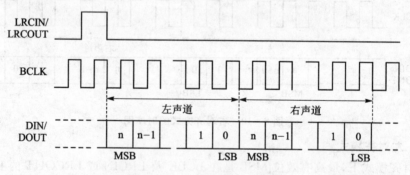

图 8-13 DSP 方式的时序图

8.1.5 以太网通信单元概述

本系统的以太网通信单元使用 LXT971A 作为物理层的收发器,视频/图像定点数字信号处理器 TMS320DM642 内部集成有以太网媒介存取控制器(MAC),其接口能够实现与 LXT971A 的无缝连接。

LXT971A 是 Intel 公司的一款符合 IEEE802.3 标准的快速以太网物理层收发器,它直接支持 100BASE-TX 和 10BASE-T 双绞线应用,提供的 MII 接口很容易实现与 10/100 Mb/s 的媒介存取控制器对接,LXT971A 也提供了一个低电压的 PECL 接口用于支持 100BASE-FX 光纤网络。

LXT971A 支持 10 Mb/s 和 100 Mb/s 的全双工操作,并支持自动协商、并行检测、手动控制等功能设置。

LXT971A 芯片的内部功能结构框图如图 8-14 所示。

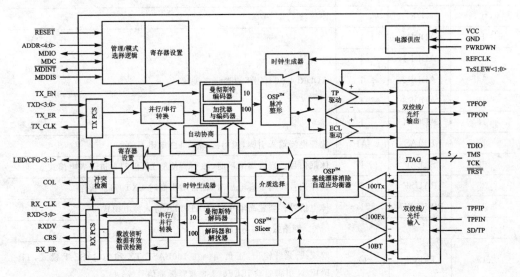

图 8-14 LXT971A 芯片的内部功能框图

1. LXT971A 芯片引脚功能

LXT971A 芯片提供两种应用封装:PBGA-64 和 LQFP-64。常用的封装是 LQFP-64,其引脚排列图如图 8-15 所示。LTX971 芯片的引脚按功能可分为介质无关接口、介质无关接口的控制接口、网络接口、边界扫描测试接口、LED 驱动及配置引脚、电源供电引脚等,详细的引脚功能定义如表 8-8 所列。

表 8-8 LXT971A 芯片的引脚功能介绍

引脚号	引脚名称	I/O 类型	功能描述
其他功能信号引脚			
1	EFCLK/XI	I	25 MHz 晶振输入,也可以外接时钟源
2	XO	O	25 MHz 晶振输出
4	RESET	I	复位信号,低电平有效

DSP 嵌入式项目开发三位一体实战精讲

引脚号	引脚名称	I/O 类型	功能描述
5	TxSLEW0	I	发送输出上升沿/下降沿延时控制。
6	TxSLEW1	I	TxSLEW[1:0]取值定义如下。 00:3.0 ns; 01:3.4 ns; 10:3.9 ns; 11:4.4 ns
9,10,44	N/C		不连接
12	ADDR0	I	
13	ADDR1	I	
14	ADDR2	I	ADDR[4:0],用于设置设备地址
15	ADDR3	I	
16	ADDR4	I	
17	RBIAS	AI	偏置电流输入引脚,须串接 22.1 kΩ 电阻至地
32	SLEEP	I	休眠信号。当置高电平时,该引脚使能 LXT971A 进入省电模式
33	PAUSE	I	暂停信号。当置高电平时,在自动协商时 LXT971A 暂停
39	PWRDWN	I	掉电信号。当置高电平时,LXT971A 进入掉电模式
网络接口信号引脚			
19	TPFOP	O	双绞线/光纤输出,正负端。在 100BASE-TX 和 10BASE-T 模式,TP-FOP/N 引脚驱动 IEEE802.3 兼容标准信号线;
20	TPFON	O	在 100BASE-FX 模式,TPFOP/N 引脚为光纤收发器生成低电平 PECL 差分输出
21	VCCA		
22	VCCA		
23	TPFIP	I	双绞线/光纤输入,正负端。在 100BASE-TX 和 10BASE-T 模式,TPFIP/N 引脚从线路接收差分信号;
24	TPFIN	I	在 100BASE-FX 模式,TPFIP/N 引脚从光纤收发器接收低电平 PECL 差分输入信号
26	SD/$\overline{\text{TP}}$	I	信号检测,根据设备的状态双功能输入引脚。 复位和上电:媒介模式选择。当高电平时,用于光纤模式;当低电平时用于双绞线模式。 普通模式分为两种情况: (1) 光纤模式时,信号检测引脚从光纤收发器输入; (2) 双绞线模式时,信号检测引脚通过内部下拉连接至地。

引脚号	引脚名称	I/O 类型	功能描述
			边界扫描测试相关功能信号引脚
27	TDI	I	边界扫描测试数据输入引脚
28	TDO	O	边界扫描测试数据输出引脚
29	TMS	I	边界扫描测试模式选择
30	TCK	I	边界扫描测试时钟源
31	$\overline{TRST}$	I	边界扫描测试复位信号
			LED 驱动及配置功能引脚
36	LED/CFG3	I/O	驱动 LED 及输入配置功能引脚。
37	LED/CFG2	I/O	(1) LED1~3 驱动引脚：这三个引脚可用于驱动 LED 灯。
38	LED/CFG1	I/O	(2) 配置输入引脚：这三个引脚可用于初始化配置。 有关这三个引脚的功能的详细说明参考表 8 - 9
			介质无关接口(MII)信号引脚
45	RXD3	O	
46	RXD2	O	并行数据接收端口,RXD[3:0]同步于 RX_CLK 信号,RXD[0]是最低
47	RXD1	O	有效位
48	RXD0	O	
49	RX_DV	O	接收数据有效,当 RXD 数据有效时使能该信号,同步于 RX_CLK 信号
52	RX_CLK	O	接收时钟,10 Mb/s 时为 2.5 MHz;100 Mb/s 时为 25 MHz
53	RX_ER	O	接收错误,用于指示接收出错,同步于 RX_CLK 信号
54	TX_ER	I	发送错误,信号指示发送出错,同步于 TX_CLK 信号
55	TX_CLK	O	发送时钟,该时钟源通过 MAC 操作来适应 10/100 Mb/s 10 Mb/s 时为 2.5 MHz;100 Mb/s 时为 25 MHz
56	TX_EN	I	发送使能,TXD 数据有效时使能该信号,同步于 TX_CLK 信号
57	TXD0	I	
58	TXD1	I	并行数据发送端口,TXD[3:0]同步于 TX_CLK 信号,TXD[0]是最低
59	TXD2	I	有效位
60	TXD3	I	
62	COL	O	冲突检测,当检测到冲突时,该引脚输出维持高电平信号,为异步信号 且在全双工操作时无效
63	CRS	O	载波侦听,在半双工模式当发送或接收到数据包时输出信号,在全双工 模式时,仅在接收数据时输出信号
			介质无关接口(MII)的控制接口信号引脚
3	MDDIS	O	管理接口功能禁止。当 MDDIS 引脚为高电平,数据输入/输出管理接 口(MDIO)禁止读/写操作;在上电或复位时,该引脚为低电平

引脚号	引脚名称	I/O 类型	功能描述
42	MDIO	I/O	管理接口的数据输入/输出引脚,它是双向数据通道
43	MDC	I	管理接口的数据时钟。最高频率 8 MHz
64	$\overline{\text{MDINT}}$	OD	管理接口中断信号,通过寄存器位设置和读寄存器位清除
电源供电功能引脚			
7,11,18,25,34,35,41,50,61	GND		电源地
51	VCCD		数字电源,须 3.3 V 供电
8,40	VCCIO		介质无关接口供电,2.5 V 或 3.3 V
21,22	VCCA		模拟电源,须 3.3 V 供电

注意:I/O 类型定义如下:

I:输入,Input;

O:输出,Output;

I/O:输入/输出;

AI:模拟输入,Analog In;

OD:开漏,Open Drain。

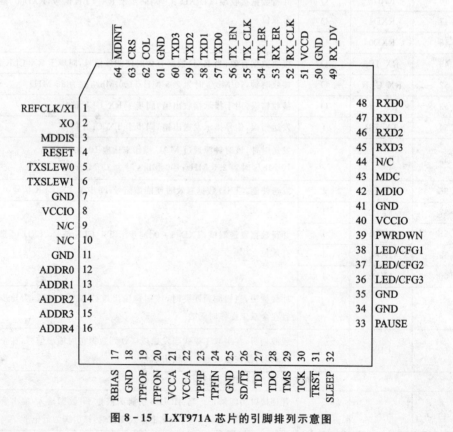

图 8 - 15　LXT971A 芯片的引脚排列示意图

表 8 - 9　　LTX971A 自动协商模式

LED1/CFG1	LED2/CFG2	LED3/CFG3	强制模式
0	0	0	10BASE-T,半双工
0	0	1	10BASE-T,全双工
0	1	0	100BASE-TX,半双工
0	1	1	100BASE-TX,全双工
LED1/CFG1	LED2/CFG2	LED3/CFG3	通告模式
1	0	0	10BASE-T,半双工
1	0	1	100BASE-TX,全双工
1	1	0	10BASE-T,半双工
			100BASE-TX,半双工
1	1	1	10BASE-T,半/全双工
			100BASE-TX,半/全双工

2. LTX971A 应用

LTX971A 以太网物理层收发器提供介质无关接口(MII)支持双绞线连接,并提供光纤接口支持。

(1) 介质无关接口(MII)连接

LTX971A 以太网物理层收发器的介质无关接口连接示意图如图 8 - 16 所示。

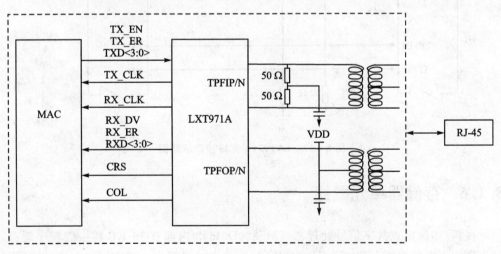

图 8 - 16　LXT971A 介质无关接口示意图

(2) 光纤(Fiber)连接

LTX971A 以太网物理层收发器提供的光纤接口与光纤收发器的连接示意图如图 8-17 所示,图中的 PECL 至 LVPECL 逻辑转换则是用于采用 5 V 光纤收发器时信号电平输入转换。

注意: PECL(Positive Emitter-Coupled Logic),正极性耦合逻辑;

LVPECL(Low Voltage Positive Emitter-Coupled Logic),低电压正极性耦合逻辑。

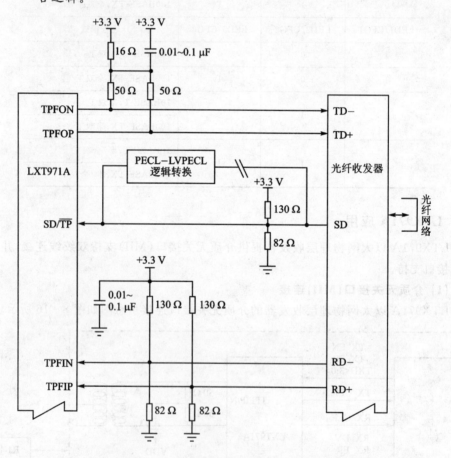

图 8-17　LXT971A 光纤接口示意图

8.1.6　存储器单元概述

视频/图像定点数字信号处理器 TMS320DM642 内部有 16 KB 的一级程序缓存,16 KB 的一级数据缓存和 256 KB 的程序数据共享二级缓存。但这对于直接处理图像数据是不够的,因此扩展了 2 片 128 Mb×32 位的 SDRAM 存储器 MT48LC4M32 来存放原始图像数据,以及 1 片 32 Mb 的 FLASH 存储器 MX29LV320B(可配置成 4 Mb×

8 位或 2 Mb×16 位)来存放应用程序,这两种存储器都映射到 TMS320DM642 的外部数据空间。

8.1.7　CPLD 用户 I/O 扩展单元概述

本系统采用的 CPLD 是 Xilinx 公司的典型芯片型号 XC95144。该芯片具有 144 个宏单元,3 200 个逻辑门,7.5 ns 引脚对引脚的逻辑延迟,111 MHz 的系统频率。

在本系统中 XC95144 实现的主要功能如下:

- 给 FLASH 存储器、UART 接口等作地址解码;
- 给 FLASH 存储器提供 3 位的页选信号;
- 监控来自 UART 的电平中断信号,转换为边沿触发中断信号送给数字信号处理器;
- 扩展用户 I/O。

8.1.8　RS-485 通信接口单元概述

RS-485 通信接口单元在本系统中主要用于摄像头位置及云台的远程控制。本系统采用 MAX3485,为半双工通信。

MAX3485 是 Maxim 公司生产的用于 RS-485 与 RS-422 通信的 3.3 V 低功耗收发器,每个器件中都具有一个驱动器和一个接收器。驱动器具有短路电流限制,并可以通过热关断电路将驱动器输出置为高阻状态,防止过度的功率损耗;接收器输入具有失效保护特性,当输入开路时,可以确保逻辑高电平输出。MAX3485 具有限摆率驱动器,可以减小 EMI,并降低由不恰当的终端匹配电缆引起的反射,可以实现最高 10 Mb/s 的无差错数据传输。图 8-18 是一个由 MAX3485 组成的 RS-485 通信网络节点示意图。

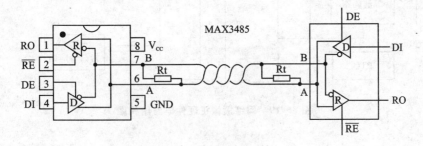

图 8-18　MAX3485 硬件应用示意图

8.2　网络摄像机硬件设计

网络摄像机的硬件电路设计主要包括数字信号处理器核心电路、视频采集电路、视频编码电路、音频编解码及输入/输出电路、以太网通信接口电路、存储器电路、CPLD用户 I/O 扩展、RS-485 通信接口电路等部分,这部分电路都以视频/图像定点数字信号处理器 TMS320DM642 为核心,此外还有电源供电电路。网络摄像机硬件电路结构图如图 8-19 所示。

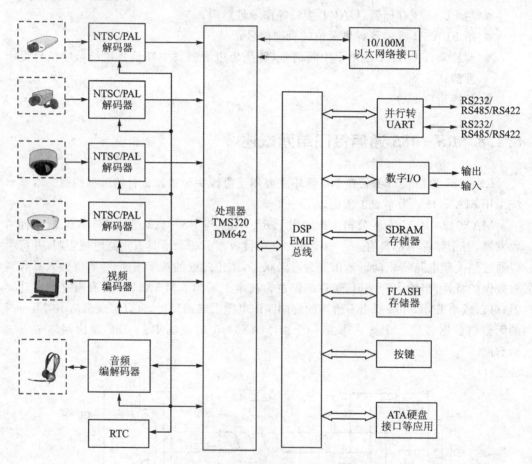

图 8-19　网络摄像机硬件电路结构图

8.2.1　电源供电电路

硬件系统的主供电电源分为两组,一组是 3.3 V 供电,另外一组是数字信号处理器 TMS320DM642 的内核供电,采用的是直接降压稳压芯片 TPS54310,如图 8－20 所示。

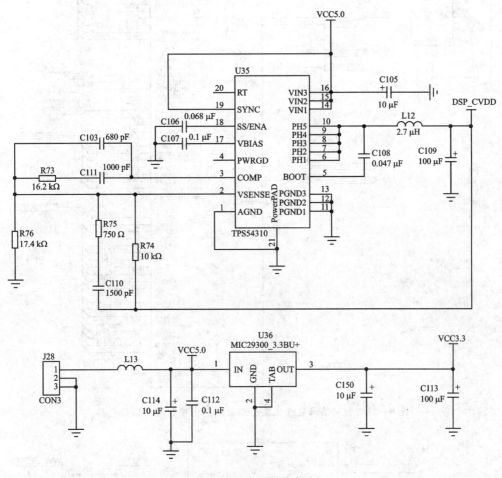

图 8－20　电源供电电路

8.2.2　数字信号处理器核心电路

网络摄像机的各部分硬件电路都是以 TMS320DM642 为核心的,其主要硬件接口电路部分原理图如图 8－21～图 8－23 所示。

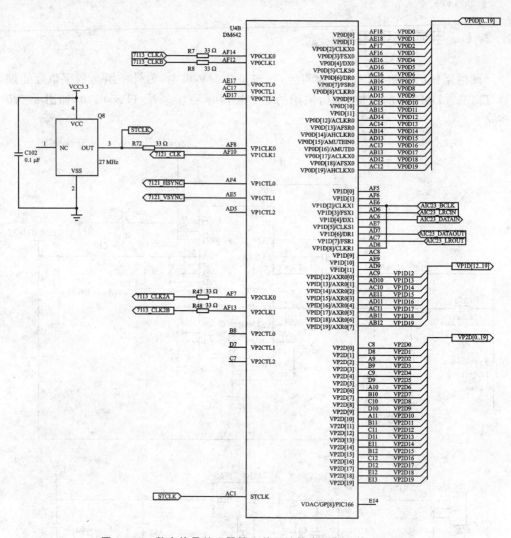

图 8-21　数字信号处理器核心单元端的音视频硬件接口电路

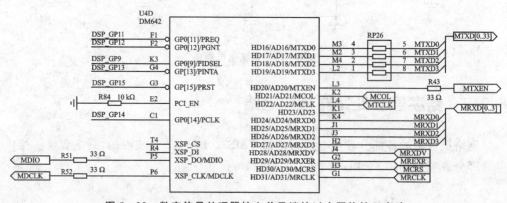

图 8-22　数字信号处理器核心单元端的以太网络接口电路

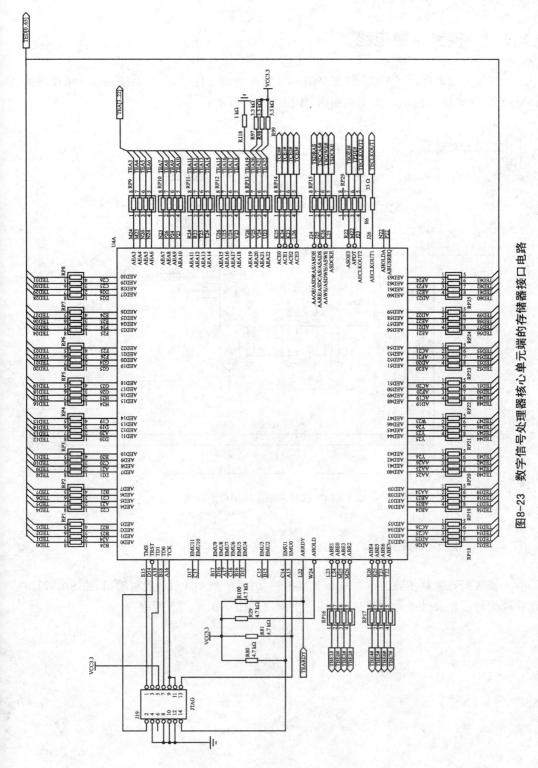

图8-23　数字信号处理器核心单元的存储器接口电路

8.2.3 视频采集电路

视频采集电路由 SAA7113 视频解码芯片及外围元件组成,本系统共有 4 路视频采集通道,其硬件电路原理图基本相同,如图 8-24 所示。

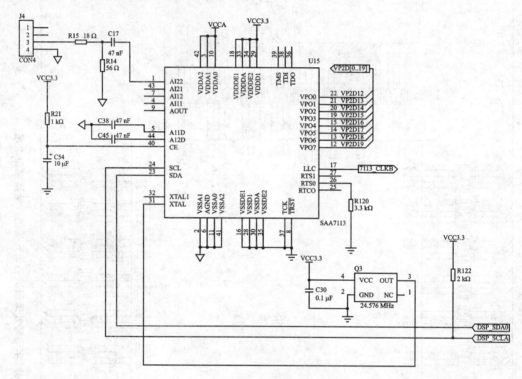

图 8-24 视频采集电路硬件原理图

8.2.4 视频编码电路

视频编码电路主要实现本地视频监控的功能,一般由 VGA 接口输出,由 SAA7121 视频编码芯片及外围元件组成,其硬件电路原理图如图 8-25 所示。

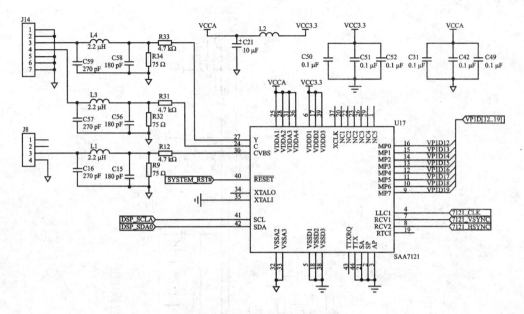

图 8 - 25　视频编码电路硬件原理图

8.2.5　音频编解码电路

音频编解码电路主要实现音频输入/输出功能,由 TLV320AIC23B 数字立体声编解码芯片及外围元件组成,其硬件电路原理图如图 8 - 26 所示。

8.2.6　存储器电路

本系统采用 SDRAM 存储器来存储原始图像,使用 FLASH 存储器存放相关应用程序。SDRAM 存储器的硬件电路原理图如图 8 - 27 所示,限于篇幅图中仅列出了 1 片 SDRAM 的硬件连接图,另外 1 片则省略介绍。FLASH 存储器的硬件电路原理图如图 8 - 28 所示。

8.2.7　以太网通信接口电路

以太网通信电路由 LXT971ALC 及其外围元件组成,详细电路如图 8 - 29 所示。

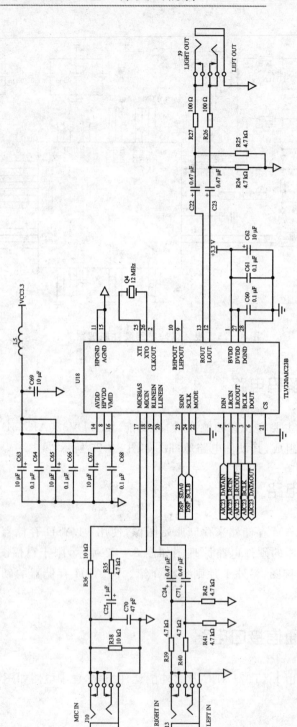

图8-26 音频编解码电路硬件原理图

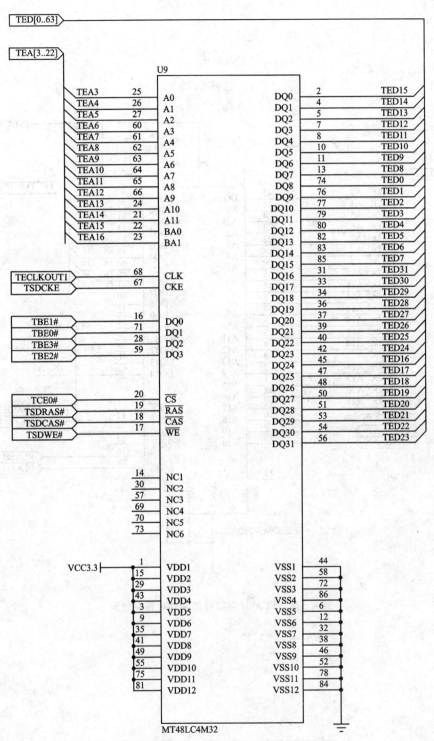

图 8 - 27　SDRAM 存储器的硬件电路原理图

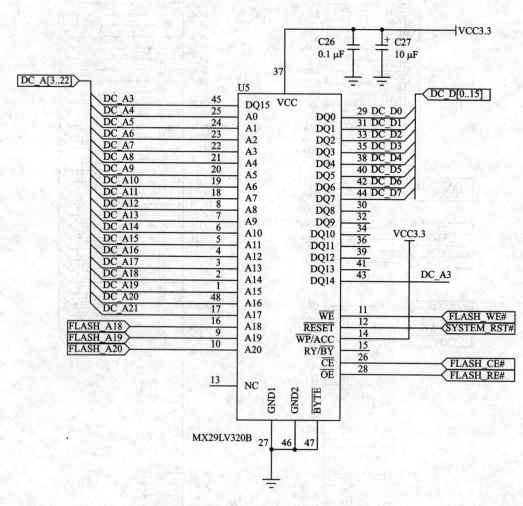

图 8-28　FLASH 存储器的硬件电路原理图

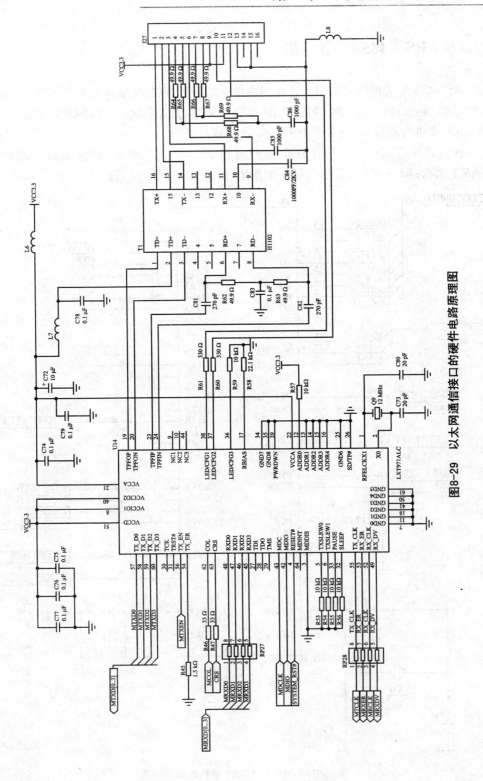

图 8-29　以太网通信接口的硬件电路原理图

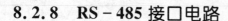

8.2.8 RS-485 接口电路

RS-485 通信接口主要用于连接到摄像头的云台,调整控制位置和角度等,相关的操作可以通过 RS-485 接口进行,该部分电路需要先由并行数据转 UART 芯片 TL16C752 进行转换,再连接至 RS-485 收发器。

转换芯片 TL16C752 的硬件电路原理图如图 8-30 所示,它能同时驱动多个 UART 输出;RS-485 收发器的硬件电路原理图如图 8-31 所示。

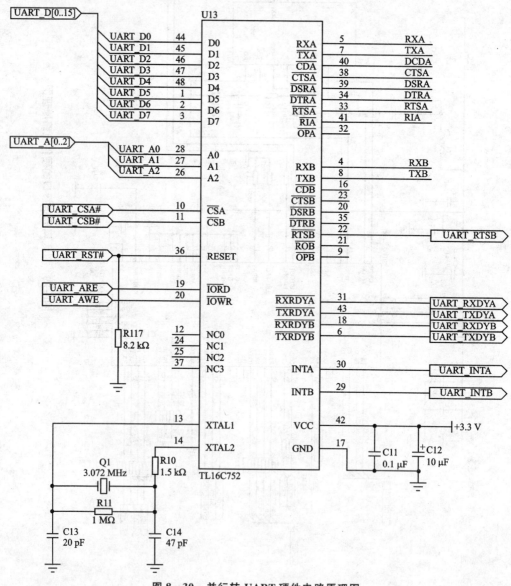

图 8-30 并行转 UART 硬件电路原理图

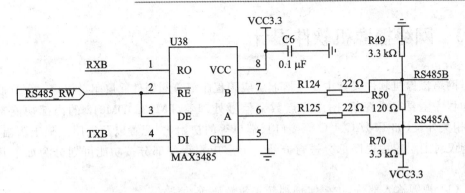

图 8 - 31　RS - 485 收发器硬件电路原理图

8.2.9　CPLD 用户 I/O 扩展

XC95144 主要用于用户 I/O 扩展、存储器分页选择等功能,其硬件电路原理图如图 8 - 32 所示。

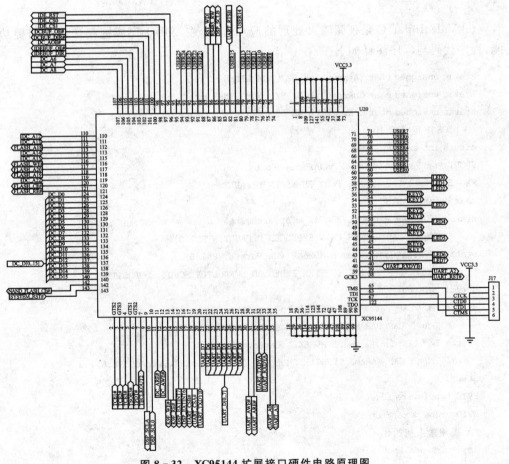

图 8 - 32　XC95144 扩展接口硬件电路原理图

8.3 网络摄像机软件设计

网络摄像机软件设计主要包括上层应用程序部分和硬件底层驱动程序。硬件底层驱动程序主要完成视频/图像定点数字信号处理器 TMS320DM642 的内部功能寄存器、相关外设(如 EMAC、I^2C 等接口)、端口等的初始化、配置以及应用。限于篇幅,本实例仅对上层应用程序部分进行介绍。上层应用程序部分按功能可划分为如下几个部分:

(1) 视频输入部分,主要实现视频采集解码等功能;

(2) 视频输出部分,实现视频监控输出等功能;

(3) 核心单元处理部分;

(4) 网络通信部分;

(5) 音频输入/输出部分等。

8.3.1 视频输入部分

tskVideoInput.C 是视频输入处理的应用程序,主要用于完成视频采集和捕捉功能,程序代码与程序注释如下。

```
static unsigned char YArray[LINE_SZ * NUM_LINES * 2];
static unsigned char CbArray[(LINE_SZ * NUM_LINES * 2)>>1];
static unsigned char CrArray[(LINE_SZ * NUM_LINES * 2)>>1];
/ * BIOS 中定义的 ID * /
extern int extHeap;
VPORT_PortParams EVMDM642_vCapParamsPort
  = EVMDM642_CAP_PARAMS_PORT_EMBEDDED_DEFAULT;
# if defined _NTSC
static VPORTCAP_Params EVMDM642_vCapParamsChan
  = EVMDM642_CAP_PARAMS_CHAN_EMBEDDED_DEFAULT(NTSC720);
static TVP51XX_ConfParams EVMDM642_vCapParamsTVP5146
  = EVMDM642_CAP_PARAMS_TVP51XX_EMBEDDED_DEFAULT(NTSC601,COMPOSITE,0);
# elif defined _PAL
static VPORTCAP_Params EVMDM642_vCapParamsChan
  = EVMDM642_CAP_PARAMS_CHAN_EMBEDDED_DEFAULT(PAL720);
static TVP51XX_ConfParams EVMDM642_vCapParamsTVP5146
  = EVMDM642_CAP_PARAMS_TVP51XX_EMBEDDED_DEFAULT(PAL601,COMPOSITE,0);
# endif
FVID_Handle   capChan;
FVID_Frame * capFrameBuf;
/ * 视频输入初始化 * /
void tskVideoInputInit()
```

```
    {
        int             status;
        EVMDM642_vCapParamsChan. segId = extHeap;
        EVMDM642_vCapParamsTVP5146. hI2C = EVMDM642_I2C_hI2C;
        capChan = FVID_create("/VP0CAPTURE/A/0",
            IOM_INPUT,&status,(Ptr)&EVMDM642_vCapParamsChan,NULL);
        FVID_control(capChan,VPORT_CMD_EDC_BASE + EDC_CONFIG,(Ptr)&EVMDM642_
vCapParamsTVP5146);
    }
    /* 视频输入采集开始 */
    void tskVideoInputStart()
    {
        FVID_control(capChan,VPORT_CMD_START,NULL);
    }
    /* 捕捉视频,缩放,重定义格式 */
    void tskVideoInput()
    {
        int frame = 0;
        SCOM_Handle fromInputtoProc,fromProctoInput;
        char * outBuf[3];
        char * inBuf[3];
        ScomMessage scomMsg;
        ScomMessage * pMsgBuf;
        fromInputtoProc = SCOM_open("INTOPROC");
        fromProctoInput = SCOM_open("PROCTOIN");
        FVID_alloc(capChan,&capFrameBuf);
        pMsgBuf = &scomMsg;
        while(1)
        {
            frame ++ ;                                    //连续捕捉帧
            UTL_stsStart( stsCapTime);
            inBuf[0]    = capFrameBuf - >frame. iFrm. y1;    //Y 帧
            inBuf[1]    = capFrameBuf - >frame. iFrm. cb1;   //Cb 帧
            inBuf[2]    = capFrameBuf - >frame. iFrm. cr1;   //Cr 帧
            outBuf[0] =    (char * )YArray;
            outBuf[1] =    (char * )CbArray;
            outBuf[2] =    (char * )CrArray;
            yuv422to420(inBuf,outBuf,LINE_SZ,NUM_LINES);     //YUV422 转 420 格式
            UTL_stsStop( stsCapTime);
            pMsgBuf - >bufY = YArray;
            pMsgBuf - >bufU = CbArray;
            pMsgBuf - >bufV = CrArray;
            SCOM_putMsg(fromInputtoProc,pMsgBuf);
```

```
        //计算一帧捕捉时间
        UTL_stsPeriod( stsCycleTime);
        FVID_exchange(capChan,&capFrameBuf);
        pMsgBuf = SCOM_getMsg(fromProctoInput,SYS_FOREVER);
    }
}
```

8.3.2　视频输出部分

tskVideoOutput. C 是视频输出处理的应用程序,它实现的是本地视频监控输出功能,即对视频编码器 SAA7121 进行配置,该文件的主要功能函数如下。

```
/* 视频输出初始化,即初始化 SAA7121 视频编码器 */
void tskVideoOutputInit()
{
    int              status;
    EVMDM642_vDisParamsChan.segId = extHeap;
    EVMDM642_vDisParamssaa7121.hI2C = EVMDM642_I2C_hI2C;//SAA7121 参数配置
    disChan = FVID_create("/VP1DISPLAY",IOM_OUTPUT,
        &status,(Ptr)&EVMDM642_vDisParamsChan,NULL);
    FVID_control(disChan,VPORT_CMD_EDC_BASE + EDC_CONFIG,(Ptr)&EVMDM642_
vDisParamssaa7121);
}
/* 视频监控输出启动 */
void tskVideoOutputStart()
{
    FVID_control(disChan,VPORT_CMD_START,NULL);
}
/* 视频输出线程 */
void tskVideoOutput()
{
    char * inBuf[3],* outBuf[3];
    SCOM_Handle fromProctoOut,fromOuttoProc;
    ScomMessage * pMsgBuf;
    fromProctoOut = SCOM_open("PROCTOOUT");
    fromOuttoProc = SCOM_open("OUTTOPROC");
    FVID_alloc(disChan,&disFrameBuf);
    while(1)
    {
        pMsgBuf = SCOM_getMsg(fromProctoOut,SYS_FOREVER);
        UTL_stsStart( stsDispTime);
        inBuf[0] = pMsgBuf - >bufY;                //Y信号
```

```
    inBuf[1] = pMsgBuf - >bufU;                      //U 信号
    inBuf[2] = pMsgBuf - >bufV;                      //V 信号
    outBuf[0] =   disFrameBuf - >frame.iFrm.y1;   //Y 帧
    outBuf[1] =   disFrameBuf - >frame.iFrm.cb1;  //Cb 帧
    outBuf[2] =   disFrameBuf - >frame.iFrm.cr1;  //Cr 帧
  yuv420to422(inBuf,outBuf,LINE_SZ,NUM_LINES);  //YUV4：2：0 格式转化成 YUV4：2：2
    UTL_stsStop( stsDispTime);
    SCOM_putMsg(fromOuttoProc,pMsgBuf);
    FVID_exchange(disChan,&disFrameBuf);
  }
}
```

8.3.3　核心单元处理程序

核心单元处理程序主要包括各功能模块程序调用、编码和解码进程处理,以及输入/输出视频格式互换。

1. tskmain.C

程序文件 tskmain.C 是网络摄像机系统的主调用程序,完成各个功能的调用及处理,实现视频输入/输出等功能。

```
/*网络摄像机系统主程序*/
void main()
{
    //首先开启高速缓存
    CSL_init();
    CACHE_clean(CACHE_L2ALL,0,0);
    CACHE_setL2Mode(CACHE_128KCACHE);
    CACHE_enableCaching(CACHE_EMIFA_CE00);
    CACHE_enableCaching(CACHE_EMIFA_CE01);
    DAT_open(DAT_CHAANY,DAT_PRI_LOW,DAT_OPEN_2D);
    CACHE_setL2Queue(0x3,0x7);
    CACHE_setL2Queue(0x1,0x7);
    CACHE_setPriL2Req(CACHE_L2PRIHIGH);
    /*初始化 ACPY,DMAN*/
    ACPY2_6X1X_init();
    DMAN_init();
    DMAN_setup(intHeap);
    ⋮
    /*视频输入程序初始化*/
    tskVideoInputInit();
    /*视频输出程序初始化*/
```

```
    tskVideoOutputInit();
    /* 启动输入的视频捕捉 */
    tskVideoInputStart();
    /* 启动视频监控端的输出 */
    tskVideoOutputStart();
    UTL_logDebug( "Video I/O started");
    /* 输入输出初始化，即编码和解码端初始化 */
    tskProcessInit();
    /* 执行输入输出 */
    tskProcessStart();
    UTL_logDebug( "Process thread started");
    /* 线程控制初始化 */
    thrControlInit();
    /* 线程控制,用于启动线程 */
    thrControlStartup();
    UTL_logDebug("Control thread started");
    /* 创建进程信息 */
    SCOM_create("INTOPROC",NULL);
    SCOM_create("PROCTOIN",NULL);
    SCOM_create("PROCTOOUT",NULL);
    SCOM_create("OUTTOPROC",NULL);
    SCOM_create("PROCTONET",NULL);
    SCOM_create("NETTOPROC",NULL);
    UTL_logDebug( "Application started");
    UTL_showHeapUsage( intHeap);
    UTL_showHeapUsage( extHeap);
}
```

2. tskProcess.C

文件 tskProcess.C 是 JPEG 编码和解码处理程序,主要功能函数如下。

```
/* 编解码系统初始化 */
void tskProcessInit()
{
    int chanNum;
    ICELL_Obj    *cell;
    ICC_Handle   inputIcc;
    ICC_Handle   outputIcc;
    /* 编码器初始化和解码器初始化 */
    JPEGENC_TI_init();
JPEGDEC_TI_init();
/* 设置算法 */
    jpegencParams = IJPEGENC_PARAMS;
```

```
        jpegdecParams = IJPEGDEC_PARAMS;
        ⋮
}
/* 编解码处理进程启动 */
void tskProcessStart()
{
    int chanNum;
    for( chanNum = 0; chanNum < PROCESSNUMCHANNELS; chanNum ++ )
    {
        //开启编码通道
        CHAN_open( &thrProcess.chanListEncode[chanNum],
                    &thrProcess.cellListEncode[(chanNum * PROCESSNUMCELLS)],
                    PROCESSNUMCELLS,NULL);
        //开启解码通道
        CHAN_open( &thrProcess.chanListDecode[chanNum],
                    &thrProcess.cellListDecode[(chanNum * PROCESSNUMCELLS)],
                    PROCESSNUMCELLS,NULL);
    }
}
/* 编码和解码处理等任务主进程 */
void tskProcess()
{
    int i;
    ScomMessage * pMsgBuf;
    ScomMessage scomMsg;
    void * inBuf[3];
    void * outBuf[3];
    int   jpg_size;
    int framenum = 0;
    CHAN_Handle chanHandle;
    SCOM_Handle fromInputtoProc,fromProctoInput;
    SCOM_Handle fromOuttoProc,fromProctoOut;
    SCOM_Handle fromNettoProc,fromProctoNet;
    fromInputtoProc = SCOM_open("INTOPROC");
    fromProctoInput = SCOM_open("PROCTOIN");
    fromProctoOut    = SCOM_open("PROCTOOUT");
    fromOuttoProc    = SCOM_open("OUTTOPROC");
    fromProctoNet    = SCOM_open("PROCTONET");
    fromNettoProc    = SCOM_open("NETTOPROC");
    while(1)
    {
        checkMsg();
        framenum ++ ;
```

```
for( i = 0; i<PROCESSNUMCHANNELS; i ++ )
{
        //获取输入缓存
        pMsgBuf = SCOM_getMsg(fromInputtoProc,SYS_FOREVER);
        //处理编码通道
        chanHandle = &thrProcess.chanListEncode[i];
        chanHandle->state = CHAN_ACTIVE;
        //输入通道 = >Y,U,V
        inBuf[0] = pMsgBuf->bufY;
        inBuf[1] = pMsgBuf->bufU;
        inBuf[2] = pMsgBuf->bufV;
        ICC_setBuf( chanHandle->cellSet[0].inputIcc[0],
                    inBuf,sizeof(void * ) * 3);
        //通道输出
        outBuf[0] = &jpg_size;
        outBuf[1] = jpg_img;
        ICC_setBuf( chanHandle->cellSet[0].outputIcc[0],
                    outBuf,sizeof(void * ) * 2);
        //通道执行
        CHAN_execute( chanHandle,framenum);
        //通知捕捉程序执行完成
        SCOM_putMsg( fromProctoInput,pMsgBuf);
        //投送至网络
        scomMsg.sizeLinear = jpg_size;
        scomMsg.bufLinear  = jpg_img;
        SCOM_putMsg( fromProctoNet,&scomMsg);
        //处理解码通道
        chanHandle = &thrProcess.chanListDecode[i];
        chanHandle->state = CHAN_ACTIVE;
        inBuf[0] = &jpg_size;
        inBuf[1] = jpg_img;
        ICC_setBuf( chanHandle->cellSet[0].inputIcc[0],
                    inBuf,sizeof(void * ) * 2);
        outBuf[0] = (void * )dec_out_y;
        outBuf[1] = (void * )dec_out_u;
        outBuf[2] = (void * )dec_out_v;
        ICC_setBuf( chanHandle->cellSet[0].outputIcc[0],
                    outBuf,sizeof(void * ) * 3);
        //通道执行
        CHAN_execute( chanHandle,framenum);
        //获取从网络返回的信息缓存
        SCOM_getMsg(fromNettoProc,SYS_FOREVER);
        //投送缓存至显示任务
```

```
        scomMsg.bufY = (void * )dec_out_y;
        scomMsg.bufU = (void * )dec_out_u;
        scomMsg.bufV = (void * )dec_out_v;
        SCOM_putMsg( fromProctoOut,&scomMsg);
        //获取显示缓存返回信息
        SCOM_getMsg(fromOuttoProc,SYS_FOREVER);
        }
    }
}
```

3. tskConvert. C

程序文件 tskConvert. C 的主要功能是实现输入/输出视频格式 YUV4：2：2 与 YUV4：2：0 之间的互换，详细代码如下。

```
/* 视频格式为 YUV4：2：2 转换为 YUV4：2：0 */
void yuv422to420( char * frameIn[],char * frm_out[],int width,int height)
{
    char * pSrcY = frameIn[0];
    char * pSrcU = frameIn[1];
    char * pSrcV = frameIn[2];
    char * pDestY = frm_out[0];
    char * pDestU = frm_out[1];
    char * pDestV = frm_out[2];
    unsigned int id;
    unsigned int i;
    for( i = 0; i < height; i ++ )
    {
        id = DAT_copy(pSrcY + (i * 720),int_mem_temp,720);
        id = DAT_copy(int_mem_temp,        pDestY + (i * 720),   720);
        DAT_wait(id);
    }
    for( i = 0; i < (height >> 1); i ++ )
    {
        id = DAT_copy(pSrcU + (i * 720),int_mem_temp,360);
        id = DAT_copy(int_mem_temp,        pDestU + (i * 360),   360);
        DAT_wait(id);
    }
    for( i = 0; i < (height >> 1); i ++ )
    {
        id = DAT_copy(pSrcV + (i * 720),int_mem_temp,360);
        id = DAT_copy(int_mem_temp,        pDestV + (i * 360),   360);
        DAT_wait(id);
    }
```

```
    return ;

}
/* 视频格式为 YUV4：2：0 转换为 YUV4：2：2 */
void yuv420to422( char * frameIn[],char * frm_out[],int width,int height)
{
    char * pSrcY = frameIn[0];
    char * pSrcU = frameIn[1];
    char * pSrcV = frameIn[2];
    char * pDestY = frm_out[0];
    char * pDestU = frm_out[1];
    char * pDestV = frm_out[2];
    unsigned int id;
    unsigned int i;
    for( i = 0; i < height; i ++ )
    {
        id = DAT_copy(pSrcY + (i * 720),int_mem_temp,720);
        id = DAT_copy(int_mem_temp,        pDestY + (i * 720),   720);
        DAT_wait(id);
    }
    for( i = 0; i < (height >> 1); i ++ )
    {
        id = DAT_copy(pSrcU + (i * 360),int_mem_temp,360);
        id = DAT_copy(int_mem_temp,        pDestU + ((2 * i) * 360),   360);
        id = DAT_copy(int_mem_temp,        pDestU + ((2 * i + 1) * 360),  360);
        DAT_wait(id);
    }
    for( i = 0; i < (height >> 1); i ++ )
    {
        id = DAT_copy(pSrcV + (i * 360),int_mem_temp,360);
        id = DAT_copy(int_mem_temp,        pDestV + ((2 * i) * 360),    360);
        id = DAT_copy(int_mem_temp,        pDestV + ((2 * i + 1) * 360),  360);
        DAT_wait(id);
    }
    return ;

}
```

8.3.4　以太网通信软件设计

以太网接口的网络通信软件的应用程序代码主要有 3 个部分,分别包括在 network_main.C、tskNetwork.C、dm642_init.C 等 3 个程序文件中。

1. network_main.C

文件 network_main.C 是以太网通信程序的主调用程序,实现创建网页、移除网页、TCP/IP 参数配置、开启和关闭网络等功能,详细程序代码与程序注释如下文介绍。

```
//创建网页文件
extern void AddWebFiles(void);
//移除网页文件
extern void RemoveWebFiles(void);
/**********网页标签 **********/
char * VerStr = "\nTCP/IP Stack: IP Camera\n";
/**********网页控制调用功能程序 ************/
static void    NetworkOpen();                        //打开网页
static void    NetworkClose();                       //关闭网页
static void    NetworkIPAddr( IPN IPAddr,uint IfIdx,uint fAdd);//网页固定 IP 地址
//服务报告程序
static void    ServiceReport( uint Item,uint Status,uint Report,HANDLE hCfgEntry);
/**********TCP/IP 参数配置 ***************/
char * HostName      = "IPCamera";
char * LocalIPAddr   = "192.168.0.253";              //本地 IP 地址
char * LocalIPMask   = "255.255.255.0";              //IP 掩码
char * GatewayIP     = "192.168.0.1";                //网关地址
char * DomainName    = "demo.net";                   //域名
char * DNSServer     = "0.0.0.0";                    //DNS 服务域
//定义 CDB 文档
extern uint extHeap;
//主调用程序
void network_main()
{
    int              rc;
    HANDLE           hCfg;
CI_SERVICE_HTTP    http;
/*******第一个调用程序 *********/
rc = NC_SystemOpen( NC_PRIORITY_LOW,NC_OPMODE_INTERRUPT);
    if( rc)
    {
        printf("NC_SystemOpen Failed ( %d)\n",rc);
        for(;;);
    }
    _mmBulkAllocSeg( extHeap);
    //显示 Banner
    printf(VerStr);
    //当 EDMA 中断配置后,使能 EDMA 中断
    C62_enableIER( 1<<8);
/***************创建系统配置功能 ***********/
    //建立新配置
```

```
hCfg = CfgNew();
if( ! hCfg)
{
    printf("Unable to create configuration\n");
    goto main_exit;
}
//验证域名和主机名称的长度
if( strlen( DomainName) > = CFG_DOMAIN_MAX ||
    strlen( HostName) > = CFG_HOSTNAME_MAX)
{
    printf("Names too long\n");
    goto main_exit;
}
//添加全局主机名至 hCfg(声名连接域)
CfgAddEntry( hCfg,CFGTAG_SYSINFO,CFGITEM_DHCP_HOSTNAME,0,
                strlen(HostName),(UINT8 * )HostName,0);
//如果指定 IP 地址,手动配置 IP 地址和网关
if( inet_addr(LocalIPAddr))
{
    CI_IPNET NA;
    CI_ROUTE RT;
    IPN      IPTmp;
    //手动设置 IP 地址
    bzero( &NA,sizeof(NA));
    NA.IPAddr   = inet_addr(LocalIPAddr);
    NA.IPMask   = inet_addr(LocalIPMask);
    strcpy( NA.Domain,DomainName);
    NA.NetType = 0;
    //将地址添加到界面 1
    CfgAddEntry( hCfg,CFGTAG_IPNET,1,0,
                        sizeof(CI_IPNET),(UINT8 * )&NA,0);
    //添加默认网关,当默认设置时,相关参数位都是 0
    bzero( &RT,sizeof(RT));
    RT.IPDestAddr = 0;
    RT.IPDestMask = 0;
    RT.IPGateAddr = inet_addr(GatewayIP);
    //添加路由
    CfgAddEntry( hCfg,CFGTAG_ROUTE,0,0,
                        sizeof(CI_ROUTE),(UINT8 * )&RT,0);
    //当指定 DNS 服务器时手动添加
    IPTmp = inet_addr(DNSServer);
    if( IPTmp)
        CfgAddEntry( hCfg,CFGTAG_SYSINFO,CFGITEM_DHCP_DOMAINNAMESERVER,
```

```
                       0,sizeof(IPTmp),(UINT8 *)&IPTmp,0);
    }
    //设置 DHCP
    else
    {
        CI_SERVICE_DHCPC dhcpc;
        //设置 DHCP 服务器
        bzero( &dhcpc,sizeof(dhcpc));
        dhcpc.cisargs.Mode    = CIS_FLG_IFIDXVALID;
        dhcpc.cisargs.IfIdx   = 1;
        dhcpc.cisargs.pCbSrv = &ServiceReport;
        CfgAddEntry( hCfg,CFGTAG_SERVICE,CFGITEM_SERVICE_DHCPCLIENT,0,
                     sizeof(dhcpc),(UINT8 * )&dhcpc,0);
    }
    //添加网页文件
    AddWebFiles();
    //添加 HTTP
    bzero( &http,sizeof(http));
    http.cisargs.IPAddr = INADDR_ANY;
    http.cisargs.pCbSrv = &ServiceReport;
    CfgAddEntry( hCfg,CFGTAG_SERVICE,CFGITEM_SERVICE_HTTP,0,
                 sizeof(http),(UINT8 * )&http,0);
    // **********配置 IP 栈功能 *********/
    //调试函数
    rc = DBG_WARN;
    CfgAddEntry( hCfg,CFGTAG_OS,CFGITEM_OS_DBGPRINTLEVEL,
                 CFG_ADDMODE_UNIQUE,sizeof(uint),(UINT8 * )&rc,0);
    //改变 socket 缓存尺寸为 8704 字节
    rc = 8760;
    CfgAddEntry(hCfg,CFGTAG_IP,CFGITEM_IP_PIPEBUFMAX,
                 CFG_ADDMODE_UNIQUE,sizeof(uint),(UINT8 * )&rc,0);
    //使用相关参数配置时需开机重启
    do
    {
        rc = NC_NetStart( hCfg,NetworkOpen,NetworkClose,NetworkIPAddr);
    } while( rc > 0);
    //释放网页文件
    RemoveWebFiles();
    //删除配置
    CfgFree( hCfg);
    //关闭系统
main_exit:
    NC_SystemClose();
```

```
}
/ ************ 系统任务代码相关功能函数 ***********/
//开启网络,此函数用于参数配置重启时的功能调用
static void NetworkOpen()
{
}
//关闭网络,此函数用于网络关闭,或者未分配 IP 地址时关闭网络
static void NetworkClose()
{
}
extern void tskNetwork();
//绑定网络 IP 地址,此函数在系统添加或移除时调用
static void NetworkIPAddr( IPN IPAddr,uint IfIdx,uint fAdd)
{
    static uint fSystemReady = 0;
    IPN IPTmp;
    if( fAdd)
        printf("Network Added: ");
    else
        printf("Network Removed: ");
    //输出 IP 地址
    IPTmp = ntohl( IPAddr);
    printf("If - %d: %d. %d. %d. %d\n",IfIdx,
            (UINT8)(IPTmp>>24)&0xFF,(UINT8)(IPTmp>>16)&0xFF,
            (UINT8)(IPTmp>>8)&0xFF,(UINT8)IPTmp&0xFF);
    //当未运行时初始化,直到取得了 IP 地址
    if( fAdd && ! fSystemReady)
    {
        fSystemReady = 1;
        TaskCreate( tskNetwork,"NetRF5",5,0x1000,0,0,0);
    }
}
/ *********** 服务器状态报告 *************/
static char * TaskName[]   = { "Telnet","HTTP","NAT","DHCPS","DHCPC","DNS" };
                                                //系统任务名称
static char * ReportStr[] = { "","Running","Updated","Complete","Fault" };
                                                //报告字段
static char * StatusStr[] = { "Disabled","Waiting","IPTerm","Failed","Enabled" };
                                                //状态字段
static void ServiceReport( uint Item,uint Status,uint Report,HANDLE h)
                                                //调用句柄
{
    printf( "Service Status: % - 9s: % - 9s: % - 9s: %03d\n",
```

```
                TaskName[Item - 1],StatusStr[Status],
                ReportStr[Report/256],Report&0xFF);
//例程
    if( Item == CFGITEM_SERVICE_DHCPCLIENT &&
        Status == CIS_SRV_STATUS_ENABLED &&
        (Report == (NETTOOLS_STAT_RUNNING|DHCPCODE_IPADD) ||
         Report == (NETTOOLS_STAT_RUNNING|DHCPCODE_IPRENEW)))
    {
        IPN IPTmp;
        //当指定 DNS 服务器时手动添加
        IPTmp = inet_addr(DNSServer);
        if( IPTmp)
        CfgAddEntry( 0,CFGTAG_SYSINFO,CFGITEM_DHCP_DOMAINNAMESERVER,
                        0,sizeof(IPTmp),(UINT8 * )&IPTmp,0);
    }
}
```

2. tskNetwork.C

程序文件 tskNetwork.C 主要实现浏览网页数据的加载,其程序代码与程序注释如下。

```
/ * tskNetwork 主调用程序 * /
void tskNetwork()
{
    ScomMessage * pMsgBuf;
    SCOM_Handle fromNettoProc,fromProctoNet;
    int        jpg_size;
    UINT8      * jpg_buf;
    UINT8      * pFileBuffer;
    fromProctoNet = SCOM_open("PROCTONET");
    fromNettoProc = SCOM_open("NETTOPROC");
    for(;;)
    {
        / * 获取输入的缓存 * /
        pMsgBuf = SCOM_getMsg(fromProctoNet,SYS_FOREVER);
        jpg_size = pMsgBuf - >sizeLinear;
        jpg_buf   = pMsgBuf - >bufLinear;
        if( jpg_size > 0 && jpg_size < 192000)
        {
            pFileBuffer = mmBulkAlloc( jpg_size);
            if( pFileBuffer)
            {
                / * 网页图片等数据 * /
```

```
                        mmCopy( pFileBuffer,jpg_buf,jpg_size);
                        OEMCacheClean( jpg_buf,jpg_size);
                        efs_destroyfile( "image1.jpg");
                        efs_createfilecb( "image1.jpg",jpg_size,pFileBuffer,
                                    (EFSFUN)mmBulkFree,(UINT32)pFileBuffer);
                }
        }
        OEMCacheCleanSynch();
        /* 通知程序已经处理完成 */
        SCOM_putMsg(fromNettoProc,pMsgBuf);
    }
}
```

3. dm642init. c

文件 dm642init. c 是数字信号处理器 TMS320DM642 的以太网驱动程序,主要完成获取 EMAC 唯一地址码和链接状态等功能。

```
//新 CSL 功能
CSLAPI uint MDIO_phyRegWrite( uint phyIdx,uint phyReg,Uint16 data);
CSLAPI uint MDIO_phyRegRead( uint,uint,UINT16 *);
extern int StackTest();
//链接状态定义的字符串数组
static char * LinkStr[] = { "No Link",
                            "10Mb/s Half Duplex",
                            "10Mb/s Full Duplex",
                            "100Mb/s Half Duplex",
                            "100Mb/s Full Duplex" };
static UINT8 bMacAddr[8];
/* DM642 硬件初始化程序 */
void dm642_init()
{
    CACHE_enableCaching(CACHE_EMIFA_CE00);
    CACHE_enableCaching(CACHE_EMIFA_CE01);
    //初始化
    EVMDM642_init();
    EVMDM642_LED_init();
    //从 EMAC 获取唯一 MAC 地址码
    bMacAddr[0] = 0x6a;
    bMacAddr[1] = 0x58;
    bMacAddr[2] = 0x5f;
    bMacAddr[3] = 0x60;
    bMacAddr[4] = 0x46;
    bMacAddr[5] = 0x5e;
```

```
}
/ * * * * * * * * * * 获取 EMAC 配置函数 * * * * * * * * * * /
void DM642EMAC_getConfig( UINT8 * pMacAddr,uint * pIntVector)
{
    printf("Using MAC Address：% 02x - % 02x - % 02x - % 02x - % 02x - % 02x\n",
            bMacAddr[0],bMacAddr[1],bMacAddr[2],
            bMacAddr[3],bMacAddr[4],bMacAddr[5]);
    mmCopy( pMacAddr,bMacAddr,6);
    * pIntVector = 15;
}
/ * DM642 的 EMAC 链接状态,以太网驱动,该功能在链接状态变化时调用 * /
void DM642EMAC_linkStatus( uint phy,uint linkStatus)
{
    printf("Link Status：% s\n",LinkStr[linkStatus]);
    MDIO_phyRegWrite( phy,0x14,0xd5d0);
}
```

8.3.5　音频输入/输出部分

音频输入/输出部分主要完成数字立体声音频编解码器 TLV320AIC23B 寄存器配置、数字音频流编码和解码等功能演示,限于篇幅,这部分程序代码省略介绍,请读者参考光盘中的代码文件。

8.4　本章总结

本实例详细讲述了网络摄像机系统的硬件组成结构以及软硬件应用设计过程,在单颗 TMS320DM642 芯片上实现网络摄像机的主要功能,能对音视频进行实时的编解码和实时的网络传输。构建了 4 路视频采集输入 1 路视频监控输出的网络视频监控系统,图像质量高,开发难度低,易于升级,是一种比较理想的网络摄像机解决方案,可广泛应用于网络视频监控系统中。

为了简化应用,本实例未对 H.263 视频编解码作介绍,读者如在实际应用中需要详细了解 H.263 视频编解码,请参考 TI 公司发布的规格及相关收费文档。

第 **9** 章

安防认证设计

随着电子信息时代的到来,安防认证技术越来越得到深入应用。本章介绍两种常用的安防认证应用:加密认证和数字水印隐藏。

9.1　AES 加密

网络通信与计算机技术的迅猛发展使信息安全面临着严峻的挑战。旧的加密标准(DES)作为上世纪 70 年代的加密标准,其加密强度和安全性能越来越难以满足现时要求。在这种情况下,美国国家标准技术局(NIST)在 1997 年开始倡导制定高级加密标准 AES 替代 DES,以满足 21 世纪的信息加密要求。经过几年的招标、论证和筛选,比利时的 Joan Daeman 和 Vincent Rijmen 提交的 Rijndael 算法被提议为 AES(Rijndael)的最终算法。此算法将成为美国新的数据加密标准而被广泛应用在各个领域中。

AES 作为新一代的数据加密标准汇聚了强安全性、高性能、高效率、易用和灵活等优点,Rijndael 的信息块长度和加密密钥长度都是可变的,可以为 128 位、192 位和 256 位。论证表明,它能够抵抗目前技术水平下所有的已知和潜在的密码攻击,因而是更加安全可靠的机密算法。

9.1.1　AES 算法分析

在介绍 AES 算法之前,先介绍下有限域 $GF(2^8)$ 的加法和乘法。AES 所用的加法和乘法是基于数学(近世代数)的域论。尤其是 AES 基于有限域 $GF(2^8)$。

$GF(2^8)$ 由一组从 0x00～0xFF 的 256 个值组成,加上加法和乘法,因此是 2^8。GF 代表伽罗瓦域,以发明这一理论的数学家的名字命名。$GF(2^8)$ 的一个特性是一个加法或乘法的操作的结果必须是在 {0x00 ... 0xff} 这组数中。虽然域论是相当深奥的,但 $GF(2^8)$ 加法的最终结果却很简单。$GF(2^8)$ 加法就是异或(XOR)操作。

然而,$GF(2^8)$ 的乘法有点繁难。AES 的加密和解密例程需要知道怎样只用 7 个常量 0x01、0x02、0x03、0x09、0x0b、0x0d 和 0x0e 来相乘。此处不对 $GF(2^8)$ 的乘法作全面介绍，而只是针对这 7 种特殊情况进行说明。

在 $GF(2^8)$ 中用 0x01 的乘法是特殊的，它相当于普通算术中用 1 做乘法并且结果也同样——任何值乘 0x01 等于其自身。

现在让我们看看用 0x02 做乘法。和加法的情况相同，理论是深奥的，但最终结果十分简单。只要被乘的值小于 0x80，这时乘法的结果就是该值左移 1 位；如果被乘的值大于或等于 0x80，这时乘法的结果就是左移 1 位再用值 0x1B 异或。它防止了"域溢出"并保持乘法的乘积在范围以内。

一旦在 $GF(2^8)$ 中用 0x02 建立了加法和乘法，就可以用任何常量去定义乘法。用 0x03 做乘法时，可以将 0x03 分解为 2 的幂之和。比如用 0x03 乘以任意字节 b，由于

$$0x03 = 0x02 + 0x01 \tag{9-1}$$

因此，

$$b * 0x03 = b * (0x02 + 0x01) = (b * 0x02) + (b * 0x01) \tag{9-2}$$

是可以行得通的，因为已经知道如何用 0x02 和 0x01 相乘和相加。同理，用 0x0d 去乘以任意字节 b 可以这样做：

$$b * 0x0d = b * (0x08 + 0x04 + 0x01)$$
$$= (b * 0x08) + (b * 0x04) + (b * 0x01)$$
$$= (b * 0x02 * 0x02 * 0x02) + (b * 0x02 * 0x02) + (b * 0x01) \tag{9-3}$$

在加解密算法中，AES 的 MixColumns 程序的其他乘法遵循大体相同的模式，同样分解成 0x02 和 0x01 相乘和相加，如下所示：

$$b * 0x09 = b * (0x08 + 0x01) = (b * 0x02 * 0x02 * 0x02) + (b * 0x01) \tag{9-4}$$
$$b * 0x0b = b * (0x08 + 0x02 + 0x01)$$
$$= (b * 0x02 * 0x02 * 0x02) + (b * 0x02) + (b * 0x01) \tag{9-5}$$
$$b * 0x0e = b * (0x08 + 0x04 + 0x02)$$
$$= (b * 0x02 * 0x02 * 0x02) + (b * 0x02 * 0x02) + (b * 0x02) \tag{9-6}$$

总之，在 $GF(2^8)$ 中，加法是异或操作，乘法将分解成用 0x02 和 0x01 相乘和相加。AES 规范中包括大量有关 $GF(2^8)$ 操作的附加信息，有的可以用查表代替，有的就可以使用此种方法代替。

Rijndael 算法是分组长度和密钥长度可变的对称分组加密算法，可以处理 128、192 和 256 位的块和同样长度的密钥，块和密钥的组合都是可能的。AES"官方"的分组长度只有 128 位。AES 的数据处理单元是字节，128 位的分组数据被分成 16 个字节后按顺序被复制到一个 4×4 的矩阵中，称为 state。AES 是通过轮函数的多轮迭代实现的，根据密钥的长度不同，轮函数的迭代次数分别为 10、12、14 轮。其长度与次数关系如表 9-1 所列。

表 9 - 1　AES 类型与参数

AES 类型	密钥长度	分组大小	轮变化次数
AES_128	4	4	10
AES_192	6	4	12
AES_256	8	4	14

AES 算法是基于置换和代替的。置换是数据的重新排列,而代替是用一个单元数据替换另一个。正常的轮中的每一轮迭代中,包括以下 4 个变换:

(1) 字节变换(SubByte);

(2) 行移位变换(ShiftRows);

(3) 列混合变换(MixColumns);

(4) 加载子密钥(AddRoundKey)。

SubByte 变换,是一个可逆的非线性字节变换过程,也是 AES 中唯一一个非线性组件,这种变换要对分组中的各个字节变换。AES 的字节变换由有限域 $GF(2^8)$ 上的乘法和 $GF(2)$ 上的仿射变换构成,此处不再介绍复杂的有限域的乘法和加法,可使用查表的方法来运算。在具体实现上不用关心该变换的详细的数学推导和表示,而是通过查找变换表 S 盒来完成字节变换。AES 的 S 盒十六进制表示如表 9 - 2 所列,逆 S 盒十六进制表示如表 9 - 3 所列。其中,X 和 Y 分别为 S 盒行和列的索引。

表 9 - 2　S 盒的值

		Y															
		0	1	2	3	4	5	6	7	8	9	a	b	c	d	e	f
	0	63	7c	77	7b	f2	6b	6f	c5	30	01	67	2b	fe	d7	a8	76
	1	ca	82	c9	7d	fa	59	47	f0	ad	d4	a2	af	9c	a4	72	c0
	2	b7	fd	93	26	36	3f	f7	cc	34	a5	e5	f1	71	d8	31	15
	3	04	c7	23	c3	18	96	05	9a	07	12	80	e2	eb	27	b2	75
	4	09	83	2c	1a	1b	6e	5a	a0	52	3b	d6	b3	29	e3	2f	84
	5	53	d1	00	ed	20	fc	b1	5b	6a	cb	be	39	4a	4c	58	cf
	6	d0	ef	aa	eb	43	4d	33	85	45	f9	02	7f	50	3c	9f	a8
X	7	51	a3	40	8f	92	9d	38	f5	bc	b6	da	21	10	ff	F3	d2
	8	cd	0c	13	ec	5f	97	44	17	c4	a7	7e	3d	64	5d	19	73
	9	60	81	4f	dc	22	2a	90	88	46	ee	B8	14	de	5e	0b	db
	A	e0	32	3a	0a	49	06	24	5c	c2	d3	ac	62	91	95	E4	79
	B	e7	c8	37	6d	8d	d5	4e	a9	6c	56	f4	ea	65	7a	ae	08
	C	ba	78	25	2e	1c	a6	b4	c6	e8	dd	74	1f	4b	bd	8b	8a
	D	70	3e	b5	66	48	03	f6	0e	61	35	57	b9	86	c1	1d	9e
	E	e1	f8	98	11	69	d9	8e	94	9b	1e	87	e9	ce	55	28	df
	F	8c	a1	89	0d	bf	e6	42	68	41	99	2d	0f	b0	54	bb	16

表 9-3　逆 S 盒的值

		Y														
		0	1	2	3	4	5	6	7	8	9	a	b	c	d	e	f
	0	52	09	6a	d5	30	36	a5	38	bf	40	A3	9e	81	f3	d7	fb
	1	7c	e3	39	82	9b	2f	ff	87	34	8e	43	44	c4	de	e9	c8
	2	54	7b	94	32	a6	c2	23	3d	ee	4c	95	0b	42	fa	c3	4e
	3	08	2e	a1	66	28	d9	24	b2	76	5b	a2	49	6d	8b	d1	25
	4	72	f8	f6	64	86	68	98	16	d4	a4	5c	cc	5d	65	b6	92
	5	6c	70	48	50	fd	ed	b9	da	5e	15	46	57	a7	8d	9d	84
	6	90	d8	ab	00	8c	bc	d3	0a	f7	e4	58	05	b8	b3	45	06
X	7	d0	2c	1e	8f	ca	3f	0f	02	c1	af	bd	03	01	13	8a	6b
	8	3a	91	11	41	4f	67	dc	ea	97	f2	cf	ce	f0	b4	e6	73
	9	96	ac	74	22	e7	ad	35	85	e2	f9	37	e8	1c	75	df	6e
	A	47	f1	1a	71	1d	29	c5	89	6f	b7	62	0e	aa	18	be	1b
	B	fc	56	3e	4b	c6	d2	79	20	9a	db	c0	fe	78	cd	5a	f4
	C	1f	dd	a8	33	88	07	c7	31	b1	12	10	59	27	80	ec	5f
	D	60	51	7f	a9	19	b5	4a	0d	2d	e5	7a	9f	93	c9	9c	ef
	E	a0	e0	3b	4d	ae	2a	f5	b0	c8	eb	bb	3c	83	53	99	61
	F	17	28	04	7e	ba	77	d6	26	e1	69	14	63	55	21	0c	7d

字节变换代码如下：

```
void SubBytes(word8 a[4][BC],word8 box[256])      //BC 是输入序列的列数目
{
    int i,j;
    for(i = 0;i<4;i ++ )
    {
        for(j = 0;j<BC;j ++ )
        {
            a[i][j] = box[a[i][j]];                //由 S 盒映射完成字节变换
        }
    }
}
```

ShiftRows 变换是一种线性变换，其目的是使密码达到充分的扩散。行移位在状态的每行间进行，将 state 每一行循环移位，移位的位数以字节为单位，移动字节数由行数确定，式 9-7 表示了移位的过程。

$$\begin{Bmatrix} S_{0,0} S_{0,1} S_{0,2} S_{0,3} \\ S_{1,0} S_{1,1} S_{1,2} S_{1,3} \\ S_{2,0} S_{2,1} S_{2,2} S_{2,3} \\ S_{3,0} S_{3,1} S_{3,2} S_{3,3} \end{Bmatrix} \rightarrow \begin{Bmatrix} S_{0,0} S_{0,1} S_{0,2} S_{0,3} \\ S_{1,1} S_{1,2} S_{1,3} S_{1,0} \\ S_{2,2} S_{2,3} S_{2,0} S_{2,1} \\ S_{3,3} S_{3,0} S_{3,1} S_{3,2} \end{Bmatrix} \qquad (9-7)$$

行移位变换代码如下：

```
void ShiftRows(word8 a[4][BC],word8 d)              //BC 是输入序列的列数目
{
    word8 tmp[MAXBC];
    int i,j;
    if(d == 0)                                       //加密
    {
        for(i = 1;i<4;i++)                           //i 代表行
        {
            for(j = 0;j<BC;j++)                      //j 代表列
            {
                tmp[j] = a[i][(j + shifts[BC - 4][i]) % BC];
                                //按照对应行去做字节移位,shifts 是移位数目
            }
            for(j = 0;j<BC;j++)
            {
                a[i][j] = tmp[j];
            }
        }
    }
    else                                             //解密
    {
        for(i = 1;i<4;i++)
        {
            for(j = 0;j<BC;j++)
            {
                tmp[j] = a[i][(BC + j - shifts[BC - 4][i]) % BC];
                                //解密时与编码是相反的过程
            }
            for(j = 0;j<BC;j++)
            {
                a[i][j] = tmp[j];
            }
        }
    }
}
```

MixColumns 变换是对状态的列的一种变换,状态每列有 4 个字节。这 4 个字节

（一个字）可以用有限域 $GF(2)$ 上的 4 项多项式来表示,在多项式中,未知数的系数分别为字中的相应字节。一个字在有限域 $GF(2^8)$ 上可以表示成下面的 4 项多项式:

$$b(x) = b_3 x^3 + b_2 x^2 + b_1 x + b_0 \qquad (9-8)$$

列变换就是从状态中取出一列,表示成多项式的形式后乘以(此处加法和乘法是专门的数学域操作,而不是平常整数的加法和乘法)一个固定的多项式 $a(x)$,然后所得的结果进行取模,模值为 x^4+1。由于 x^4+1 不是有限域 $GF(2^8)$ 上的不可约多项式,因此,用 $a(x)$ 乘以任意 4 项式的运算不一定是可逆的,于是,在 AES 中将 $a(x)$ 设置成一个固定的值,以确保可进行求逆运算。$a(x)$ 及其乘法逆多项式的表达式为:

$$a(x) = \{03\}x^3 + \{01\}x^2 + \{01\}x + \{02\} \qquad (9-9)$$

$$a^{-1}(x) = \{0b\}x^3 + \{0d\}x^2 + \{09\}x + \{0e\} \qquad (9-10)$$

则列混淆的算数表达式为:

$$B'(x) = a(x) * b(x) \qquad (9-11)$$

其中,$b(x)$ 表示状态的列多项式。该表达式可表示为:

$$
\begin{aligned}
B'(x) = {} & 03b_3 x^6 + 01b_3 x^5 + 01b_3 x^4 + 02b_3 x^3 + \\
& 03b_2 x^5 + 01b_2 x^4 + 01b_2 x^3 + 02b_2 x^2 + \\
& 03b_1 x^4 + 01b_1 x^3 + 01b_1 x^2 + 02b_1 x + \\
& 03b_0 x^3 + 01b_0 x^2 + 01b_0 x + 02b_0 \qquad (9-12)
\end{aligned}
$$

列混合变换代码如下:

```
void MixColumns(word8 a[4][BC])           //BC 是输入序列的列数目
{
    word8 b[4][BC];
    int i,j;
    for(j = 0;j<BC;j++)
    {
        for(i = 0;i<4;i++)
        {
            b[i][j] = mul(2,a[i][j])^mul(3,a[(i+1)%4][j])^a[(i+2)%4][j]^a[(i+
3)%4][j];
                                          //对应于式(2)
        }
    }
    for(i = 0;i<4;i++)
    {
        for(j = 0;j<BC;j++)
        {
            a[i][j] = b[i][j];            //返回值覆盖原值
        }
    }
}
```

AddRoundKey 变换就是轮密钥的各字节分别异或,实现明文与密钥的混合。轮密钥由密钥通过扩展产生。

$$(b0j,b1j,b2j,b3j) \leftarrow (b0j,b1j,b2j,b3j) \oplus (k0j,k1j,k2j,k3j) j = 0,1,\cdots,Lb-1$$

$$(9-13)$$

其中$(b0j,b1j,b2j,b3j)$是输入数据，$(k0j,k1j,k2j,k3j)$是轮密钥。

加载子密钥代码如下：

```
void AddRoundKey(word8 a[4][BC],word8 rk[4][BC])      //BC 是输入序列的列数目
{
    int i,j;
    for(i = 0;i<4;i++)
    {
        for(j = 0;j<BC;j++)
        {
            a[i][j]^= rk[i][j];                       //异或操作
        }
    }
}
```

　　AES密钥扩展使用了一个由种子密钥字节数组生成的密钥调度表。AES规范中称之为密钥扩展 KeyExpansion。从本质上讲，从一个原始密钥中生成多重密钥以代替使用单个密钥大大增加了比特位的扩散。虽然不是无法抵御的困难，但理解 KeyExpansion 仍是 AES算法中的一个难点。

　　对于长度为 128 的密钥，算法的输入值是 4 字(16 字节)，输出值是一个 44 字(176字节)的线性数组。这足以为初始轮密钥加阶段和算法中的其他 10 轮中的每一轮提供 4 字的轮密钥。输入密钥被复制到扩展密钥数组的前 4 个字。然后每次用 4 个字填充扩展密钥数组余下的部分。对于长度为 128 的密钥，其密钥生成可用下图说明。

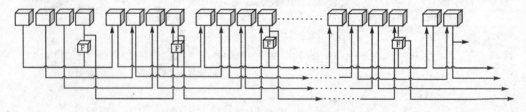

图 9-1　密钥扩展

　　密钥扩展基本分为 3 步：

　　(1) 位置变换 RotWord，接收一个 4 个字节的数组并将它们向左旋转一个位置，这一步与行位移变换相似；

　　(2) 字节变换 SubWord，使用替换表 S 盒对给定的一行密钥调度表进行逐字节替换；

　　(3) 变换 Rcon，将上一步得到的值与 Rcon 表中的常数相异或，这些常数都是 4 字节，每一个与密钥调度表的某一行相匹配。每个轮常数的最左边的字节是 $GF(2^8)$ 域中

2 的幂次方。另一种表示方法是其每个值是前一个值乘上 0x02(有限域乘法)。

AES 加密和解密的一个重要部分就是从最初的种子密钥中生成多重轮密钥。这个 KeyExapansion 算法生成一个密钥调度并以某种方式进行替代和置换,在这种方式中,加密和解密算法极其相似。密钥扩展代码如下:

```
int KeyExpansion(word8 k[4][KC],word8 W[ROUNDS + 1][4][BC])
                        //BC 是输入序列的列数目,KC 是密钥长度,ROUNDS 是轮询次数
{
    int i,j,t,RCpointer = 1;
    word8 tk[4][KC];
    for(j = 0;j<KC;j ++ )
    {
        for(i = 0;i<4;i ++ )
        {
            tk[i][j] = k[i][j];
        }
    }
    t = 0;
    for(j = 0;(j<KC)&&(t<(ROUNDS + 1) * BC);j ++ ,t ++ )
    {
        for(i = 0;i<4;i ++ )
        {
            W[t/BC][i][t % BC] = tk[i][j];          //放入初始密钥
        }
    }
    while(t<(ROUNDS + 1) * BC)
    {
        for(i = 0;i<4;i ++ )
        {
            tk[i][0]^ = s[tk[(i + 1) % 4][KC - 1]];//位置变换 RotWord 与字节变换 SubWord
        }
        tk[0][0]^ = Rc[RCpointer ++ ];             //Rc 是 Rcon 变换表
        for(j = 1;j<KC;j ++ )
        {
            for(i = 0;i<4;i ++ )
            {
                tk[i][j]^ = tk[i][j - 1];          //与前一个异或
            }
        }
        for(j = 0;(j<KC)&&(t<(ROUNDS + 1) * BC);j ++ ,t ++ )
        {
            for(i = 0;i<4;i ++ )
            {
```

```
        W[t/BC][i][t % BC] = tk[i][j];  //存入最后的 W[]密钥调度字节表
    }
  }
}
return 0;
}
```

以上是对 AES 各个模块算法的分析,除了没有在有限域的计算上面做详细的分析解释(有限域的乘法加法在数学上比较复杂,用在 AES 上面的加法和乘法比较易懂),在所有的模块实现上面都做了分析并给出了详细的代码。这里给出的是 C 语言的代码,可在 DSP 的 simulation 下面实现,在 emulation 下实现的时候建议读者考虑实时性与优化。AES 加密的全过程如图 9-2 所示。

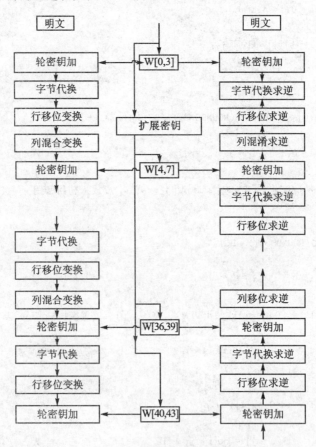

图 9-2 AES 加密全过程

Rijndael 解密算法是加密的逆过程,解密的每步分别取加密的逆,即可得到直接解密算法。AES 算法的设计特点使得可以构造等价解密算法,只要经过下列 5 个代换,加密算法和轮变换算法就分别改造成等价解密算法和等价轮变换:

(1) SbuBytes——InvSubBytes;

（2）ShiftRows———InvShiftRows；

（3）MixColumns———InvMixColumns；

（4）InvExpandedKey[N，−i]———ExpandedKey[i]；

（5）当 1≤i≤Nr—1 时 InvMixColumns(InvExpandedKey[i])。

许多情况下，等价解密算法的实现性能要优于直接解密算法。

加密算法如下：

```
int Encrypt(word8 a[4][BC],word8 rk[ROUNDS + 1][4][BC])        //加密
{
    int r;
    AddRoundKey(a,rk[0]);                                      //轮密钥加
    for(r = 1;r<ROUNDS;r ++ )
    {
        SubBytes(a,s);                                         //字节代换
        ShiftRows(a,0);                                        //行移位变换
        MixColumns(a);                                         //列混合变换
        AddRoundKey(a,rk[r]);                                  //轮密钥加
    }
    SubBytes(a,s);                                             //字节代换
    ShiftRows(a,0);                                            //行移位变换
    AddRoundKey(a,rk[ROUNDS]);                                 //轮密钥加
    return 0;
}
```

解密算法如下：

```
int Decrypt(word8 a[4][BC],word8 rk[ROUNDS + 1][4][BC])        //解密
{
    int r;
    AddRoundKey(a,rk[ROUNDS]);                                 //轮密钥加
    SubBytes(a,Si);                                            //字节代换
    ShiftRows(a,1);                                            //行移位变换
    for(r = ROUNDS - 1;r>0;r -- )
    {
        AddRoundKey(a,rk[r]);                                  //轮密钥加
        InvMixCoIumns(a);                                      //列混合变换
        SubBytes(a,Si);                                        //字节代换
        ShiftRows(a,1);                                        //行移位变换
    }
    AddRoundKey(a,rk[0]);                                      //轮密钥加
    return 0;
}
```

由上面的程序可以看出，解密即是加密的逆过程。解密的首要任务是知道加密的

初始密钥。其他的密钥由轮密钥构成,其余部分按照逆过程即可。

9.1.2　AES 算法修正

重新看 Rijndeal 算法,其实 Rijndeal 算法允许的分组长度和密钥长度为 32bit 的步长,从 128bit～256bit 范围内进行特定的变化。Rijndeal 算法支持的长度为 128、160、192、224 和 256,ROUNDS 为 10、11、12、13、14。AES 不采用其他的分组长度仅仅是为了简化标准,160bit 分组的加密其实具有相同的安全强度。

有时候在特殊的应用中需要改变 AES 加密的数据长度而不改变它的加密强度,就需要此类修改。因此在 160bit 分组的加密中,只需要将 BC 改成 5,将 ROUNDS 改成11 就可以实现。笔者实际验证可行,有兴趣的读者可以一试。

AES 分组密码由多轮迭代的轮函数构成,轮函数包括 4 个面向字节的变换:字节变换、行移位、列混合和加载子密钥。在某些特殊的场合下,比如对 G.729A 的语音编码帧进行 AES 加密的时候,由于 G.729A 语音编码帧的大小为 80bit,128bit 的 AES加密不再合适,需要对其修正,在不损害 AES 的安全强度下,160bit 的 AES 加密完全适合。根据分组密码的随机性测试、明密文独立性测试、雪崩效应测试分析 AES160 密码统计性能,测试结果表明 AES160 有着优秀的密码学统计性能。结果论证表明,AES160 适用于加密 G.729A 的语音编码帧,并保留了 AES 的密码安全性能。下文会采用此种加密的方法对 G.729A 语音编码的数据进行加密。

9.1.3　AES 算法 DSP 实现

在 DSP 的硬件实现上,使用 UART 实现与 PC 的 COM 端口的连接来测试 AES的性能。通过串口将数据发下来到 DSP 或者发回 PC。UART 即通常所说的串口,首先需要配置 DSP 的 UART 接口,重要的参数包括时钟频率、波特率、字长等。程序如下:

```
/* UART 参数设置 */
UART_Setup mySetup =
{
        75,                          /* 输入时钟频率 */
        UART_BAUD_4800,              /* 波特率 */
        UART_WORD8,                  /* 字长 */
        UART_STOP1,                  /* 停止比特 */
        UART_DISABLE_PARITY,
        UART_FIFO_DISABLE,           /* 不使能 FIFO */
        UART_NO_LOOPBACK,
};
```

下面是 UART 的接收和发送程序。DSP 通过串口将数据接收下来,送入 AES 加密器模块,将加密之后的结果发回 PC;在接收端,DSP 接收加密数据,送入 AES 解密器模块,之后发回 PC。

```
void uart_Encryption()
{
    Int16 i,error = 0;
    / * 初始化 CSL 库 * /
    CSL_init();
    / * 配置 UART * /
    UART_setup(&mySetup);
    / * UART 从 PC COM 端口接收源数据 * /
        if (UART_read(myBuf,STR_LEN,0) == FALSE)
        {
                error = 1;
        }
    for(i = 0;i<STR_LEN/(4 * BC);i + = 4 * BC)
    {
            Encrypt(myBuf[4][BC],rk[ROUNDS + 1][4][BC]);
    }
    / * UART 把加密的数据发回 PC * /
    if ((UART_write(myBuf,STR_LEN,0)) == FALSE)
    {
            error = 1;
    }
        / * 打印输出错误值 * /
        if (error)
            printf("\nReceive FAILED\n");
        else
            printf("\nReceive PASSED\n");
}
void uart_ Decryption()
{
    Int16 i,error = 0;
    / * 初始化 CSL 库 * /
    CSL_init();
    / * 配置 UART * /
    UART_setup(&mySetup);
    / * UART 从 PC COM 端口接收加密的数据 * /
        if (UART_read(myBuf,STR_LEN,0) == FALSE)
        {
                error = 1;
        }
    for(i = 0;i<  STR_LEN/(4 * BC);i + = 4 * BC)
```

```
        {
                Decrypt(myBuf [4][BC],rk[ROUNDS + 1][4][BC]);
        }
        /＊UART 把加密的数据发回 PC＊/
        if ((UART_write(myBuf,STR_LEN,0)) == FALSE)
        {
                error = 1;
        }
        /＊打印输出错误值＊/
        if (error)
            printf("\nTransmission FAILED\n");
        else
            printf("\nTransmission PASSED\n");
}
```

在上位机，使用串口调试助手或者是自己写的串口调试小助手都可以测试 UART。首先保证收发两端的密钥相同，收发两端初始化轮密钥之后进行 AES 的加解密。经测试，此算法在经过增加编译器优化选项（优化级为 file -o3 级）优化之后，满足实时性要求，并能得到满意的结果。在保证安全性目标的同时，又不影响实时性要求，从而达到数据实时加密的效果。

9.2　数字水印隐藏

通信的安全问题，自古以来就一直是人类研究的热点问题之一。特别是在军事领域，形式多样且充满想象力的各种保密通信方法总是层出不穷，而且往往它们的成功与否都直接左右了当时的局势。信息隐藏作为隐蔽通信、版权保护、证件防伪等的重要手段，目前正得到广泛地研究与应用。传统的数字安全通信主要应用密码技术，对于机密文件的处理都是加密成密文，在信息传递过程中出现的攻击者只能看到密文乱码，而无法破译其中的机密信息，从而达到保密通信的目的。

传统的加密技术往往把一段有意义的信息转换成看起来没有意义的东西，它明确地提示攻击者密文是重要信息，容易引起攻击者的好奇和注意，从而造成攻击者明确知晓攻击的目标。并且密文有被破解的可能性，一旦加密文件经过破解其内容就完全透明了。即使攻击者破译失败，他们也可以将信息破坏，使得合法接收者也无法阅读信息内容。另一方面，加密后的文件因其不可理解性也妨碍了信息的传播。因此，用于隐蔽通信的水印隐藏技术应运而生，迅速成为国际的研究热点。

水印隐藏技术是信息隐藏的一个重要分支。与传统的密码技术仅仅隐藏了信息的内容相比，水印隐藏技术不仅隐藏了信息的内容而且隐藏了秘密信息的存在，同时提供了一种有别于加密的安全模式，其安全性起源于攻击者感知上的不敏感性和麻痹性。最早的水印隐藏技术是基于图像的隐藏技术，以后慢慢发展到视频、音频、文本等各个领域。本文对水印隐藏的介绍是针对音频载体的。

9.2.1 LSB 数字音频水印应用

一般的 LSB 水印适用于图像处理领域,比如视频中的公司标号或者是出版商字样信息。音频数字水印的主要应用领域有两个方面:一是版权保护,二是盗版追踪。

版权保护是水印最主要的应用领域,其目的是嵌入数据的来源信息以及比较有代表性的版权所有者的信息,从而防止其他团体对该数据宣称拥有版权。这样水印就可以用来公正地解决所有权问题。这种应用要求非常高的鲁棒性。

盗版追踪是为了防止非授权的复制制作和发行,出品人在每个合法拷贝中加入不同的 ID 或序列号即数字指纹。一旦发现非授权的拷贝,就可根据此拷贝所恢复出来的指纹来确定它的来源。对这种应用领域来说,水印不仅需要很强的鲁棒性,而且还要能抵抗共谋攻击。

一个好的音频水印需要下面几个性质:

- 水印必须嵌入到宿主音频数据中,否则很容易被修改或除去。
- 水印必须具有感知透明性,即不能对原始音频质量产生明显的影响。
- 为保证水印的安全性,一般在嵌入过程中加入密钥。
- 水印应该对有损压缩、低通滤波、噪声、重采样具有鲁棒性。
- 嵌入和检测的计算代价要足够小以实时处理。

很多时候做到所有的方面很困难,有些性质甚至是矛盾的,但是可以找到一个折中的办法。本文使用的音频水印技术作为隐藏算法,用于隐蔽通信,满足 1、2、3、5 条性质。它的要求不像前面二者需要很强的鲁棒性,隐藏方式作为首要考虑因素。下面给出一个例子,读者可以参考设计。

9.2.2 音频数字水印算法

通常的音频数字水印算法包含两部分内容:水印嵌入和水印提取。图 9 - 3 给出了一般的音频数字水印处理系统基本框架的示意图。

算法方面采用的是最低有效位法(LSB, Least Significant Bit)算法。通过用代表秘密数据的二进制位将源语音信号的部分采样值的最低权值比特替换,从而达到将秘密信息隐藏到语音中去的目的。在接收端,只需要从相应位置提取出秘密信息比特即可。为了加大检测秘密数据的难度,采用一段伪随机序列来控制嵌入秘密二进制信息的位置,或者对秘密信息进行加密。

该算法的优点是原理简单,实现简单,运算量小,实时性高,信息嵌入和提取的速度快,可以隐藏的数据量大;缺点是鲁棒性差,攻击者对信道简单地加上噪声干扰或者在数据传输过程中进行亚采样、压缩编码等处理都会造成整个隐秘信息的丢失,嵌入的水印信息就会被破坏。采用 LSB 水印作为隐蔽传输的方案,重点考虑其隐藏容量和实时

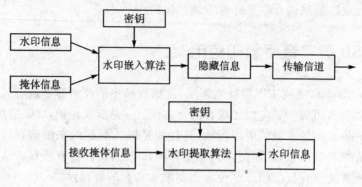

图 9 − 3　水印的嵌入与提取

性,鲁棒性为次要考虑。

　　假设一个信道的容量为 G kb/s,将载体语音利用某种语音编码方案 A 进行编码,对 A 编码近似估计可利用的冗余量(在载体声音无明显变化的前提下,可嵌入的水印数据量)为 C kb/s,可选择某种低速率语音编码方案 B 对秘密语音水印编码,其码速率为 M kb/s,如果两者满足 C≥M 的要求,就有可能进行语音的实时隐藏,进而构成实际的语音信息隐藏保密的语音保密通信系统。

　　LSB 嵌入算法如下:

```
void LSB_Encode(unsigned char * OutSpeech,unsigned char * CarrierSpeech,unsigned char *
SecretSpeech)
{
    int i,m,n,p;
    for(i = 0;i<160;i++)                          //20 个字节
    {
        m = i/8;                                  //m 返回字节位的倍数
        n = i%8;                                  //n 返回字节位的余数
        p = (SecretSpeech[m]>>n)&0x01;            //分解秘密语音的每个位
        if(p == 0x01)
        {
            * (OutSpeech + i) = CarrierSpeech[i]|0x01;   //该秘密比特位为 1
        }
        else
        {
            * (OutSpeech + i) = CarrierSpeech[i]&0xFE;   //该秘密比特位为 0
        }
    }
}
```

　　LSB 提取算法如下:

```
void LSB_Decode(unsigned char * RecieveSpeech,unsigned char * SecretSpeech)
{
```

```
int i,m,n,p;
for(i = 0;i<160;i ++ )                                    //20 个字节
{
    m = i/8;
    n = i%8;
    p = * (RecieveSpeech + i)&0x01;                        //得到接收语音的 LSB
    if(p == 0x01)
    {
        SecretSpeech[m] = SecretSpeech[m]|(0x01 << n);     //该秘密比特位为 1
    }
    else
    {
        SecretSpeech[m] = SecretSpeech[m]&(~(0x01 << n));//该秘密比特位为 0
    }
}
}
```

在程序中,使用最低有效位替换的方法实现水印的嵌入。提取秘密信息的每一比特,加入到载体信息的最低有效位中,而载体信息所含的信息冗余量必须大于秘密语音的信息量,即最低有效位不影响载体信息的质量。这样才能达到隐藏的效果,不破坏载体的信息有效性,有效地将秘密信息加入载体中而不被发现,虽然这种水印加密容易被攻破,但是加入信息源的扰码或者加密之后大大增加了破解的难度。这不仅保证了DSP 硬件实现的实时性和有效性,而且保证了加密强度。

9.2.3 试验结果

下面是试验的结果,试验采用两种语音编码技术,分别对载体语音和秘密语音编码,另外使用一种加密技术,对秘密语音做加密预处理。图 9 - 4 分别从时域和频域分析了加入数字音频水印对宿主语音的影响。可以看出,加入 LSB 水印对载体语音几乎没有影响。图 9 - 5 是提取秘密语音之后的对比图。可以看出,恢复出的秘密语音保留了源秘密语音的全部重要信息,语音清晰,音色清楚,噪声小,满足秘密语音恢复的要求。

平常所见的优酷视频中的"优酷"字样水印或者是绝密文档中的"绝密"字样水印信息,有可能会影响到原信息的质量,应用场合的不同决定了它们的用途。它们的区别只是水印的加入方式的不同,原理上都是比特位的替换。

LSB 语音水印隐写算法简便易行,隐藏容量大,容易实现实时性的要求。试验证明,G.729A 编码的秘密语音(8 kb/s)以 LSB 水印的方式隐藏至 G.711 编码(64 kb/s)的载体语音中,效果良好,载体语音几乎没有变化。在此基础上,增加对秘密语音的加密,使得 LSB 水印变得无规律,大大增加了检测秘密语音的难度。此试验结果满足水印具有感知透明性、安全性、实时性的效果。该方案做到对宿主语音性质基本不改变,不仅

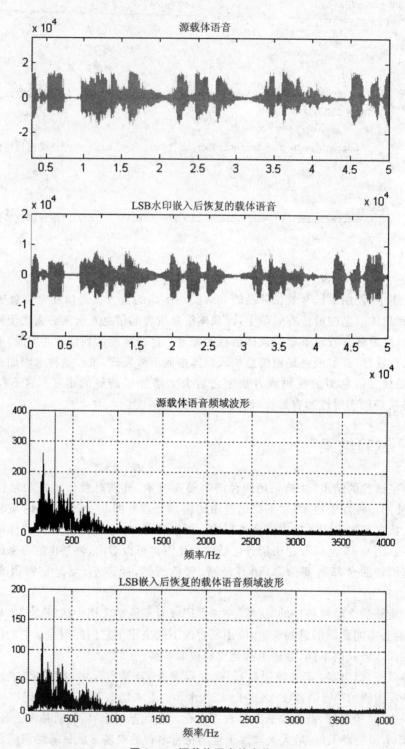

图 9-4　源载体语音的变化

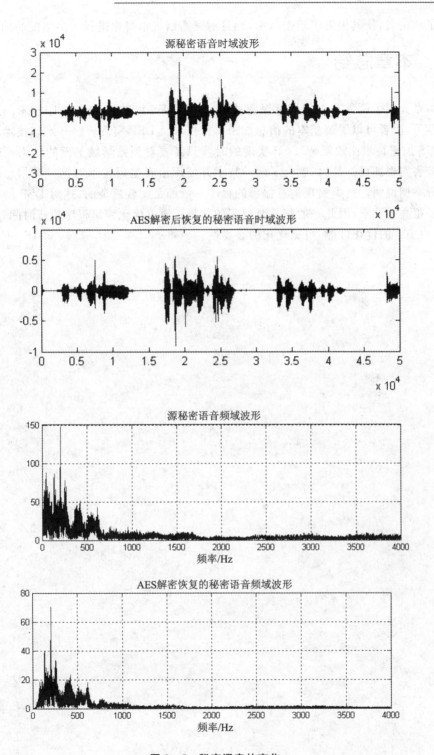

图 9-5 秘密语音的变化

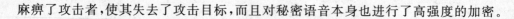

麻痹了攻击者,使其失去了攻击目标,而且对秘密语音本身也进行了高强度的加密。

9.3　本章总结

　　本章介绍了两种基本的信息保密技术,包括 AES 加密与 LSB 水印技术。通过本章的学习,读者可以了解基本的信息加密解密技术及 DSP 实现。LSB 水印技术较为易懂,AES 加密技术比较复杂,DSP 实现的时候只需要看到数学域上面的结果而转换成表用查表实现即可。最后,融合了两种技术并使用语音编码技术对这一类信息保密技术进行举例说明。这类实现信息保密的程序一般都是比较复杂的,这对 DSP 的实时性提出了很高的要求,因此一般都需要程序的优化。通过优化缩短程序执行时间,最大可达到 1∶100 的优化性能,可见优化的必要性。

第 **10** 章

语音编解码设计

语音信号处理是现代通信研究的重要内容之一,语音压缩编码作为其关键技术,如今已得到了极大的发展和应用,小到耳机、话筒,大到精密音响设备,到处都有语音信号处理的身影。在语音信号处理中,语音编码又是举足轻重的一项。语音编码,就是语音压缩,也就是传统通信中的信源编码,它可有效地提高传输或存储效率。压缩编码的目的是通过对语音的压缩,达到高效率存储和提高传输的结果,即在保证一定声音质量的条件下,以最小的编码速率来表达和传送声音信息。

实时语音系统中,由于语音的数据量大,运算复杂,对处理器性能提出了很高的要求,适宜采用高速 DSP 实现。虽然 DSP 提供了高速和灵活的硬件设计,但是在实时处理系统中,还需结合 DSP 器件的结构及工作方式,针对语音处理的特点,对软件进行反复优化,以缩短识别时间,满足实时的需求。本章主要介绍两种语音编码技术,G.711和 G.729A,给出代码并进行优化,最后在硬件平台上验证实现。

10.1　G.711 语音编码

ITU 推出的 G.7XX 系列的语音编码(Speech Codec)中广泛应用的有 G.711、G.723、G.726 和 G.729。其中 G.711 是国际电报电话咨询委员会(CCITT)和国际标准化组织(ISO)提出的一系列有关音频编码算法和国际标准中的一种,应用于电话语音传输。G.711 是一种工作在 8 kHz 采样率模式下的脉冲编码解调(PCM)方案,采样值为 8 位,占用带宽位 64 kb/s。奈奎斯特法则规定,采样率必须高于被采样信号最大频率的 2 倍,G.711 可以编码的频率范围是 0～4 kHz。这一频率范围可覆盖大部分语音信号,它可以保留语音频率的前 3 个共振峰信息,而通过分析这 3 个共振峰的频率特性和幅度特性可以识别不同的人。

G.711 编码后的语音质量高,缺点是占用的带宽也很高。在实际选择语音压缩标准时,要综合考虑带宽、时延、算法复杂度等各种因素。

10.1.1　G.711 算法定义

G.711 标准中定义的两个主要的算法为：μ-law（在北美和日本使用）和 A-law（在欧洲和其他国家使用）。其中，后者是特别设计用来方便计算机处理的，本章介绍的是在国内使用的 A-law 方法。

A-law 和 μ-law 的官方定义如下：A 律和 μ 律使用在电话网络中的压缩系统设计方案，从而使 8 位采样更具灵活性。这些 8 位采样都是线性编码的。典型的在 8 kHz 采样的基础上提取的 12～14 位采样（线性）被压缩至 8 位（对数），从而在 64 kb/s 的数据通道上传输。在数据接收端，被传输的数据被转换成线性的 12～14 位，然后播放。

10.1.2　G.711 性能参数

G.711 主要的一些性能参数如下：
- 采样率：8 kHz；
- 信息量：64 kbps/信道；
- 理论延迟：0.125 毫秒；
- 品质：MOS 值 4.10。

在电话网络中规定，传输语音部分采用 0.3～3.3 kHz 的语音信号。这一频率范围可覆盖大部分语音信号，它可以保留语音频率的前 3 个共振峰信息，而 0～0.3 Hz 和 3.3～4 kHz 未用，也被当成保护波段。总之，电话网络具有 4 kHz 的带宽。由于需要通过这一带宽传送小幅变化的语音信号，需要借助于 PCM(Pulse Code Modulation)脉冲编码调制，使模拟的语音信号在数字化时使用固定的精度，以最小的代价得到高质量的语音信号。

PCM 编码需要经过连续的三步：抽样、量化和编码。抽样取决于信号的振幅随时间的变化频率，由于电话网络的带宽是 4 kHz 的，为了精确地表现语音信号，必须用至少 8 kHz 的抽样率来取样。量化的任务是由模拟转换成数字的过程，但会引入量化误差，应尽量采用较小的量化间隔来减小这一误差。最后，编码完成数字化的最后工作，在编码的过程中，应保存信息的有效位，而且算法应利于快速计算，无论是编码还是解码。

10.1.3　G.711 算法及程序

在模拟语音信号中，零值电平附近的成分远大于峰值电平附近的成分。对于这些幅度分布不均匀的信号，需要采用非均匀量化技术。实现非均匀量化的方法之一是把输入量化器的信号 x 先进行压缩处理，再把压缩的信号 y 进行均匀量化。非均匀量化技术主要有两个指标，量化台阶大小和量化精度，它们都有详细的标准。本章采用 16 个量化台阶，并且 A 律编码的数据对象是 12 位精度的，它保证了压缩后的数据有 5 位的精度并存储到一个字节中。编码方程如下：

$$F(x) = \text{sgn}(x)A\,|\,x\,|\,/(1+\ln A) \qquad\qquad 0<|\,x\,|<1/A$$
$$= \text{sgn}(x)(1+\ln A\,|\,x\,|)/(1+\ln A) \quad 1/A<|\,x\,|<1 \qquad (10-1)$$

公式(10-1)的下式是 A 律的主要表达式，但当 $x=0$ 时，y 趋于负的无穷，这样不满足对压缩特性的要求，所以当 x 很小时应对它加以修正，过零点作切线，这就是公式 10-1 的上式，它是一个线性方程，对应国际标准取值 87.6。A 为压扩参数，$A=1$ 时无压缩，A 值越大压缩效果越明显。

其中，A 为压缩参数取值 87.6，x 为规格化的 12 位（二进制）整数，实际为 A 律 13 折线。把归一化输入 x 轴和压缩信号输出 y 轴使用两种不同的方法划分。对 x 轴在 0～1（归一化）范围内不均匀分成 8 段，分段的规律是每次以二分之一对分，对 y 轴在 0～1（归一化）范围内采用等分法，均匀分成 8 段，每段间隔均为 1/8。然后把 x、y 各对应段的交点连接起来构成 8 段直线，得到如图 10-1 所示的折线压扩特性，其中第 1、2 段斜率相同（均为 16），因此可视为一条直线段，故实际上只有 7 根斜率不同的折线。用折线逼近的压缩方程曲线示意如图 10-1 所示。

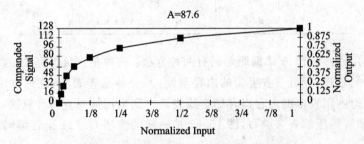

图 10-1　折线逼近的压缩方程曲线示意图

上面的理论分析从本质上解释了 G.711 编码的基本原理，同时，也可以将 A 律压缩编码表示为表 10-1。

表 10-1　压缩编码表

输入值	压缩的码字	
	Chord	Step
Bit:　11 10 9 8 7 6 5 4 3 2 1 0	Bit:　6 5 4 3 2 1 0	
0　0 0 0 0 0 0 a b c d x	0 0 0 a b c d	
0　0 0 0 0 0 1 a b c d x	0 0 1 a b c d	
0　0 0 0 0 1 a b c d x x	0 1 0 a b c d	
0　0 0 0 1 a b c d x x x	0 1 1 a b c d	
0　0 0 1 a b c d x x x x	1 0 0 a b c d	
0　0 1 a b c d x x x x x	1 0 1 a b c d	
0　1 a b c d x x x x x x	1 1 0 a b c d	
1　a b c d x x x x x x x	1 1 1 a b c d	

A 律解码方程为：

$$F^{-1}(y) = \text{sgn}(y) \mid y \mid [1 + \ln(A)]/A \qquad 0 \leqslant \mid y \mid \leqslant 1/(1/(1 + \ln(A)))$$

$$= \text{sgn}(y)e^{(\mid y \mid [1 + \ln(A)] - 1)}/[A + A\ln(A)] \quad 1/(1 + \ln(A)) \leqslant \mid y \mid \leqslant 1 \qquad (10 - 2)$$

同时,也可以将 A 律压缩解码表示为表 10 - 2。

表 10 - 2   压缩解码表

压缩的码字		偏置输出值
Chord	Step	
Bit: 6 5 4 3 2 1 0		Bit: 11 10 9 8 7 6 5 4 3 2 1 0
0 0 0 a b c d		0 0 0 0 0 0 0 a b c d x
0 0 1 a b c d		0 0 0 0 0 0 1 a b c d x
0 1 0 a b c d		0 0 0 0 0 1 a b c d x x
0 1 1 a b c d		0 0 0 0 1 a b c d x x x
1 0 0 a b c d		0 0 0 1 a b c d x x x x
1 0 1 a b c d		0 0 1 a b c d x x x x x
1 1 0 a b c d		0 1 a b c d x x x x x x
1 1 1 a b c d		1 a b c d x x x x x x x

一般地,用程序进行 A 律编码解码有两种方法:一种是直接计算法,这种方法程序代码较多,时间较慢,但可节省宝贵的内存空间;另一种是查表法,这种方法程序量小,运算速度快,但占用较多的内存以存储查找表。本章采用的是直接计算法,按照上述的编码压缩表和解码压缩表来编写,图 10 - 2 是一般的使用 G.711 语音编码解码的整个算法流程。

G.711 编码、G.711 解码程序是采用直接计算法来实现的,完全按照 G.711 标准算法的 12 位精度和转换表来编写计算的方法,虽然代码量较多并且在节省时间和功耗方面没有做到最好,但是满足实时性要求,效果验证正确可行。下面是 G.711 的编解码程序。

编码函数如下:

```
unsigned int G711ALawEncode(int nLeft,int nRight) //nLeft 是左声道数据,nRight 是右声道数据
{
    unsigned char cL,cR;
    unsigned int uWork;
    cL = IntToALaw(nLeft);                    //左声道编码
    cR = IntToALaw(nRight);                   //右声道编码
    uWork = cL;
    uWork << = 8;
    uWork | = cR;                             //左声道高 8 位,右声道低 8 位
    return(uWork);
}
unsigned char IntToALaw(int nInput)           //alaw 转换,语音编码
```

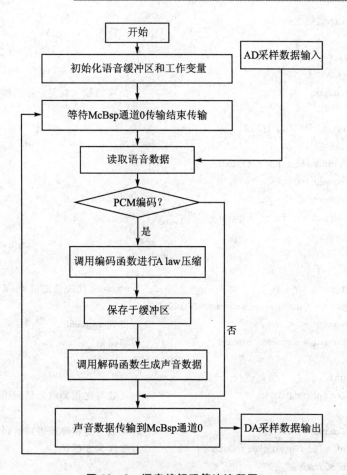

图 10 - 2　语音编解码算法流程图

```
{
    int segment;
    unsigned int i,sign,quant;
    unsigned int absol,temp;
    int nOutput;
    unsigned char cOutput;
    absol = abs(nInput);
    temp = absol;
    sign = (nInput > = 0)? 1;0;                    //得到符号
    for ( i = 0;i<12;i ++ )
    {
        nOutput = temp&0x4000;                     //得到第一个比特 1 的偏移值
        if ( nOutput)
        {
            break;
        }
    }
```

```
        temp<< = 1;
    }
    if ( i > = 12)
    {
        nOutput = 0;                          //全零的输入就是全零的输出
    }
    else if( i > = 7 && i<12)
    {
        quant = (absol>>4)&0x0F;
        segment = 0;
        segment << = 4;                       //得到 segment
        nOutput = segment + quant;            //输出值
    }
    else
    {
        segment = 7 - i;                      //segment 代表输出值 4～6 位的数值
        quant = (absol>>(segment + 3))&0x0F;
        segment << = 4;                       //得到 segment
        nOutput = segment + quant;            //输出值
    }
    if(sign)
        nOutput ^ = 0xD5;                     //正数与之相异或得到编码后的字节
    else
        nOutput ^ = 0x55;                     //负数与之相异或得到编码后的字节
    cOutput = (unsigned char)nOutput;         //变换为 8 位
    return cOutput;
}
```

在编码函数中,完全一一对照"压缩编码表"实现。首先得到输入数据的正负符号,再按照"压缩编码表"进行移位与删余操作,得到"压缩编码表"右边的输出值。最后将其与 0xD5 或者 0x55 进行异或,得到输出结果返回。

此处进行异或的目的是为了加入传统的通信中的信源编码的扰码过程,避免出现大量的连续的 1 或者连续的 0 而导致出现差错或者增加硬件上的复杂度。使用 0xD5 或者 0x55 此类出现 0 和 1 的交替特殊数据是为了将其 0、1 打散,数据中则很少出现这样的数据,所以加扰的时候才会比较理想。另外,在移位和删余过程中的操作使用多次循环实现,需读者细细体会才能明白其中的奥妙。

解码函数如下:

```
int ALawToInt(unsigned char nInput)                //alaw 反转换,语音解码
{
    int sign,segment;
    int temp,quant,nOutput;
    temp = nInput^0xD5;                            //异或返回编码值
```

```
    sign = (temp&0x80)>>7;                      //返回符号值
    segment = temp&0x70;                         //得到 segment
    segment >> = 4;
    if(segment == 0)
    {
        segment = 1;
            quant = temp&0x0F;                   //得到 abcd 位
        quant << = segment;
        quant = quant|0x01;
    }
    else
    {
        quant = temp&0x0F;
        quant + = 0x10;
        quant << = 1;
        quant = quant|0x01;
        quant << = segment - 1;                  //移位返回
    }
    if ( sign)
        nOutput = - quant;                       //负数值
    else
        nOutput = quant;                         //正数值
    return nOutput;
}
```

　　G.711 解码程序也按照"压缩解码表"实现,与其一一对应。首先将接收到的数据解扰,此处的解扰对应发送端的加扰,之后送入解码器。先得到输入数据的符号,再按照"压缩解码表"进行移位与补足剩余位,得到"压缩解码表"右边的源数据。

10.2　G.729A 语音编码

　　G.729 是国际电信联盟 ITU-T 于 1996 年 3 月提出的采用共轭结构代数码激励线性预测(CS-ACELP)的语音编码算法,它基于 CELP 编码模型,由于具有低速率、低延时、高质量等优点,被广泛应用于数字通信系统,如 VoIP 和 H.323 网上多媒体通信系统等。国内外研究基于 DSP 的 G.729 语音编码算法的学者很多,但随着无线通信系统用户越来越多,以及 DSP 在结构、性能上的巨大变化,怎样使该算法在 DSP 上最高效的实现,依然是一个很重要的课题。

　　数字信号处理器价格低廉,并具有强大的运算能力,用它来实现 G.729 算法具有很大的现实意义。本节对 G.729 算法进行分析,针对 ITU 提供的标准源码代码效率低、执行时间长等不足,提出了算法的具体优化技术,并对优化结果进行了比较分析。结果表明,优化后的算法在保证语音质量的同时,提高了编码效率,实现了对语音信号的实时处理。

10.2.1　G.729 性能参数

1996 年 ITU-T 又制订了 G.729 的简化方案 G.729A,降低了计算的复杂度以便于实时实现,因此目前使用的都是 G.729A。

G.729A 使用混合编码算法,是电话带宽的语音信号编码的标准,对输入的模拟语音信号要求用 8 kHz 采样,16bit 线性 PCM 量化。CS-ACELP 是基于码激励线性预测(CELP)的编码模式,每 80 个样点为 1 个语音帧,对语音信号进行分析并提取各种参数(线性预测滤波器系数、自适应码本和固定码本中码本序号、自适应码矢量增益和固定码矢量增益),对其进行编码并发送。

在解码端,将接收到的比特流进行解码生成对应的参数:用自适应码矢量序号从自适应码本中得到自适应码矢,用固定码矢序号从固定码本中得到固定码矢,分别乘以它们的增益按点相加后构成激励序列,用线性预测滤波器系数构成合成滤波器;用自适应码本方法实现长时或基音合成滤波,计算出合成语音后,用后置滤波器进一步增强音质。G.729A 的主要性能参数如下:

- 采样率:8 kHz;
- 信息量:8 Kbps/channel;
- 帧长:10 msec;
- 理论延迟:15 msec;
- 品质:MOS 值 3.9。

10.2.2　G.729 原理算法及程序

电话线路上的模拟语音信号,经话路带宽滤波(符合 ITU-T G.712 建议)后被采样,量化成线性 PCM 数字信号输入到编码器。该编码器基于线性预测分析合成的技术,尽量减少实际语音与合成语音之间经听觉加权后,差分信号的能量为准则来进行编码的。编码器的主要部分有:

- 线性预测分析和 LPC 系数的量化;
- 开环基音周期估计;
- 自适应码本搜索;
- 固定码本搜索;
- 码本增益量化。

图 10-3 是 G.729A 的编码器原理框图,语音信号经话路带宽滤波和 8 kHz 采样后,量化成 16bit 线性 PCM 信号。

G.729A 算法采用"共轭结构代数码本激励线性预测编码方案"算法。这种算法综合了波形编码和参数编码的优点,以自适应预测编码技术为基础,采用了矢量量化、合

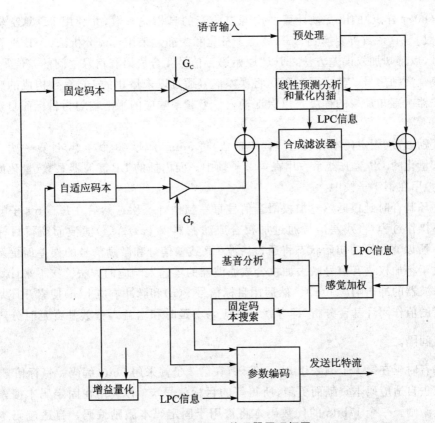

图 10-3　G.729A 编码器原理框图

成分析和感觉加权等技术。下面首先给出 G.729A 的初始化程序：

```
void G729_Inti()
{
    int i;
    Init_Pre_Process();                     //初始化预处理
    Init_Coder_ld8a();                      //初始化编码器
    Set_zero(prm, PRM_SIZE);
    for (i = 0; i<M; i++)
    {
        synth_buf[i] = 0;
    }
    synth = synth_buf + M;
    bad_lsf = 0;                            //初始化坏 LSF 的指标
    Init_Decod_ld8a();                      //初始化解码器
    Init_Post_Filter();                     //初始化后滤波器
    Init_Post_Process();                    //初始化后处理
}
```

在编码之前，先进行信号定标和高通滤波的预处理。编码器对 PCM 信号按每

10 ms(80 个样点)的语音帧计算一次开窗语音的自相关系数,并利用 LD 算法转换为 LP 系数。LP 系数再变换到 LSP 域用于量化和内插。采用合成分析法(A-B-S)搜索激励信号,以感知加权误差方法,即以"原始语音信号和合成语音信号之间的差值最小"为准则搜索激励信号。其主要过程是将误差信号通过以未量化的 LP 系数构成的感知加权滤波器。感知加权的程度是以保证输入信号频率响应的平滑均匀为目标而自适应调整的。

激励参数(固定码本和自适应码本参数)每 5 ms 子帧(40 个样点)计算一次。量化的和未量化的 LP 滤波器系数用在第 2 子帧中。而内插的 LP 滤波器系数(量化的和未量化的)用在第 1 子帧中。

开环基音时延根据感觉加权语音信号每一帧估计一次。然后在每 5 ms 子帧中重复以下操作过程:将残差信号通过加权合成滤波器 W(z)/A(z)滤波而获得目标信号 x(n)。所以滤波器的初始状态将通过滤波 LP 残差信号和激励信号的误差而更新。这也等效于将加权语音信号减去加权合成滤波器的零输入响应的方法。接下来计算加权合成滤波器的冲击响应 h(n)。然后用目标信号 x(n)和脉冲响应 h(n)搜索开环基因延时附近的值作闭环基音分析(即寻找自适应码本延时和增益),分数基音延时分辨率为 $\frac{1}{3}$ 样点间隔。

基音时延在第 1 子帧采用 8bits 编码,在第 2 子帧采用 5bits 编码。目标信号 x(n)通过减去自适应码本贡献而更新,所得新的目标信号 x'(n)被用在固定码本搜索中寻找最佳激励。一个 17bits 的代数码本将被用于固定码本激励编码。自适应码本和固定码本贡献的增益将采用 7bits 矢量量化(采用滑动平均预测方法计算固定码本增益)。最后,用选中的激励信号更新滤波器的存储器。

编码程序如下,具体各个模块代码可参照 ITU 标准。

```
void G729_Encode(Word16 * r,int p)
{
    int i,m,n;
    for(i = 0;i<80;i ++)
    {
        * (new_speech + i) = * (r + i);
    }
    Pre_Process(new_speech, L_FRAME);          //预处理
    Coder_ld8a(prm);                           //编码
    prm2bits_ld8k( prm, serial);
    for(i = 0;i<10;i ++)
    {
        b[i + p] = 0;
    }
    for(i = 0;i<80;i ++)
    {
```

```
    m = i/8;
    n = i%8;
    if( * (serial + 2 + i) == 0x0081)
    {
        b[p + m] = b[p + m]|(0x01<<n);
    }
  }
}
```

G.729A 的解码较编码简单些,图 10 - 4 给出了 G.729A 的解码算法框图:

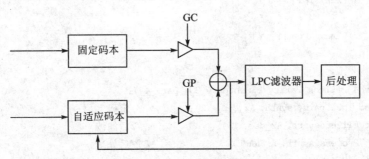

图 10 - 4　G.729A 解码算法

首先要从接收到的码流中提取 LSP 系数和两个分数基音延时、两个固定码本矢量以及两套自适应码本和固定码本增益等参数。然后,对 LSP 参数进行插值,并转换到线性预测滤波器系数的形式,构造出合成滤波器。

接下来,将自适应码本和固定码本矢量分别乘以各自的增益再相加,得到激励信号。激励信号通过 LPC 综合滤波器后,就得到了合成语音信号。最后还要对合成语音信号进行后滤波处理,其滤波器系数每 5 ms 子帧更新一次,以提高合成语音的质量。

解码程序如下,具体各个模块代码可参照 ITU 标准。

```
void G729_Decode(Word16 * x,int k)
{
    int i,m,n,p;
    serial[0] = 0x6b21;
    serial[1] = 0x80;
    for(i = 0;i<80;i ++ )                    //一帧样点数
    {
        m = i/8;
        n = i%8;
        p = 0x01<<n;
        f((( * (b + m + k))&p)
        {
            serial[2 + i] = 0x0081;
        }
```

```
        else
        {
            serial[2 + i] = 0x007f;
        }
    }
    bits2prm_ld8k( &serial[2], &parm[1]);
    parm[0] = 0;
    for (i = 2; i < SERIAL_SIZE; i ++ )
    {
        if (serial[i] == 0)
        {
            parm[0] = 1;
        }
    }
    parm[4] = Check_Parity_Pitch(parm[3], parm[4]);
    Decod_ld8a(parm, synth, Az_dec, T2);          //解码
    Post_Filter(synth, Az_dec, T2);               //后滤波
    Post_Process(synth, L_FRAME);                 //后处理
    for(i = 0; i<80; i ++ )
    {
        *(x + i) = *(synth + i);
    }
}
```

　　编解码程序均按照 ITU 标准实现,编解码算法采用 G.729 算法,ITU 为 G.729 算法提供了标准 C 源代码,并采用模块化设计,具有可读性强、便于维护等优点,但该算法复杂度较高,而 DSP 芯片资源有限,处理延时很大。在实际应用中,语音编解码器对算法实时性要求非常高,因此必须对原始代码进行算法精简和代码优化。

10.2.3　G.729A 优化

　　G.729 算法是经过长时间不断的研究与讨论,最终制定出的一个标准算法,对算法本身再进行大幅度优化是很困难的。可以通过 DSP 的特点对其算法进行优化。

　　没有基于 DSP 系列的实现 G.729A 的库可以调用,系统采用 ITU-T 提供的 G.729A 算法的标准 C 代码,在 DSP 上移植实现,但是直接在 DSP 开发工具 CCS3.3 中直接编译运行测试结果表明,编解码 1 个 10 ms 语音帧平均占用约 440 万个时钟周期(4.4 MIPS),解码需要 87 万个时钟周期(0.87 MIPS),而使用运算能力为 144 MIPS 的 TMS320C55xx 系列的 DSP 需要约 40 ms 才能编、解码 1 个 10 ms 帧,不能满足实时编、解码的需要。因此,有必要优化代码,提高处理效率。

　　首先,通过 CCS3.3 提供的 Profile 选项,分析代码的主要运算量。然后根据 DSP 的结构特点,充分利用已提供的内联函数对关键的代码段进行优化,可以取得显著的效

果。最后,充分利用 CCS3.3 的 C 编译器的优化功能。

CCS3.3 提供了 Profile 选项,可以实现时钟统计、函数的调用统计、循环的次数统计等功能。表 10 - 3 是 G.729A 标准源程序的编解码一帧的统计。

表 10 - 3　函数的调用统计

function	访问计数	功　能	function	访问计数	功　能
Mpy_32_16	1056	略	L_msu	7044	略
L_shr	1127	移位	L_sub	8255	32 位饱和减
L_shl	1768	移位	sature	10785	饱和处理
add	1803	16 位饱和加	extract_l	12210	取低 16 位
round	2168	略	L_mac	29308	32 位饱和乘加
mult	4346	16 位饱和乘	L_add	32185	32 位饱和加
sub	4396	16 位饱和减	L_mult	39700	32 位饱和乘
L_add_c	0	略	L_sub_c	0	略
L_macNs	0	略	Lsf_lsp	0	略
L_msuNs	0	略	Lsp_decw_reset	0	略

从表 10 - 3 可知,主要的运算量集中在 L_mac、L_add、L_mult 等几个函数。除此之外,还排除了部分没用到的函数,省略了它们,对程序的优化起到很大的简化作用。

然后利用 TI 提供的内联函数对表 10 - 3 所示的关键函数进行优化。内联函数是在某些 DSP 的汇编指令前加上"_"构成的,它可以很方便地实现某种需要若干 C 语句才能实现的功能,是一种非常简便、高效的优化方法,它的调用格式和普通的 C 函数一样,但是在编译时编译器会自动将 Intrinsic 用对应的汇编指令代替。DSP 指令集中绝大多数的运算逻辑指令都可以这样使用,如饱和绝对值、饱和加、饱和减、饱和乘等。用 Intrinsic 替代原先的 C 代码,运算量可以得到显著下降。以下是一个用_lsadd、_lsmpy 指令优化饱和加与乘的例子。

```
Word32 L_add(Word32 L_var1, Word32
L_var2)
{
        Word32 L_var_out;
        /* L_var_out = L_var1 + L_var2;
        if (((L_var1 ^ L_var2) & MIN_32) ==
0)
        {
                if ((L_var_out ^ L_var1) &
MIN_32)
                {
                        L_var_out = (L_var1 < 0) ?
MIN_32 : MAX_32;
                        Overflow = 1;
                }
        }
        */
        L_var_out = _lsadd(L_var1,L_var2);
        return(L_var_out);
}
```

```
Word32 L_mult(Word16 var1,Word16 var2)
{
        Word32 L_var_out;
        /*L_var_out = (Word32)var1 *
(Word32)var2;
        if              (L_var_out          !=
(Word32)0x40000000L)
        {
                L_var_out *= 2;
        }
        else
        {
                Overflow = 1;
                L_var_out = MAX_32;
        }
        */
        L_var_out = _lsmpy(var1,var2);
        return(L_var_out);
}
```

表 10 - 4 是几个关键函数的优化前后对比。

表 10 - 4 关键函数优化对比

函数	优化前的汇编指令数	优化后的汇编指令数(包括内嵌优化)
L_mac	大于 80(调用 L_add,L_mult)	4
L_add	31	6
L_mult	26	5

最后使用 CCS3.3 编译器的优化功能。CCS3.3 编译器提供了对高级语言的支持,可以将 C 语言代码转换成效率更高的汇编源代码,使用简单,只要在编译选项中加入优化选项就可以了。在优化中,用到以下几种选项:

- -g:对整个程序代码进行剖析。
- -o3:与-pm 合用,进行程序级优化。
- -pm:是语法分析器。在启动优化器和代码产生器之前,把所有的 C 语言文件合成一个文件来处理,这样做,可以对整个程序进行优化,使优化效率更高。
- -oi16386:是控制优化时函数内嵌的选项,因为标准的 C 源代码,存在极多的函数调用,很大程度上影响了程序的执行效率,所以这次用了较大幅度的函数内嵌,但是增大了代码空间。

但是需注意,有时自动优化会造成一些程序错误,需要调试处理。优化编译器会把它自认为没有用的语句给优化掉,例如执行语句 LCR=0x80,下面如果又是对 LCR 赋值 LCR=0x03,就会被优化器视为多余而省略。此处需要特别注意。

经过以上几步的优化工作,从 Profile 选项的剖析时钟可测得,编解码一个 10 ms 语音帧的运算量变化和用时变化如图 10 - 5 所示:

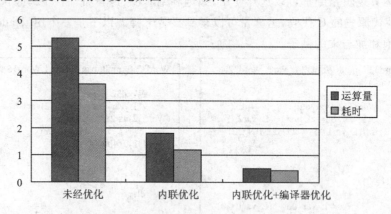

图 10 - 5 优化前后对比

10.3　TLV320AIC23 语音处理模块

TLV320AIC23 语音编解码模块是 TI 通用的语音处理模块。在 TI 的很多 DSK 和 EVM 上都有使用。DSK 上一般使用的模拟输入是麦克风(microphone)或者是立体声(line)输入,将其转换成数字数据存入缓冲区被 DSP 处理。DSP 处理完成之后将数字数据转换成模拟数据从耳机(headphone)或者是立体声(line)输出。其具体特性如下:

- sigma-delta 过采样 ADC 技术,90 dB SNR;
- sigma-delta 过采样 DAC 技术,100 dB SNR;
- 采样速率:8~96 kHz;
- 分辨率:16bit、20bit、24bit、32bit;
- 集成可编程增益放大器;
- DAC 和模拟旁路通道的模拟立体声混频器;
- 包含麦克风输入,立体声输入,耳机输出,立体声输出;
- 1.42~3.6 V 内核电压;
- 2.7~3.6 V 缓冲器和模拟电路供电电压;
- 兼容 TI 的 McBSP 无缝接口。

10.3.1　TLV320AIC23 的功能结构

图 10-6 是其功能框图。

TLV320AIC23 芯片有两个通道,控制通道和数据通道。控制通道使用单向的 I^2C 接口实现,该通道只在配置芯片时使用,传输数据时空闲;数据通道使用双向的 McBSP(多通道缓冲串口)接口实现,语音数据都通过此接口与 DSP 内核相连。

McBSP 是双向的数据通道,所有的音频数据流都通过数据通道。在采样宽度、时钟信号源和串行数据格式三个变量的基础上支持多种数据格式。一般在主模式下的编解码器使用 55 位的采样宽度,在正确的采样率下它产生帧同步和位时钟。编解码器有 12 MHz 的系统时钟。内部采样率生成细分 12 MHz 时钟产生通用频率,如 48 kHz、44.1 kHz 和 8 kHz。采样率通过编解码器的采样率寄存器设置。图 10-7 是 TMS320C6455 DSK 的 AIC23 模块的逻辑连接图。

有兴趣的读者参照 TI 文档"Evaluation Module for the TLV320AIC23 Codec and the TLV320DAC23 Audio DAC User's Guide",可以参考 DSK 里面的硬件电路与设计,里面有详细的电路图和参考设计。关于 TLV320AIC23 芯片的硬件设计这里不再详细说明。

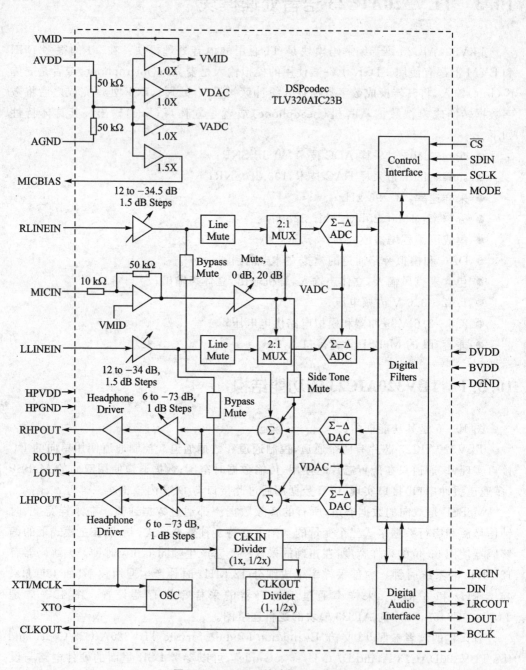

图 10－6　AIC23 的功能结构框图

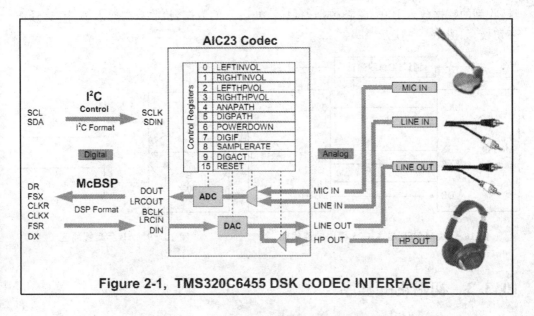

图 10 - 7　TMS320C6455 DSK 的语音模块

10.3.2　TLV320AIC23 的配置

在 TLV320AIC23 的配置过程中,通过采用 I²C 总线配置 TLV320AIC23 语音模块,使其与 DSP 的 McBSP 模块无缝连接,实现语音的采集与播放。AIC23 模块的主要配置参数如表 10 - 5 所列。

表 10 - 5　主要寄存器配置表

寄存器	配　置	寄存器	配　置
左右声道控制	无衰减	数字音频格式	主模式,16bit,DSP
左右耳机控制	无衰减	样本速率控制	USB 模式,8Khz 采样
模拟音频通道控制	选择线路输入	启动控制	全开

评估板上 CPU 外设 McBSP 与 AIC23 模块的连线图,如图 10 - 8 所示。

AIC23 可以选择主模式或者 DSP 模式,McBSP 选择从模式,发送时钟、接收时钟和帧同步信号均由 AIC23 模块提供。McBSP 的发送帧同步信号 FSX 和接收帧同步信号 FSR 是相连的,所以当帧同步信号来时,McBSP 就从 DX 和 DR 引脚上分别发送和接收两个字的数据(32 位)。

使能 McBSP 的中断,使 McBSP 每收到或发送完一帧的数据,发出中断,通知 CPU 接收数据。CPU 将数据读入缓冲区,为了不出现未处理的语音帧被覆盖,系统开设了一个 320 字的乒乓式缓冲区,缓冲区采用乒乓缓存的技术。首先,处理 A 的数据并发送,收到的数据放入 B 中,一帧数据处理后,处理 B 的数据,接收数据放入 A 中,这样循环切换,如图 10-9 所示。

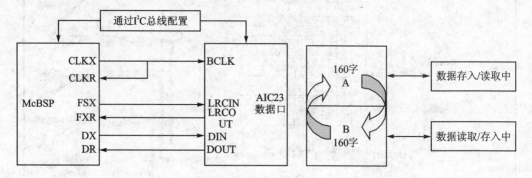

图 10-8　McBSP 与 AIC23 模块的连线图　　　　图 10-9　AB 乒乓缓冲区

10.3.3　初始化的程序

下面的程序是部分初始化的程序和伪代码:

```
/ * AIC23 模块配置 * /
DSK6455_AIC23_Config config = {
    0x0017,//0 DSK6455_AIC23_LEFTINVOL          左声道输入音量
    0x0017,//1 DSK6455_AIC23_RIGHTINVOL         右声道输入音量
    0x00d8,//2 DSK6455_AIC23_LEFTHPVOL          左声道耳机音量
    0x00d8,//3 DSK6455_AIC23_RIGHTHPVOL         右声道耳机音量
    0x0011,//4 DSK6455_AIC23_ANAPATH            模拟音频通道控制
    0x0000,//5 DSK6455_AIC23_DIGPATH            数字音频通道控制
    0x0000,//6 DSK6455_AIC23_POWERDOWN          功率控制
    0x0043,//7 DSK6455_AIC23_DIGIF              数字音频接口格式
    0x0081,//8 DSK6455_AIC23_SAMPLERATE         采样率控制
    0x0001,//9 DSK6455_AIC23_DIGACT             数字接口激活
};
/ * McBSP 模块收发数据伪代码 * /
void mcbspRcv(void)
{
    PC64XX_MCSP pMCBSP0 = (PC64XX_MCSP)C64XX_MSP0_ADDR;
    count ++ ;
    if(count  < 160)
        bcode = 1;
    else if(count   == 320)
        count = 0;
    else
        bcode =  0;
```

```
if(bcode == 1)
{
    left = Read(pMCBSP0 - > ddr1);              //读取 DR 左声道数据
    right = Read(pMCBSP0 - > ddr2);             //读取 DR 右声道数据
    rcv[count] = left;
}
else
{
    Write(pMCBSP0 - > dxr1,left);               //向 XR 写入左声道数据
    Write(pMCBSP0 - > dxr2,right);              //向 XR 写入右声道数据
}
}
```

　　使用乒乓缓冲区的好处是使得收发不冲突,在处理 A 数据的时候可以同时去收发 B 的数据,处理 B 数据的时候可以同时去收发 A 的数据,达到并行处理的目的。这在 DSP 的软件设计中常常用到。

　　使用 G.711 编码的语音需要占用 64 kb/s 的带宽,而 G.729 仅仅需要 8 kb/s。可以看出 G.729A 编解码的速率明显要大大高于 G.711,这是在高速率系统实现时需要考虑的问题,用 DSP 硬件实现时必须用汇编优化,不然实时不可实现;另外,G.711 是压缩了一半的比特数据,而 G.729A 压缩了 16 倍的数据容量,在具体硬件实现时体现于 G.729A 的码率小于 G.711。

10.3.4　两种编码方式的试验结果

　　经过在 TI 的 DSK6455 上测试,对于麦克风语音输入,使用 G.711 和 G.729A 在编码前后无明显区别;而对于立体声(line)输入的音乐,背景噪声会比较明显。原因是语音信号中没有高频分量,而音乐中有不同的高频分量,这些量化后的值在编解码前后有明显区别,位于精度的关键比特位置,使得恢复时候那些敏感比特位改变较大,声音发生畸变。而麦克风语音则改动没有音乐那么明显。下面给出两种编码方式的试验结果。

　　经过 G.711 与 G.729A 编解码后的波形在时域的对比,如图 10-10 所示。

　　经过 G.711 与 G.729A 编解码后的波形在频域的对比,如图 10-11 所示。

　　从图 10-10、图 10-11 可以看出 G.711 编码基本上可以保持语音的信息,解码后基本保持不变;G.729A 基本可以保持住语音的重要信息,解码后从频域上看只有低频部分(大概 100 Hz 以下)被衰减,源语言的高频部分被降噪,其他的主要部分都能保持,实际语言效果是很好地保持了语言的信息。

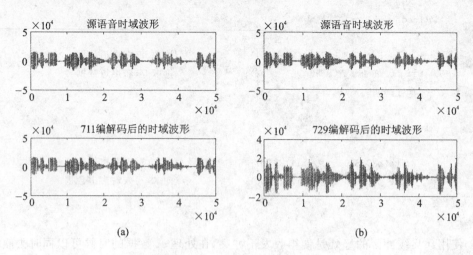

图 10 - 10   解码后时域波形对比

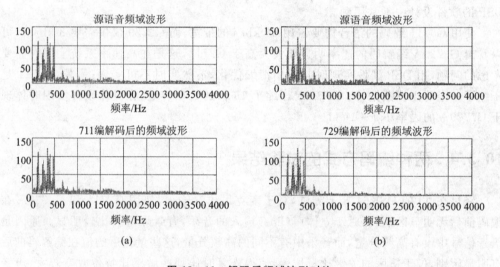

图 10 - 11   解码后频域波形对比

10.4   本章总结

本章主要介绍了两种语音编码技术：G.711 和 G.729A。重点对编码算法及程序进行了阐述。最后介绍了 TLV320AIC23 语音编解码模块，以及硬件平台上的验证实现。读者通过学习，可以对比两种语音编码技术的不同特点，掌握 DSP 语音编码设计的主要原理及注意事项。

第 **11** 章

基于 **DSP** 的以太网通信设计

以太网最早由 Xerox(施乐)公司创建,于 1980 年由 DEC、Intel 和 Xerox 三家公司联合开发成为一个标准,如今是应用最为广泛的局域网协议,包括传统以太网(10 Mb/s)、快速以太网(100 Mb/s)和吉比特以太网(1000 Mb/s)。本章结合实例介绍 DSP 以太网通信开发的原理与方法。

11.1 以太网通信协议

以太网的正式标准是 IEEE 802.3 标准。当前占主导地位的以太网互联协议是 TCP/IP 协议族,因为它应用在因特网中,并且通过了广泛的测试。图 11-1 是 TCP/IP 协议族与 OSI 模型的比较图。

用于嵌入式开发的以太网一般需要设计一个传输协议,比如 TCP 或者是 UDP。TCP 和 UDP 服务通常有一个客户端/服务器(C/S)的关系,此时用户需要开发客户端和服务器端两端的程序。一般情况下,TCP 或 UDP 的连接唯一地使用每个信息中的如下 4 项进行确认:源 IP 地址、目的 IP 地址、源端口和目的端口。在一个嵌入式 DSP 以太网通信系统里面,设计以太网协议主要需要的设置参数包括服务器(上位机)的 IP 地址、通信端口、网关,以及客户端(DSP)的 IP 地址、通信端口、默认网关、MAC 地址等。

在嵌入式通信里面,IP 地址一般用来确认网络中的端点。网关指的是通过本网络去访问其他网络的一个关口,非一个子网内的通信都需要经过网关,同一个子网内的通信则不需要设置网关,网关可以设置为子网内的任何一个 IP 地址。IP 地址分为 A、B、C 三类,默认的子网掩码是根据 IP 地址中的第一个字段确定的。下面是三类 IP 地址段的范围:

- A 类地址的表示范围为:1.0.0.1~126.255.255.255,默认子网掩码为:255.0.0.0;
- B 类地址的表示范围为:128.0.0.1~191.255.255.255,默认子网掩码为:

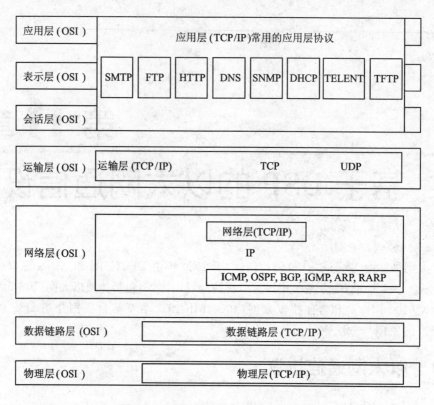

图 11 - 1   TCP/IP 协议族与 OSI 模型

255.255.0.0;

- C 类地址的表示范围为：192.0.0.1～223.255.255.255，默认子网掩码为：255.255.255.0。

用在嵌入式通信里面的 IP 地址一般都是私有的内部使用的地址，私有地址属于非注册地址，专门为组织机构内部使用。在三类 IP 地址里面有私有地址的空间，用户都可以随便拿来使用而不会与网络中的其他的同样的 IP 地址发生冲突，但是本子网内部必须只能是唯一的，否则在子网内是冲突的。三类 IP 地址里面有私有地址的空间包括：

- A 类：10.0.0.0～10.255.255.255；
- B 类：172.16.0.0～172.31.255.255；
- C 类：192.168.0.0～192.168.255.255。

端口是一个软件结构，被客户程序或服务进程用来发送和接收信息。很多服务进程通常使用一个固定的端口，例如，SMTP 使用 25，HTTP 使用 80，FTP 使用 23，Telnet 使用 23。这些端口号都是广为人知的，在建立与特定的主机或服务的连接时，需要这些端口地址和目的地址才能进行通讯。在嵌入式通信中不能选择这些已经被占用的端口号，但是还有很多没有被使用的端口号可以在嵌入式通信中使用。

MAC 地址是用来唯一标示网络设备位置的地址。网络层负责 IP 地址，数据链路层则负责 MAC 地址,一个网卡会有一个全球唯一固定的 MAC 地址,但可对应多个 IP 地址。MAC 地址就如同我们身份证上的身份证号码,具有全球唯一性。在所有的硬件网卡上都有相应的 MAC 地址,用于数据链路层的路由交换,在以太网通信中,可以更改或者不更改 MAC 地址,只要不冲突影响通信都是可行的。一般嵌入式通信中不需要修改上位机的 MAC 地址,而需要设置 DSP 的 MAC 地址,便于辨识通信中的设备端。

关于上述的 IP 地址、端口和 MAC 地址,在下文中会详细介绍例子来解释它们的用法。通过例程的学习,相信读者会在理论基础上更上一层楼,达到事半功倍的效果。

以太网常用的传输速度有 10 Mb/s、100 Mb/s、1000 Mb/s 等,用于嵌入式系统的一般是 10 Mb/s 和 100 Mb/s,这些速率在嵌入式通信要求不高的情况下已经足以应付。下文主要介绍嵌入式通信中的 1000 Mb/s 的以太网开发。

11.2 硬件 PHY 芯片选型

DSP 芯片上没有直接可以与上位机相连的部件,需要加入一块 PHY 芯片才能实现 DSP 与上位机的通信。PHY 芯片也很常见,就是 PC 机里面的网卡。在 PC 端,PCI 总线接 MAC 设备,MAC 设备接 PHY 芯片,PHY 芯片接网线;在 DSP 端,就只是 MAC 设备接 PHY 芯片,PHY 芯片接网线。

大多数常见的嵌入式 DSP 中的 PHY 芯片使用的都是 Intel 或者是 Broadcom 的芯片。这是 TI 建议的芯片类型,TI 的很多 DSK 上使用的都是 Intel 的芯片,一般传输速率在 100 Mb/s。同时,TI 的网络开发套件(Network Development Kit)上面也提到了关于 Intel 和 Broadcom 芯片的以太网开发,也就此类型的芯片做好了 NDK 的驱动。在芯片正确的硬件连接的基础上,使用者不需要再修改或者少量修改 TI 的驱动就可以很好地使用以太网芯片。本节主要介绍在 TI 的网络开发套件的基础上,开发千兆的以太网传输,并主要介绍另外一款 PHY 芯片 Marvell 88E1116 的开发与使用。

Marvell 88E1116 芯片主要资料如下:

(1) 支持 802.3 以太网 10/100/1000Base-T;

(2) 支持 RGMII 接口;

(3) 对于 RGMII 的定时模型,消除了 PCB 上的增加跟踪延时的需求;

(4) 在 RGMII 接口的基础上支持 LVCMOS、SSTL 和 HSTL 的 I/O 标准;

(5) 功耗选择与低功耗模式;

(6) 三种回环模式诊断;

(7) 成对电缆安装的降档模式;

(8) 全集成数字自适应均衡,反射补偿,干扰补偿;

(9) 增强的数字基准漂移纠正;

(10) 全速操作下的 MDI/MDIX 自动交换;

(11) 自动优先级纠正；

(12) 相容的 IEEE 802.3u 自动协商；

(13) 软件可编程的 LED；

(14) 支持 IEEE 1149.1 JTAG；

(15) MDC/MDIO 管理接口；

(16) CRC 检验,包计数；

(17) 包生成；

(18) VCT；

(19) MAC 接口输出自动校准；

(20) 支持傻瓜模式。

关于芯片的详细资料可参考 88E1116 的用户指南,IEEE 为所有的 PHY 芯片定义了 16 个功能固定的寄存器,即 Register 0~15。为了扩展 PHY 中的寄存器数目,Marvell 定义了分页机制(Page Mechanism)管理这些寄存器,这种机制是与 Intel 或者是 Broadcom 的芯片不同的。这一点的不同并不能让芯片的驱动起本质的区别,依然可以使用 NDK 的驱动,但是需要在原来的基础上做较大的修改或者是完善。

88E1116 的 64 管脚的方形扁平无引脚(QFN)封装如图 11-2 所示。

通过 EMAC(Ethernet Media Access Controller)模块,可以将 PHY 芯片与 DSP 相连控制数据流的传输,并通过 MDIO(Management Data Input/Output)模块控制 PHY 的配置以及状态的监测。以 TMS320C645x 为例,EMAC 的基本特征有:

● 同步的 10/100/1000-Mb/s 操作；

● 全双工的 G-bit 操作(半双工的 G-bit 不支持)；

● 大端模式和小端模式支持；

● 支持物理层的 4 种类型接口:标准媒体独立接口 MII、缩减管脚数的媒体独立接口 RMII、标准 G-bit 媒体独立接口 GMII、缩减管脚数的 G-bit 媒体独立接口 RGMII；

● 对内部或者外部的存储器空间来说,EMAC 是 DMA 的主设备；

● 支持接收 QOS,带有 VLAN 标识区分的 8 个接收通道；

● 支持发送 QOS,带有循环或者固定优先级的 8 个发送通道；

● 以太网或者 802.3 统计值收集；

● 每个通道基础上可选择的传输 CRC 产生；

● 单通道的广播帧的接收选择；

● 单通道的多播帧的接收选择；

● 单通道的混杂接收模式帧选择(全部帧、全部好帧、短帧、错帧)；

● 硬件流控制；

● 8K 字节的本地 EMAC 描述符存储区,允许外围设备在不影响 CPU 的基础上操作这些描述符,在没有 CPU 干涉的情况下描述符存储区可以存储最多 512 个以太网包的足够的信息；

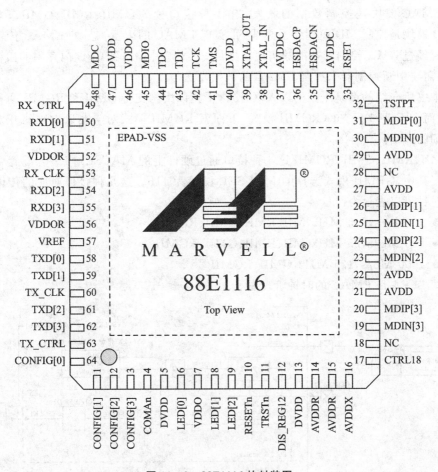

图 11-2　88E1116 的封装图

● 可编程的中断逻辑允许软件驱动来限制紧接的中断产生,因此,允许在单独呼叫中断服务例程下执行更多的工作。

图 11-3 是 EMAC 模块和 MDIO 模块的详细工作功能模块图。

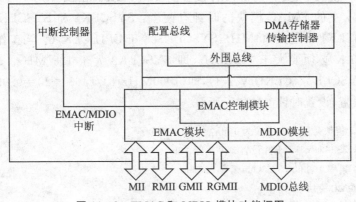

图 11-3　EMAC 和 MDIO 模块功能框图

EMAC 模块是控制数据的收发,有 4 种接口模式:MII、RMII、GMII、RGMII。MDIO 模块是控制 MDIO 时钟及总线的,实现 EMAC 的配置。另外 EMAC 传输的数据需要经过 DMA 控制器才能够实现数据从 PHY 芯片端口到 CPU 内存中的搬移。另外,还需要中断控制器来控制 EMAC 的数据发送与接收。

本书所介绍的都是千兆的以太网开发,千兆以太网支持 GMII 和 RGMII 两种传输模式,而 88E1116 只支持 RGMII 模式,下面就 RGMII 模式对千兆以太网的开发做一个详细的介绍。

MII、RMII、GMII、RGMII 这 4 种接口通过硬件上的 MACSEL[1:0]配置管脚来选择。其中,GRMII 模式选择的 MACSEL 设置为 11b。这几种接口对应的传输速率及其时钟可以表示为:

- 10 Mb/s,2.5 MHz,MII、RMII、GMII、RGMII
- 100 Mb/s,25 MHz,MII、RMII、GMII、RGMII
- 1000 Mb/s,125 MHz,GMII、RGMII

图 11-4 是 EMAC 的时钟管理图。

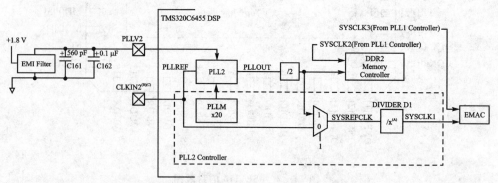

A. /x must be programmed to /2 for GMII (default) and to /5 for RGMII.
B. If EMAC is enabled with RGMII, or GMII, CLKIN2 frequency must be 25 MHz.
C. CLKIN2 is a 3.3-V signal.

图 11-4 PLL2 模块框图

在 RGMII 模式下,要将内部时钟设置为 125 MHz。由图 11-4 可以看出,驱动 TMS320C645x 上的 EMAC 模块的时钟有两个: SYSCLK1 和 SYSCLK3,由文档可知,其中 SYSCLK1 设定为 50 MHz,SYSCLK3 等于 CPU CLK/6。当工作于千兆以太网时,CPU CLK 必须要大于 750 MHz,即 SYSCLK3 大于 125 MHz。MDC(MDIO CLK)等于 SYSCLK3/(CLKDIV +1),即(1000MHz/6)/(165 +1)=0.998 MHz。配合 PLL1 的设置,设置时钟参数如下所示:

//设置 PLL 模块是的 DSP 主频为 1GHz
//使用 33.333MHz clkin1 并设置 DSP 主频 1GHz
//SYSCLK4 频率 100MHz,SYSCLK5 频率 200MHz
//初始化 PLLC 模块
CSL_pllcInit(NULL);

```
/ * 打开 PLLC 1 CSL 模块 * /
hPllc = CSL_pllcOpen (&pllcObj,CSL_PLLC_1,NULL,&status);
//设置 PLLC 1 硬件参数
hwPllcSetup.pllMode        = CSL_PLLC_PLL_PLL_MODE;    //设置 PLLC 位于 PLL 模式
hwPllcSetup.divEnable      = (CSL_BitMask32)(CSL_PLLC_DIVEN_PREDIV|CSL_PLLC_DIVEN_PLL-
DIV4|CSL_PLLC_DIVEN_PLLDIV5);
hwPllcSetup.preDiv         = 1;                        //除以 1
hwPllcSetup.pllM           = 30;                       //乘以 30
hwPllcSetup.pllDiv4        = 5;                        //除以 10
hwPllcSetup.pllDiv5        = 5;                        //除以 5
CSL_pllcHwSetup(hPllc,&hwPllcSetup);
//设置 PLLC 2 除以 5,MII 接口模式.
/ * 打开 PLLC 2 CSL 模块 * /
hPllc = CSL_pllcOpen (&pllcObj,CSL_PLLC_2,NULL,&status);
//设置 PLLC 1 硬件参数
hwPllcSetup.divEnable      = CSL_PLLC_DIVEN_PLLDIV1;
hwPllcSetup.pllDiv1        = 5;                        //RGMII 和 MII 模式下,除以 5
CSL_pllcHwSetup(hPllc,&hwPllcSetup);
```

图 11 - 5 为 TMS320C645x 建议的 RGMII 接口配置图。

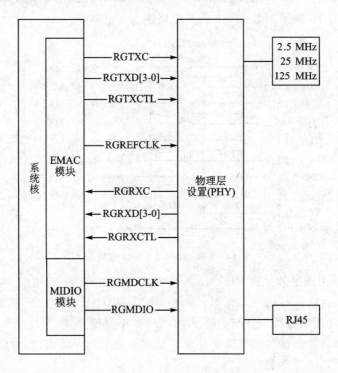

图 11 - 5　RGMII 接口配置图

左边是 DSP 的 EMAC 模块,右边是 PHY 芯片和 RJ45 的网口。RGMII 是缩减管脚的 GMII 接口,指的是数据发送 TXD 和数据接收 RXD 的管脚均只有 4 个;TXC 和 RXC 是发送时钟和接收时钟;TXCTL 和 RXCTL 是控制线;RGREFCLK 提供一个参考时钟,为 125 MHz,可以使用 REFCLK 来产生 RXC,也可以由接收到的数据中产生 RXC,因此 RGREFCLK 可有可无。在 88E1116 的 RGMII 模式中,此信号线未连接。另外,RGMDCLK 是 MDIO 的时钟线,RGMDIO 为控制配置线。

当 DSP 与 PHY 芯片连通但是 RJ45 未接网线与上位机连接时,TXC 为 125 MHz(88E1116 只支持 RGMII 接口);而当接上网线与 PC 连接时,TXC 可以为 125 MHz、25 MHz 或者是 2.5 MHz,此时 DSP 与 PHY 可以进行千兆以太网通信,但具体上位机的 PHY 支持多少数据率的通信决定了此时的通信速率。DSP 与 PHY 的连接可以自适应选择与上位机的速率相匹配来达到通信的目的,因此建议千兆以太网通信需要上位机也是千兆以太网网卡。

再者,这里的 RGREFCLK 可接可不接,不接的时候 PHY 芯片的时钟由发送的数据中产生。RGMII 接口是千兆以太网的接口,但是也可以向下自动协商为百兆网的接口。其基本的时钟是 125 MHz(千兆网)及 25 MHz(百兆网)。图中 EMAC 模块管理收发数据,MDIO 模块管理 MDIO 时钟,缺一不可。

最后,RJ45 的接口使用 HALO Electronics 的 Standard Choke,区别于一般的 RJ45 头子,它有 10 根线。图 11-6 是其电路图。

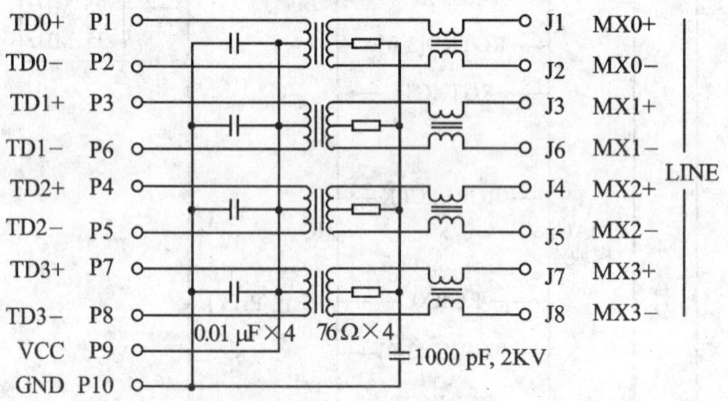

Standard Choke Circuit

图 11-6 Standard Choke 电路图

左边的 Px 引脚是外接到 PHY 接口 RJ45 接头的信号线,右边的 Jx 引脚是以太网的接口信号线,连接网线的一端。另外还有 VCC 和 GND 是电源和接地线,提供耦合电路的电源。注意信号线 TD 与引脚 P 的次序并不是递增的,MX 信号线与引脚 J 也不是递增的,在硬件连接的时候需要注意。虽然连接引脚中间有交叉,但是硬件上是按次序来的,只要逐个连接就可以。

11.3　软件设计

11.3.1　DSP 端程序设计

NDK 是 TI 推出的 C6000 系列 DSP TCP/IP 网络开发工具套件,进一步简化了开发过程,缩短了制造商以 C6000 系列 DSP 与网络实现连接的解决方案的上市时间。NDK 可以用于测试 TI 的 TCP/IP 堆栈的功能和性能,以确保满足各种不同应用对网络连接性的多种需要。用户可以利用 NDK 迅速在 DSP 应用上集成 TCP/IP 协议栈,从而在完成目标硬件之前就可以开始系统软件部分的设计。开发套件作为参考平台协助进行应用调试。此外,NDK 还带有部分网络应用程序和 EMAC 设备驱动程序,可在各种 DaVinci(TM)数字媒体设备和 TMS320C6000(TM)高性能 DSP(包括 DM643x、DM648、DM642、C6424、C6452、C6455、C6474、C6747 和 TCI648x 器件)上与 DSP/BIOS 配合使用,从而省去了网络处理器及相关软件,使整体开发成本下降 50% 以上。

图 11-7 为 DSP 端 NDK(网络开发套件)的基本程序框图。其中 GlbInit 函数是用户编写的函数,是用来初始化使能 EMAC 设备的。其余函数是 NDK 的基本驱动函数。包含的库有 OS 库、miniPrintf 库、nettool 库、stack 库、netctrl 库和 hal 库。

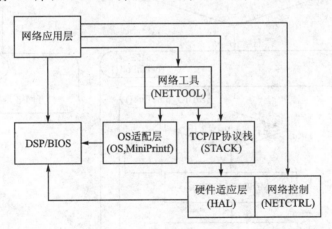

图 11-7　协议栈控制流

应用层作为最上层,在 DSP/BIOS 下,EMAC 的初始化程序流程图(NDK 初始化)如图 11-8 所示。

所有的程序模块可参见 TI 的 NDK 程序包,程序的流程为:先进行模块初始化,glbuserinit;之后进入 NDK_init,初始化 MDIO,打开包驱动 llpacketinit、getconfig、llpacketopen 程序;之后进入 emacinit、MDIO_open、emacEnqueue、llpacketSetRxFillter、llpacketGetMacAddr;所有的包驱动完成之后驱动库往上层驱动库走,进入函数 NetworkIpAddr、Networkopen;最后打开链路,打印所连接的状态信息。

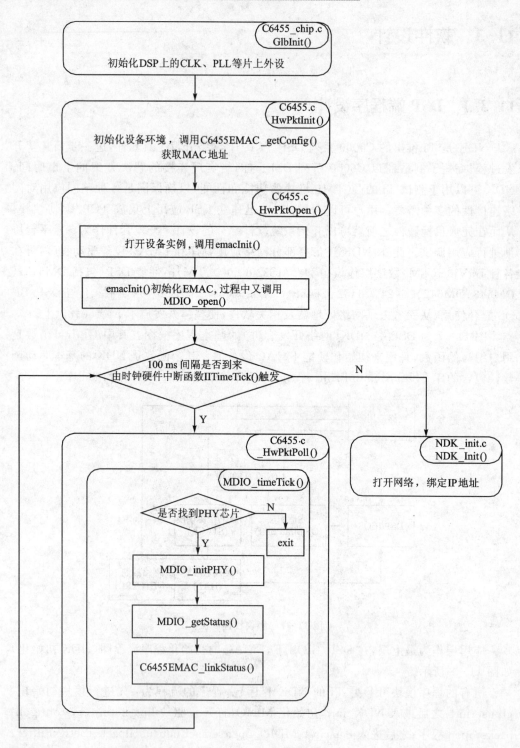

图 11 - 8　程序流程图

程序在 DSP/BIOS 控制下运行,在 DSP/BIOS 中添加了 llTimeTick 函数,用来每 100 ms 监视 PHY 的连接状态,这是 NDK 协议栈中的内容,无需读者添加,读者可以在 DSP/BIOS 可视化图形配置窗口下找到。它的用处包括在未连接成功时每 100 ms 重新检查链路并调用 NDK_Init 函数连接链路,在成功连接之后每 100 ms 重新检查连接状态是连接或断开。

成功连接之后进行的工作是配置 MDIO 初始化 PHY 和以太网参数,并返回所配置的参数。包括目标 DSP 的网络 IP 地址、MAC 地址、链路连接速度、PHY 端口等。

11.3.2　DSP 与 PHY 芯片的连通

在 NDK 的基础上,开发 DSP 端的应用软件就会变得比较易行,用户可以在熟悉了 NDK 的基础上对 NDK 的堆栈结构进行适当修改从而适合自己的项目开发。本书只针对一种典型的开发做详细的介绍以便读者举一反三。下面分析具体的细节。

测试 DSP 和 PHY 芯片连接上与否,用户可以观察 MDIO_ALIVE、MDIO_LINK 这两个寄存器的值,如果非零则表示连接上;此外通过观察 PHYREG_read()、PHYREG_write()这两个函数是否正常完成也可以。下面是相应代码的解释:

相应代码:

```
ltmp1 = MDIO_REGS - >ALIVE;
```

【解释】DSP 与 PHY 连接上则 tmp1 为非零值。

相应代码:

```
PHYREG_read( PHYREG_STATUS,pd - >phyAddr);          //PHY 寄存器读
PHYREG_waitResultsAck( tmp1,ack);                   //等待 ack 的返回
if( ! ack)                                          //如果未连接
{
    MDIO_initStateMachine( pd);
    break;
}
PHYREG_write( PHYREG_CONTROL,phyAddr,PHYREG_CONTROL_RESET);
                                                    //PHY 寄存器写
    PHYREG_waitResultsAck( i,ack);                  //等待 ack 的返回
    /* If the PHY did not ACK the write,return zero */
    if( ! ack)                                      //如果未写成功
    return(0);
```

【解释】PHY 芯片寄存器读/写正常时返回的 ACK 信号为 1,否则为 0。

此外,前文介绍的两个寄存器也可以判断是否连接上。如果最近访问的 PHY 地址对应的寄存器比特位被 PHY 感知的话则 ALIVE 寄存器 32 位都被设置,如果 PHY 未感知这次的访问则对应比特位复位。用户或者轮询(来自 NDK 的轮询)访问都会使

PHY 的比特位更新。返回 1 说明 PHY 未感知访问，返回 0 则说明被知晓。另外，对 PHY 的通用状态寄存器的读操作会更新 LINK 寄存器，当 PHY 对应的地址连接上而 且 PHY 知晓读操作时该比特位就被设置为 1；如果 PHY 未连接上或者不知晓读操作 时该比特位复位返回 0。

　　IEEE 802.3 为所有的 PHY 芯片定义了 16 个功能固定的寄存器，即寄存器 0～ 15。为了扩展 PHY 中的寄存器数目，Marvell 88E1116 定义了分页机制，笔者没有修 改函数中 Register 地址超过 15 的相关部分代码（这部分主要是为 Broadcom 和 Intel 的千兆以太网通信设置的，详见 NDK MDIO_initPHY 函数）。

11.3.3　PHY 芯片点亮指示灯及接口设置

　　每个 PHY 芯片的生产商都有一个由 IEEE 分配的 OUI（Orgnanzition Unique Identifer），它存储在 PHY 芯片的 Rigister 2，比如 Intel PHY 的 OUI 值是 0x0013，Broadcom PHY 的 OUI 值是 0x0020，Marvell PHY 的 OUI 值是 0x0141。根据 OUI 值可以判断 PHY 芯片的生产商，从而找到对应于 LED 指示灯的状态寄存器，并设定 相应的值。

　　相应代码：

```
MDIO_phyRegRead( phy,0x2,&pData);          //读出寄存器 2 的值
    //Intel PHY 的 LED 编程
if (pData == 0x13)
    MDIO_phyRegWrite( phy,0x14,0xd5d0);     //Intel PHY 的 OUI 指示灯
    //Broadcom PHY 的 LED 编程
    if (pData == 0x20)
    MDIO_phyRegWrite( phy,0x1C,0xa418);     //Broadcom PHY 的 OUI 指示灯
//Marvell PHY 的 LED 编程
if (pData == 0x0141)
    MDIO_phyRegWrite( phy,0xxxx,0xXXXX  );   //Marvell PHY 的 OUI 指示灯
```

　　其中，程序中的 Intel PHY 的 LED 编程和 Broadcom PHY 的 LED 编程均是 TI 已完成的驱动，Marvell PHY 的 LED 编程的程序段由笔者编写，用户可根据具体的 PHY 芯片改变 MDIO_phyRegWrite 函数中的参数来点亮网卡的灯。

　　对于千兆以太网接口 RGMII，对应的 MACSEL 为 0x11b。表 11-1 是 MII、RMII、GMII、RGMII 这 4 种接口的通过硬件上的 MACSEL[1：0]配置管脚的选择。

表 11-1　接口选择管脚

MACSEL[1：0]	接口	MACSEL[1：0]	接口
00	MII	10	GMII
01	RMII	11	RGMII

此处也可以由读出的 macsel 寄存器的值判断是否工作在 RGMII 模式下。
相应代码：

```
/ * 找出我们使用的是何种接口 * /
    macsel = CSL_FEXT(DEV_REGS - >DEVSTAT,DEV_DEVSTAT_MACSEL);
//读出 MACSEL 的值
```

这里使用的是 RGMII 接口,因此 macsel 为 3。

11.4　应用实例 1——EMAC 传输的发送和接收

正确的使用 EMAC 需要合理的配置。如上所述,最基本的参数需要有通信的 IP 地址、MAC 地址、子网掩码、网关、通信端口,还有在 DSP 端开发 EMAC 的应用程序,即使用 EMAC 来与 PC 通信并收发数据。

下面举例说明在 DSP 端设置 EMAC 的配置：

```
Uint8 g_IpAddr[4] = {192,168,128,203};                          / * 客户端 IP 地址 * /
Uint8 LocalIPMask[4] = {255,255,255,0};                         / * 子网掩码 * /
Uint8 GatewayIP[4]    = {192,168,128,4};                        / * 网关地址 * /
const char chServerIpAddr[]  = "192.168.128.78";                / * 服务器端 IP 地址 * /
const char chLocalIpAddr[] = "192.168.128.203";                 / * 客户端 IP 地址 * /
Uint16   g_u16ServerPortCtl      =      2000;                   / * 服务器使用到的端口 * /
Uint16   g_u16ServerPortCtl1     =      2001;                   / * 服务器使用到的端口 * /
Uint16   g_u16ServerPortData[2]         {12270,12271};          / * 服务器使用到的端口 * /
static Uint8 g_u8MacAddr[8] = {0x0A,0x02,0x0B,0x04,0x0C,0x08 };   / * MAC 地址 * /
```

这段程序定义了所用到的 IP 地址、MAC 地址、子网掩码、网关、通信端口。使用私有 IP 地址段 192.168.128.xxx,由子网掩码可知子网是 192.168.128.1；主机端使用 78,客户端使用 203；端口使用 2000、2001、12270、12271 等,可以区分不同的服务,类似于 HTTP 和 FTP 的区分,用来辨识不同的传输业务；另外,MAC 地址是唯一辨识不同网卡的地址,此处可以修改为程序中地址而不冲突,TCP/IP 的 MAC 地址表表示只要不在地址表中冲突就可以路由实现通信。

下面介绍 EMAC 传输的发送和接收程序。首先是接收的程序：

```
/ * EMAC 传输接收数据,入口参数：服务器地址,服务器端口 * /
void RcvData(IPN un32ServerIpAddr,UINT16 un16UdpServerPort)
{
    Uint32     u32RcvUdpBufLen;             / * 接收数据 Buffer * /
    Uint32     u32RcvBufSize;               / * 接收数据大小 * /
    Uint8 *    u8AppBuf;
    SOCKET     s = INVALID_SOCKET;
    struct     sockaddr_in ServerAddr;
    while( ! NDK_state)                     / * 如果 NDK 没有初始化完成就继续等待 * /
```

```
    {
        TSK_sleep(100);                             /* 任务休眠 */
    }
    /* 分配文件描述符环境给此任务 */
    fdOpenSession((HANDLE)TSK_self());
    /* 创建一个 UDP 的 socket */
    s = socket(AF_INET,SOCK_DGRAM,IPPROTO_UDP);
    if (s == INVALID_SOCKET)                        /* socket 未创建成功 */
    {
        printf("failed socket creation ( % d)\n",fdError());   /* 打印错误信息 */
        goto LEAVE;                                 /* 跳出到 LEAVE 程序段 */
    }
    /* 服务器 IP 地址端口初始化 */
    bzero(&ServerAddr,sizeof(struct sockaddr_in));
    ServerAddr.sin_family            = AF_INET;
    ServerAddr.sin_len                = sizeof(ServerAddr);
    ServerAddr.sin_addr.s_addr       = un32ServerIpAddr;
    ServerAddr.sin_port              = htons(un16UdpServerPort);
    /* 配置接收 Buffer 大小 */
    u32RcvBufSize = TC3_4_BYTE_SRC_REQ * 10;//buffer size
    setsockopt(s,SOL_SOCKET,SO_RCVBUF,&u32RcvBufSize,sizeof(UINT32));
    /* 绑定 bind 服务器地址 */
    if (bind(s,&ServerAddr,sizeof(ServerAddr)) < 0)     /* 绑定未成功 */
    {
        printf("bind failed ( % d)\n",fdError());         /* 打印错误信息 */
        goto LEAVE;                                       /* 跳出到 LEAVE 程序段 */
    }
    while(1)                                        /* 接收数据 */
    {
        SEM_pendBinary(g_semUdp,SYS_FOREVER);       /* 等待接收信号 */
        for(i = 0;i<10;i ++ )                       /* 接收 10 次,每次为新数据 */
        {
            u32RcvUdpBufLen = /* 使用接收函数 recvfrom 接收 PC 发来的数据,返回数据的
长度 */
    recvfrom(s,(void * )g_u8AppBuf_Tmp,g_u16mpdu_size_byte,MSG_WAITALL,NULL,NULL);
            u8AppBuf = (Uint8 * )(g_pu8AppBuf_PC + u32RcvUdpBufLen * i);
            /* 使用 EDMA 将接收到的数据搬移至处理 Buffer 段 */
            pPaRAMSet34 - >m_wSRC = (Uint32)g_u8AppBuf_Tmp;   /* EDMA 数据源地址 */
            pPaRAMSet34 - >m_wDST = (Uint32)u8AppBuf;         /* EDMA 目的地址 */
                pPaRAMSet34 - >m_hwACNT = u32RcvUdpBufLen;    /* EDMA 传输数据长度 */
            /* 手动触发 EDMA 传输 */
            * pu32ESRH = 1<<(TCC34 - 32);
            if(9 == i)
```

```
            {
                SEM_postBinary(semFrameProc);      /* 发出接收完成信号 */
            }
        }
    } //while(1)
LEAVE:                                             /* LEAVE 程序段 */
    if (s != INVALID_SOCKET)                       /* socket 未建立成功 */
    {
        fdClose(s);
    }
    fdCloseSession((HANDLE)TSK_self());            /* 关闭任务段 */
    TSK_exit();                                    /* 跳出任务 */
}//RcvData
```

下面是发送的程序：

```
/* EMAC 传输发送数据,入口参数：服务器地址,服务器端口 */
void TrmData(IPN un32ServerIpAddr,UINT16 un16UdpServerPort)
{
    SOCKET      s = INVALID_SOCKET;
    struct      sockaddr_in ServerAddr;
    Uint32      * pu32TxBuf;
    int sendto_num,rc;                             /* 传输标记符 */
    Uint32      i;
    Uint32   mpdu_index[20];
    while( ! NDK_state)                            /* 如果 NDK 没有初始化完成就继续等待 */
    {
        TSK_sleep(100);                            /* 任务休眠 */
    }
    /* 分配文件描述符环境给此任务 */
    fdOpenSession((HANDLE)TSK_self());
    /* 创建一个 UDP 的 socket */
    s = socket(AF_INET,SOCK_DGRAM,IPPROTO_UDP);
    if (s == INVALID_SOCKET)                       /* 如果未创建成功 */
    {
        printf("failed socket creation ( % d)\n",fdError());  /* 打印错误信息 */
        goto LEAVE;                                /* 跳出到 LEAVE 程序段 */
    }
    /* 服务器 IP 地址端口初始化 */
    bzero(&ServerAddr,sizeof(struct sockaddr_in));
    ServerAddr.sin_family          = AF_INET;
    ServerAddr.sin_len             = sizeof(ServerAddr);
    ServerAddr.sin_addr.s_addr     = un32ServerIpAddr;
    ServerAddr.sin_port            = htons(un16UdpServerPort);
```

```
        while(1)                                    /*发送数据*/
        {
                SEM_pendBinary(g_semTrm,SYS_FOREVER);      /*等待发送的信号*/
          /*初始化发送的 Buffer*/
                pu32TxBuf = (Uint32 *)(g_u8RxBuf_HF + g_u16TurboCodeBlkSize * 20 * g_mpdu_
count);for(i = 0; i<10; i ++)                         /*发送 10 次,每次为新数据*/
                {
                        sendto_num = /*使用发送函数 sendto 发送数据到 PC,返回发送成功描述符*/
                sendto(s,pu32TxBuf,g_u16mpdu_size_byte,0,&ServerAddr,sizeof(ServerAddr));
                        if(sendto_num == −1)           /*如果未发送成功*/
                        {
                                rc = fdError();         /*返回错误标记*/
                        }
                        pu32TxBuf + = g_u16mpdu_size_byte/4;  /*发送 Buffer 地址自加*/
                }
                SEM_post(g_semUdp);                    /*发出发送完成信号量*/
        }
LEAVE:                                               /*LEAVE 程序段*/
        if (s != INVALID_SOCKET)                     /*socket 未建立成功*/
        {
                fdClose(s);
        }
        fdCloseSession((HANDLE)TSK_self());          /*关闭任务段*/
        TSK_exit();                                   /*跳出任务*/
}//Udp_AppData
```

此处的程序需要解释几点:

(1) 程序中 socket 的建立与使用遵照 TI 的技术文档,从建立,绑定之后开始通信;

(2) 程序中 recvfrom 和 sendto 是 NDK 里面的库函数,分别用来接收和发送数据,其输入参数包括 Buffer、数据大小、IP 地址、端口等;

(3) 发送或者接收数据一般都需要通过 semaphore 的控制,接受或者发送的程序使用查询的方式,此处加入 semaphore 是为了在等不到接受或者发送信号量的时候程序挂起继续查询,与 CPU 的其他程序不互相干扰,等到信号量之后再进行发送或者接收的程序,最后在发送或者接收完成之际发出处理完成的信号量,告知其他程序已经发送或者接收完成,并行不悖;

(4) 在发送或者接收的程序中经常要用到 EDMA 或者 DMA 来将接收到的数据搬移,这里的接收程序给出了一个很好的例子。

通过上面两个程序可以看出,开发 DSP 端的应用程序也不过如此,和上位机的应用程序差不了多少,下面将会介绍上位机的程序。有几个基本点:通信要在同一子网;端口不能冲突;测试的时候先测试能不能 ping 通;发送和接收机制不能与其他程序冲突。掌握好了这几个地方就会事半功倍了。

11.5　应用实例 2——PC 上位机通信程序

有了 DSP 端的应用程序，上位机的程序就可以开发使用了。上位机的程序比较灵活，但是主要部分还是在于和 DSP 通信，其他界面、处理程序之类的都可以按照项目的需要做开发。

这里介绍使用 C♯ 开发的上位机程序，在功能上面主要还是介绍与 DSP 通信的这一段关键程序。数据的处理分包组包、界面的美化之类的都不再说明。在与 DSP 通信这一段程序里面，首先是 CRC 循环冗余检验。

CRC 循环冗余检验的应用很广泛，它是用来保障数据传输的过程中不会出差错而引入的，同时也可以保证收发两端的数据不会出差错，是最常用的差错检测机制，在程序中也要用到 CRC 来保证传输的正确性。发送端加入 CRC 冗余校验码，接收端解码并验证。首先介绍 CRC 的原理和应用。

任意一个二进制码流串都可以用一个多项式表示，比如二进制 1010110 可以表示为多项式 $x^6+x^4+x^2+x$，CRC 的码字生成的软件方法是借助于多项式除法的。除法之后得到的余数即为校验字段。比如信息字段是 $s(x)=x^6+x^4+x^2+x$，采用的 CRC 的位数是 4 位，相应的生成多项式为 $g(x)=x^4+x^3+x+1$，多项式除法之后，得到余数为 $r(x)=x+1$，所以最后的码字为 $s(x)$ 与 $r(x)$ 的拼接，表示为二进制 1010110 0011。

在程序的计算中，不需要像上面介绍的计算多项式余数的方法一步一步地进行 CRC 的计算，只需用查表的方法计算 CRC。图 11-9 说明了 CRC 校验值是如何通过查表的方法计算的。

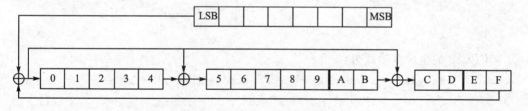

图 11-9　CRC 软件计算方法

图 11-9 举例的是 16 位 CRC 的生成示意图，其他位数的 CRC 生成的原理相同。0～F 表示的是 CRC 的位数从低到高排列，LSB 到 MSB 表示需要计算 CRC 的信息字节的位数比特从低到高排列。

首先初始状态是 16 个移位寄存器里面的值都是 0，上面的数据即需要校验的数据，从把数据移位开始计算，将数据的最低位开始逐位移入反相耦合移位寄存器，中间并进行异或计算。当一个字节的数据位都这样操作之后，，此时 16 位寄存器里面的值就是 CRC 的值。这是一个字节的 CRC，如果需要一组数据，则计算 CRC 的时候就将其分成多个字节，按照每个字节的方法计算 CRC。最后得到的寄存器里面的结果就是整个序列的 CRC。

计算 CRC 的方法是查表,首先要计算这样的一个表,即所有的字节都可以对应一个 CRC,作为移位寄存器里面的状态。本章介绍 32 位 CRC 的计算方法,理论上与 16 位 CRC 的计算方法相同。字节 CRC 表代码如下:

```
public CRC32()
{
        const UInt32 ulPolynomial = 0x04C10DB7;
        UInt32 dwCrc;
        crc32Table = new uint[256];        //CRC 表
        UInt32 i,j;
    for (i = 0; i < 256; i ++ )
    {
    dwCrc = i << 24;
        for (j = 8; j > 0; j -- )
        {
                    if ((dwCrc & 0x80000000) == 0x80000000)
            {
            dwCrc = (dwCrc << 1) ^ ulPolynomial;
            }
            else
            {
            dwCrc << = 1;
            }
        }
        crc32Table[i] = dwCrc;
    }
}
```

CRC32 的生成多项式为:

$$g(x) = x^{32} + x^{26} + x^{23} + x^{22} + x^{16} + x^{12} + x^{11} + x^{10} +$$
$$x^8 + x^7 + x^5 + x^4 + x^2 + x^1 + 1 \qquad (11-1)$$

对应的 16 进制的生成多项式表示为 0x04C10DB7,字节的 CRC 有 256 种可能,所以 CRC 表的大小为 256。如果需要一串数据做 CRC 的计算,则将其分成一个一个字节,按照 CRC 表对应找到 CRC 的输出作为下一次 CRC 的寄存器状态,这样就可以计算所有数据的 CRC 了。下面是一串数据的 CRC 计算的代码:

```
public UInt32 DiscontinuousCRC(UInt32 crcInitVal,Byte[] buffer,UInt32 startIndex,UInt32
len)
    {
        UInt32 crcVal = crcInitVal;
        for (UInt32 index = startIndex; index < (startIndex + len); index ++ )
        {
        UInt32 tabPtr = crcVal >> 24;
```

```
        tabPtr = tabPtr ^ buffer[index];
        crcVal = crcVal << 8;
        crcVal = crcVal ^ crc32Table[tabPtr];
    }
    return crcVal;
}
```

　　输入参数是输入缓冲区、缓冲区开始位置、缓冲区长度;输出参数是 CRC32 的结果。对于字节 CRC 读者可以参照此程序自推。在接收端的校验中,使用相同的 CRC 生成多项式进行校验,同样使用二进制除法计算 CRC。如果接收到的计算结果余数为 0,则表明接受校验正确。这也就意味着在接收端使用与发送端同样的程序对接收的数据做 CRC 的计算就可以检验接收数据的正确与否。

　　CRC 是发端和收端来做数据校验的,下面介绍上位机的 socket 编程。首先是初始化 socket,程序如下:

```
public bool initSend(string IP_Packet_Src,int Port_Packet_Src)
{
    IEP_Packet_Src = new IPEndPoint(IPAddress. Parse(IP_Packet_Src),Port_Packet_Src);
    Socket_Packet_Src = new Socket(AddressFamily. InterNetwork,SocketType. Dgram,Proto-
colType. Udp);
    try
    {
        Socket_Packet_Src. Bind(IEP_Packet_Src);
    }
    catch
    {
        return false;
    }
    IEP_Packet_Remote = new IPEndPoint(IPAddress. Any,0);
        EP_Packet_Remote = IEP_Packet_Remote;
    Socket_Packet_Src. ReceiveBufferSize = MAX_BUFFER_SIZE;
        Socket_Packet_Src. BeginReceiveFrom(buffer,0,MAX_BUFFER_SIZE,SocketFlags.
None,ref EP_Packet_Remote,new AsyncCallback(onReceiveFromRemote),null);
    return true;
}
```

　　首先初始化上位机通信的 IP 地址和端口,之后建立 socket,选择的通信协议是 UDP 协议,再绑定 socket 就可以通信了。下面是开发的 UDP 的发送端程序:

```
public int sendUDP(int times)
{
    int i = 0;
    mut_buffer. WaitOne();
    list_buffer_lastsend. Clear();
```

```
Byte[] buffer_empty = CSeg.generateEmptySEG(0);
for (i = 0; i < times; i++)
{
        buffer_empty = CSeg.generateEmptySEG(0);
    if (true && (list_buffer_SEG.Count > 0))
    {
            Random rnd = new Random(1237);//扰码
            Byte[] rnddata = new Byte[list_buffer_SEG.First().length];
        rnd.NextBytes(rnddata);
        for (int j = 9; j < list_buffer_SEG.First().length; j++)
        {
            list_buffer_SEG.First().buffer[j] ^= rnddata[j];
        }
            count_seg_sent++;
        Socket_Block_Packet_Transmitter.SendTo(list_buffer_SEG.First().buffer,0,
        list_buffer_SEG.First().length,SocketFlags.None,EP_Block_Packet_Trans-
mitter);
        }
    }
    mut_buffer.ReleaseMutex();//释放
    return i;
}
```

程序中输入参数为发送的次数,其中,socket 发送的函数为 SendTo 函数,类似于 NDK 里面,库函数可以调用。此外,程序段里面做了异或的操作,异或的参数为随机数,实际此程序段为扰码程序,发端需要给发送的数据加以扰码,这是通信系统基本需要的步骤。

在接收端,初始化的程序段类似于前面的发送程序,不再详细介绍其各段意义,程序如下:

```
public bool initReceive(string IP_Block_Packet_Src,int Port_Block_Packet_Src)
{
    IEP_Block_Packet_Src = new IPEndPoint(IPAddress.Parse(IP_Block_Packet_Src),Port_
Block_Packet_Src);
    EP_Block_Packet_Src = IEP_Block_Packet_Src;
    Socket_Block_Packet_Src = new Socket(AddressFamily.InterNetwork,SocketType.Dgram,
ProtocolType.Udp);
    try
    {
    Socket_Block_Packet_Src.Bind(EP_Block_Packet_Src);
    }
    catch
    {
```

```
        return false;
    }
    IEP_Block_Packet_Remote = new IPEndPoint(IPAddress.Any,0);
    EP_Block_Packet_Remote = IEP_Block_Packet_Remote;
    Socket_Block_Packet_Src.ReceiveBufferSize = MAX_BUFFER_SIZE;
    Socket_Block_Packet_Src.BeginReceiveFrom(buffer_Socket,0,MAX_BUFFER_SIZE,Socket-
Flags.None,ref EP_Block_Packet_Remote,new AsyncCallback(onReceiveBlockFromRemote),null);
    return true;
}
```

接收端程序较发送端程序稍复杂,下面是接收端程序:

```
private void onReceiveBlockFromRemote(IAsyncResult iar)
{
    //异步 socket 接收
    IPEndPoint tmpIEP = new IPEndPoint(IPAddress.Any,0);
    EndPoint tmpEP = tmpIEP;
    int MPDUNum = 0;
    int recvBytes;
    int j;
    try
    {
        recvBytes = Socket_Block_Packet_Src.EndReceiveFrom(iar,ref tmpEP);
    }
    catch (Exception e)
    {
        MessageBox.Show("!!!!");
        return;
    }
    TimeSpan sp = DateTime.Now - dtime;
    dtime = DateTime.Now;
    Milliseconds_perpacket = sp.Ticks;
    q_seg.Enqueue(buffer_Socket);
    if (q_seg.Count > 20)
    {
        q_seg.Dequeue();
    }
    mut_receivedcnt.WaitOne();
    count_seg_received ++;
    CSeg.changePacketSize(recvBytes);
    size_seg_received + = CSeg.SEG_Packet_Size;
    count_total_received ++;
    mut_receivedcnt.ReleaseMutex();
```

```
Random rnd = new Random(1237);//解扰
Byte[] rnddata = new Byte[CSeg.SEG_Packet_Size];
rnd.NextBytes(rnddata);
for (int i = 9; i < CSeg.SEG_Packet_Size; i ++ )
{
    buffer_Socket[i] ^= rnddata[i];
}
Socket_Block_Packet_Src.BeginReceiveFrom(buffer_Socket,0,MAX_BUFFER_SIZE,Socket-
Flags.None,ref EP_Block_Packet_Remote,new AsyncCallback(onReceiveBlockFromRemote),null);
}
```

不同于发端只有一个发送函数,接收程序中使用函数 BeginReceiveFrom 和函数 EndReceiveFrom 来接收数据包。接收到数据包之后计算接收数据的时间及接收数据的速率,在处理数据之前与发端相对应,进行解扰,最后交予后续程序段处理。

在处理上位机以太网通信时,发送数据之前每个发送的数据包需要做扰码和加 CRC 的处理。扰码是为了将数据随机打散,不出现连续的 0 或者 1,目的是使得数据的峰均比降低;加 CRC 是为了加入冗余校验,验证数据的收发正确性,检测发现错误的 CRC 包会被丢掉,如果不加 CRC 的处理可能会带来意想不到的后果。在与 DSP 通信的过程中,按照图 11 - 10、图 11 - 11 所示传输和发送数据。

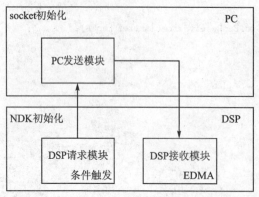

图 11 - 10　发送端以太网通信　　　　　图 11 - 11　接收端以太网通信

在发送端,首先进行的是 DSP 的 NDK 的初始化、PC 的 socket 初始化,初始化的内容包括服务器和客户端的 IP 地址、通信端口、传输协议、网关等。初始化成功之后 DSP 向上位机发送请求数据的指令,上位机接收到这个指令之后向下发送数据。这样处理的好处是以 DSP 为主,PC 为从,DSP 什么时候要数据或者不要数据,要什么类型的数据,要多少数据都可以由 DSP 控制。之后上位机将请求的数据包发给 DSP,DSP 接收到之后将数据 EDMA 搬移到后续的缓冲区。

在接收端,同样首先进行的是 DSP 的 NDK 的初始化、PC 的 socket 初始化,初始化的内容包括服务器和客户端的 IP 地址、通信端口、传输协议、网关等。初始化完成之后如果有数据需要发送给 PC,则使用 EDMA 将内存中的数据搬移到 EMAC 发送的缓冲区,向 PC 发送,PC 接收数据,检测 CRC,如果该数据包没有通过 CRC,则丢弃,如通过,则交给后续程序处理。

关于传输的包格式,在以太网底层传输的数据包格式不是我们所主要关心的,因为它是协议的一部分。主要关心的是上层的包格式,比如包头需要哪些信息,包大小、包类型这些关键字段放在哪里,CRC 放在哪里等。用户可根据自己的需求设置自己的包格式。这里给出一个参考设计的包格式及其代码,如图 11 - 12 所示。

前导符 8字节	包ID 4字节	包长度 2字节	子包数 1字节	新数据指示符 1字节	帧ID 1字节	MPDU ID 1字节	子包,负载 可变长度	填充 可变长度	CRC32 4字节

图 11 - 12　传输包格式

所对应的程序如下所示:

```
class CSeg
{
        public static int SEG_Packet_Size = 1024;
        public const int SEG_Packet_Size_MAX = 1200;
        private const string Preamble = "\x5A\x5A\x5A\x5A\x5A\x5A\x5A\x5A";
        private const int SEG_Preamble_Offset = 0;
        private const int SEG_PacketId_Offset = 8;//Preamble. Length;
        private const int SEG_PacketLength_Offset = 12;
        private const int SEG_SubPacketNum_Offset = 14;
        private const int SEG_NewDataIndicator_Offset = 15;
        private const int SEG_FrameId_Offset = 16;
        private const int SEG_MPDUId_Offset = 17;
        public const int SEG_Payload_Offset = 18;
        private static int SEG_CRC32_Offset = SEG_Packet_Size - 4;
        private const int SEG_Preamble_Length = SEG_PacketId_Offset - SEG_Preamble_Off-
set;
        private const int SEG_PacketId_Length = SEG_PacketLength_Offset - SEG_PacketId
_Offset;
        private const int SEG_PacketLength_Length = SEG_SubPacketNum_Offset - SEG_Pack-
etLength_Offset;
        private const int SEG_SubPacketNum_Length = SEG_NewDataIndicator_Offset - SEG_
SubPacketNum_Offset;
        private const int SEG_NewDataIndicator_Length = SEG_FrameId_Offset - SEG_NewDa-
taIndicator_Offset;
        private const int SEG_FrameId_Length = SEG_MPDUId_Offset - SEG_FrameId_Offset;
        private const int SEG_MPDUId_Length = SEG_Payload_Offset - SEG_MPDUId_Offset;
        public static int SEG_PayloadPadding_Length = SEG_CRC32_Offset - SEG_Payload_
Offset;
        public const int SEG_PayloadPadding_Length_MAX = (SEG_Packet_Size_MAX - 4) -
SEG_Payload_Offset;
```

```
private static int SEG_CRC32_Length = SEG_Packet_Size − SEG_CRC32_Offset;
}
```

　　将对应的字段按偏移标识所在位置即可。前导符用来标记数据包的开始；负载数据在子包内，是可变的数据长度，按照 DSP 的要求改变；最后，CRC32 放在数据包的末尾，一共 4 字节，是前面整个数据包的 CRC。读者可由此段程序设计自己的传输的包格式。

11.6　本章总结

　　本章介绍了 DSP 网络通信开发方面的原理、步骤和实例。首先是选择合适的 PHY 芯片，建立与 DSP 的 EMAC 模块的正确硬件连接；接着使用 TI 的 NDK 网络开发套件进行开发，其中 Intel 和 Broadcom 的芯片已经做好了驱动，初始化 EMAC，能与上位机通信；在成功初始化 EMAC 之后进行应用层程序的开发，包括发送和接收的程序的开发，适应项目的需求。

　　通过本章的学习，读者可以从硬件的层面上本质地了解以太网通信的基本原理，并对 NDK 网络开发套件有深入了解。

第 12 章
CAN 总线通信系统设计

CAN 总线是一种开放式、数字化、多节点通信的控制系统局域网络,是当今自动化领域中最具有应用前景的现场总线技术之一,适用于分布式控制和实时控制的串行通信网络。由于 CAN 总线具有通信速率高、开放性好、报文短、纠错能力强、扩展能力强、系统架构成本低等特点,其使用越来越受到人们的关注。

12.1 CAN 总线及 CAN 总线协议概述

控制器局域网(Controller Area Network,CAN)是一种现场总线,主要用于各种过程检测及控制。CAN 总线最初是由德国 BOSCH 公司为汽车监测和控制而设计的,目前已逐步应用到其他工业控制中,并于 1993 年成为国际标准 ISO-11898(高速应用)和 ISO-11519(低速应用)。从此,CAN 总线协议作为一种技术先进、可靠性高、功能完善、成本合理的远程网络通信控制方式,被广泛应用到各个自动化控制系统中。比如,在汽车电子、自动控制、智能大厦、电力系统、安防监控等领域,CAN 总线都具有不可比拟的优越性。这些特性包括:

- 低成本;
- 极高的总线利用率;
- 很远的数据传输距离(长达 10 Km);
- 高速的数据传输速率(高达 1 Mb/s);
- 可根据报文的 ID 决定接收或屏蔽该报文;
- 可靠的错误处理和检错机制;
- 发送的信息遭到破坏后,可自动重发;
- 节点在错误严重的情况下具有自动退出总线的功能;
- 报文不包含源地址或目标地址,仅用标志符来指示功能信息、优先级信息。

12.1.1 CAN 总线网络拓扑

CAN 作为一个总线型网络,其网络拓扑结构如图 12-1 所示,理论上可以挂接无数个节点。CAN 总线具有在线增减设备,即总线在不断电的情况下可以向网络中增加或减少节点,通信波特率为 5 kb/s～1 Mb/s,在通信的过程中要求每个节点的波特率保持一致(误差不能超过 5%),否则会引起总线错误,从而导致节点关闭,出现通信异常。

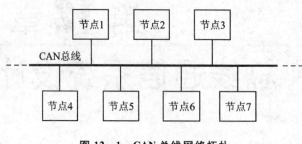

图 12-1   CAN 总线网络拓扑

实际应用中,节点数目受网络硬件的电气特性所限制。例如,当使用 Philips P82C250 作为 CAN 收发器时,一条总线最多可以容纳 110 个节点。

CAN 是一种多主方式的串行通讯总线,基本设计规范要求有高的位速率,高抗电磁干扰性,而且能够检测出产生的任何错误。当信号传输距离达到 10 Km 时,CAN 仍可提供高达 50 kb/s 的数据传输速率。

12.1.2   CAN 通信协议

CAN 通信协议主要描述设备之间的信息传递方式。CAN 层的定义与开放系统互连模型(OSI)一致,每一层与另一设备上相同的那一层通讯。实际的通讯发生在每一设备上相邻的两层,而设备只通过模型物理层的物理介质互连。CAN 的规范定义了模型的最下面两层:数据链路层和物理层。表 12-1 中展示了 OSI 开放式互连模型的各层。

表 12-1   OSI 开放式互连模型

NO.	层	描　述
7	应用层	最高层。用户、软件、网络终端等之间用来进行信息交换,如 DeviceNet
6	表示层	将两个应用不同数据格式的系统信息转化为能共同理解的格式
5	会话层	依靠低层的通信功能来进行数据的有效传递
4	传输层	两通讯节点之间数据传输控制。如:数据重发,数据错误修复
3	网络层	规定了网络连接的建立、维持和拆除的协议。如:路由和寻址
2	数据链路层	规定了在介质上传输的数据位的排列和组织。如:数据校验和帧结构
1	物理层	规定通讯介质的物理特性。如:电气特性和信号交换的解释

由于 CAN 总线只定义了 OSI 中的物理层和数据链路层,因此对于不同的应用出现了不同的应用层协议,即应用层协议可以由 CAN 用户定义成适合特别工业领域的任何方案。

为了使不同厂商的产品能够相互兼容,世界范围内需要通用的 CAN 应用层通信协议,在过去的几十年中涌现出许多的协议,现在被广泛承认的 CAN 应用层协议主要有以下三种：

- 在欧洲等地占有大部分市场份额的 CANopen 协议，主要应用在汽车、工业控制、自动化仪表等领域，目前由 CIA 负责管理和维护；
- J1939 是 CAN 总线在商用车领域占有绝大部分市场份额的应用层协议，由美国机动车工程师学会发起，现已在全球范围内得到广泛的应用；
- DeviceNet 协议在美国等地占有相当大的市场份额，主要用于工业通信及控制和仪器仪表等领域。

12.1.3　CAN 总线信号特点

CAN 总线采用差分信号传输，通常情况下只需要两根信号线（CAN-H 和 CAN-L）就可以进行正常的通信。在干扰比较强的场合，还需要用到屏蔽地即 CAN-G（主要功能是屏蔽干扰信号），CAN 协议推荐用户使用屏蔽双绞线作为 CAN 总线的传输线。在隐性状态下，CAN-H 与 CAN-L 的输入差分电压为 0 V（最大不超过 0.5 V），共模输入电压为 2.5 V。在显性状态下，CAN-H 与 CAN-L 的输入差分电压为 2 V（最小不小于 0.9 V），如图 12-2 所示。

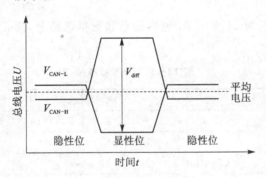

图 12-2　CAN 总线位电平特点

12.1.4　CAN 的位仲裁技术

CAN 的非破坏性位仲裁技术与一般的仲裁技术不同。在一般的仲裁技术中，当两个或两个以上的单元同时开始传送报文，会产生总线访问冲突时，所有报文都会避让等待，直到探测到总线处于空闲状态，才会把报文传输到总线上。这种机制会造成总线上机时的浪费，会使实时性大大降低，有时会造成重要信息被延误。

CAN 总线采用载波监听多路访问、逐位仲裁的非破坏性总线仲裁技术。在节点需要发送信息时，节点先监听总线是否空闲，只有节点监听到总线空闲时才能够发送数据，即载波监听多路访问方式。在总线出现两个以上的节点同时发送数据时，CAN 协议规定，按位进行仲裁，按照显性位优先级大于隐性位优先级的规则进行仲裁，最后高

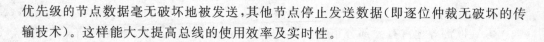

优先级的节点数据毫无破坏地被发送,其他节点停止发送数据(即逐位仲裁无破坏的传输技术)。这样能大大提高总线的使用效率及实时性。

12.1.5 CAN 总线的帧格式

CAN 报文分为两个标准,即 CAN2.0A 标准帧和 CAN2.0B 扩展帧,两个标准最大的区别在于 CAN2.0A 只有 11 位标识符,CAN2.0B 具有 29 位标识符。

CAN 协议的 2.0A 版本规定 CAN 控制器必须有一个 11 位的标志符。同时,在 2.0B 版本中规定,CAN 控制器的标志符长度可以是 11 位或 29 位。遵循 CAN2.0B 协议的 CAN 控制器可以发送和接收 11 位标识符的标准格式报文或 29 位标识符的扩展格式报文。如果禁止 CAN2.0B,则 CAN 控制器只能发送和接收 11 位标识符的标准格式报文,而忽略扩展格式的报文结构,但不会出现错误。

根据识别符的长度不同,CAN 可分成两种不同的帧格式:

- 具有 11 位识别符的帧为标准帧;
- 含有 29 位识别符的帧为扩展帧。

1. 标准帧

CAN 标准帧信息为 11 个字节,包括信息和数据两部分,前 3 个字节为信息部分,如表 12-2 所列。

表 12-2 CAN 标准帧

字节号	7	6	5	4	3	2	1
字节 1	FF	RTR	X	X	DLC(数据长度)		
字节 2	(报文识别码)ID.10~ID.3						
字节 3	ID.2~ID.0			RTR			
字节 4	数据 1						
字节 5	数据 2						
字节 6	数据 3						
字节 7	数据 4						
字节 8	数据 5						
字节 9	数据 6						
字节 10	数据 7						
字节 11	数据 8						

说明:

- 字节 1 为帧信息。第 7 位 FF 表示帧格式,在标准帧中 FF 为 0;第 6 位 RTR 表示帧的类型,RTR=0 表示为数据帧,RTR=1 表示为远程帧;最后 3 位为 DLC,表示在数据帧时实际的数据长度(0~8)。

- 字节 2～字节 3 为报文识别码,11 位有效。
- 字节 4～字节 11 为数据帧的实际数据,远程帧时无效。

2. 扩展帧

CAN 扩展帧信息为 13 个字节,包括信息和数据两部分,前 5 个字节为信息部分,如表 12 - 3 所列。

表 12 - 3　CAN 扩展帧

字节号	7	6	5	4	3	2	1
字节 1	FF	RTR	X	X	DLC(数据长度)		
字节 2	(报文识别码)ID. 28～ID. 21						
字节 3	ID. 20～ID. 13						
字节 4	ID. 12～ID. 5						
字节 5	ID. 4～ID. 0				X	X	X
字节 6	数据 1						
字节 7	数据 2						
字节 8	数据 3						
字节 9	数据 4						
字节 10	数据 5						
字节 11	数据 6						
字节 12	数据 7						
字节 13	数据 8						

说明:

- 字节 1 为帧信息。第 7 位 FF 表示帧格式,在扩展帧中 FF 为 1;第 6 位 RTR 表示帧的类型,RTR＝0 表示为数据帧,RTR＝1 表示为远程帧;最后 3 位为 DLC,表示在数据帧时实际的数据长度(0～8)。
- 字节 2 ～字节 5 为报文识别码,其高 29 位有效。
- 字节 6 ～字节 13 为数据帧的实际数据,远程帧时无效。

12. 1. 6　CAN 报文的帧类型

CAN 的报文传输由以下 4 个不同的帧类型表示和控制:

- 数据帧:数据帧将数据从一个节点的发送器传输到另一个节点的接收器。
- 远程帧:总线单元发出远程帧,请求发送具有同一识别符的数据帧。
- 错误帧:任何单元检测到总线错误就发出错误帧。
- 过载帧:过载帧(也称超载帧)用以在先行的和后续的数据帧(或远程帧)之间提供一段附加的延时。

1. 数据帧

数据帧由 7 个不同的位域组成：帧起始、仲裁场、控制场、数据场、CRC 场、应答场、帧结尾，如图 12-3 所示。

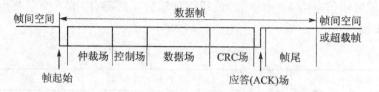

图 12-3　数据帧结构

（1）帧起始

它标志数据帧和远程帧的起始，由一个单独的"显性"位组成。只在总线空闲时，才允许站开始发送（信号）。所有的站必须同步于首先开始发送信息的站的帧起始前沿。

（2）仲裁场

仲裁场包括识别符和远程发送请求位（RTR），如图 12-4 所示。

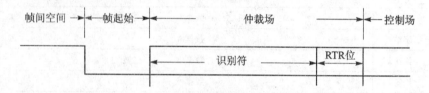

图 12-4　仲裁场结构

- 识别符：识别符的长度为 11 位。这些位的发送顺序是从 ID-10～ID-0。最低位是 ID-0，最高的 7 位（ID-10～ID-4）必须不能全是"隐性"。
- RTR 位：该位在数据帧里必须为"显性"，而在远程帧里必须为"隐性"。

（3）控制场

控制场由 6 个位组成，包括数据长度代码和两个用于扩展用的保留位。所发送的保留位必须为"显性"，接收器接收所有"显性"和"隐性"组合位，如图 12-5 所示。

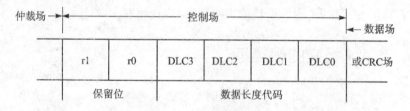

图 12-5　控制场结构

数据长度代码为 4 个位，指示了数据场中字节数量，在控制场里被发送，其定义如表 12-4 所列。

表 12 - 4　数据长度代码含义

数据字节数	数据长度代码			
	DLC3	DLC2	DLC1	DLC0
0	d	d	d	d
1	d	d	d	r
2	d	d	r	d
3	d	d	r	r
4	d	r	d	d
5	d	r	d	r
6	d	r	r	d
7	d	r	r	r
8	r	d	d	d

注：d 表示"显性"，r 表示"隐性"。

(4) 数据场

数据场由数据帧中的发送数据组成。它可以为 0～8 个字节，每字节包含了 8 个位，从最高有效位开始发送。

(5) CRC 场

CRC 场包括 CRC 序列(CRC SEQUENCE)，其后是 CRC 界定符(CRC DELIMIT-ER)，如图 12 - 6 所示。

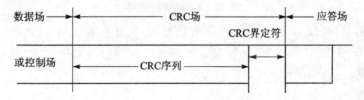

图 12 - 6　CRC 场结构

(6) 应答场

应答场长度为 2 个位，包含应答间隙(ACK SLOT)和应答界定符(ACK DELIM-ITER)，如图 12 - 7 所示。在应答场里，发送站发送两个"隐性"位。当接收器正确地接收到有效的报文，接收器就会在应答间隙(ACK SLOT)期间(发送 ACK 信号)向发送器发送一个"显性"的位以示应答。

● 应答间隙：所有接收到匹配 CRC 序列(CRC SEQUENCE)的站会在应答间隙期间用一个"显性"的位写入发送器的"隐性"位来作出回答。

● ACK 界定符：ACK 界定符是 ACK 场的第二个位，并且是一个必须为"隐性"的位。因此，应答间隙被两个"隐性"的位所包围，也就是 CRC 界定符和 ACK 界定符。

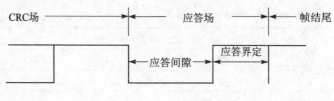

图 12-7 应答场结构

（7）帧结尾

每一个数据帧和远程帧均由一标志序列界定。这个标志序列由 7 个"隐性"位组成。

2. 远程帧

远程帧由 6 个不同的位域组成：帧起始、仲裁场、控制场、CRC 场、应答场、帧结尾，如图 12-8 所示。通过发送远程帧，用于某数据接收器通过其资源节点对不同的数据传送进行初始化设置。

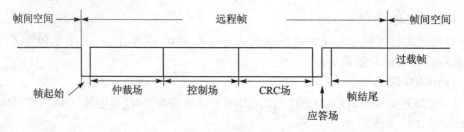

图 12-8 远程帧结构

远程帧的 RTR 位是"隐性"的，且没有数据场，数据长度代码的数值也是不受制约的。RTR 位的极性为"显性"表示所发送的帧是数据帧（RTR 位），为"隐性"则表示发送的是远程帧。

3. 错误帧

错误帧由两个不同的场组成。第一个场用作为不同站提供的错误标志（ERROR FLAG）的叠加。第二个场是错误界定符，如图 12-9 所示。

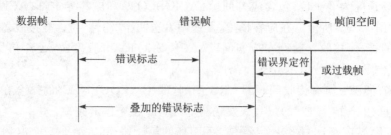

图 12-9 错误帧结构

错误标志有两种形式：主动错误标志（Active Error Flag）和错误被动标志（Passive

Error Flag)。主动错误标志由 6 个连续的"显性"位组成;错误被动标志由 6 个连续的"隐性"位组成,除非被其他节点的"显性"位重写。错误界定符包括 8 个"隐性"的位。

4. 过载帧

过载帧包括两个位域:过载标志和过载界定符,如图 12 - 10 所示。有两种过载条件会导致过载标志的传送:

(1) 接收器的内部条件(此接收器对于下一数据帧或远程帧需要有延时)。

(2) 间歇场期间检测到一个"显性"位。

由过载条件 1 引发的过载帧只允许起始于所期望的间歇场的第一个位时间开始;而由过载条件 2 引发的过载帧应起始于所检测到的"显性"位之后的位。

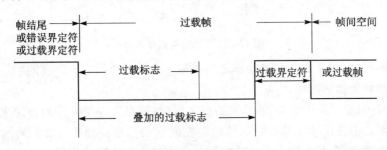

图 12 - 10　过载帧结构

过载标志由 6 个"显性"位组成,过载标志的所有形式和主动错误标志的一样。

过载界定符包括 8 个"隐性"的位,过载界定符的形式和错误界定符的形式一样。过载标志被传送后,站就一直监视总线直到检测到一个从"显性"位到"隐性"位的发送(过渡形式),此时,总线上的每一个站完成了过载标志的发送,并开始同时发送 7 个以上的"隐性"位。

5. 帧间空间

数据帧(或远程帧)与其前面帧的隔离是通过帧间空间实现的,且无论其前面的帧为何类型(数据帧、远程帧、错误帧、过载帧)。所不同的是,过载帧与错误帧之前没有帧间空间,多个过载帧之间也不是由帧间空间隔离的。

帧间空间包括间歇场、总线空闲的位域。如果"错误被动"的站已作为前一报文的发送器时,则其帧空间除了间歇、总线空闲外,还包括称作挂起传送(Suspend Transmission)的场。

对于不是"错误被动"的站,或者此站已作为前一报文的接收器,其帧间空间如图 12 - 11 所示。

对于已作为前一报文发送器的"错误被动"的站,其帧间空间如图 12 - 12 所示。

- 间歇:间歇包括 3 个"隐性"位。间歇期间,所有的站均不允许传送数据帧或远程帧,唯一要做的是标示一个过载条件。

- 总线空闲:总线空闲的(时间)长度是任意的。只要总线被认定为空闲,任何等待发送信息的站就会访问总线。在发送其他信息期间,有报文被挂起,对于这

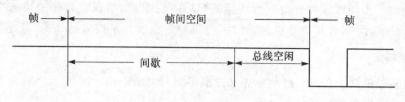

图 12-11 帧间空间结构 1

图 12-12 帧间空间结构 2

样的报文,其传送起始于间歇之后的第一个位。总线上检测到的"显性"的位可被解释为帧的起始。

● 挂起传送:"错误被动"的站发送报文后,站就在下一报文开始传送之前或总线空闲之前发出 8 个"隐性"的位跟随在间歇的后面。如果与此同时另一站开始发送报文(由另一站引起),则此站就作为这个报文的接收器。

12.2 CAN 控制器模块介绍

本章采用数字信号处理器 TMS320LF2407A 作为主控制器,其内部集成了一个 CAN 模块,该模块是一个完整功能的 CAN 控制器,可用于 16 位外部设备的应用,并具有如下特性:

● 支持 CAN 协议 2.0B 版本:
— 标准数据帧和远程帧;
— 扩展数据帧和远程帧。
● 6 个邮箱支持 0~8 个字节的数据长度:
— 2 个接收邮箱,2 个发送邮箱;
— 2 个可配置的发送/接收邮箱。
● 邮箱 0、1、2、3 具有本地验收屏蔽寄存器。
● 可配置成标准或扩展信息识别符。
● 比特率可编程。
● 中断可编程。
● 错误计数器可读。
● 自检模式。

TMS320LF2407 数字信号处理器的 CAN 控制器模块的内部功能结构框图如图 12-13 所示。

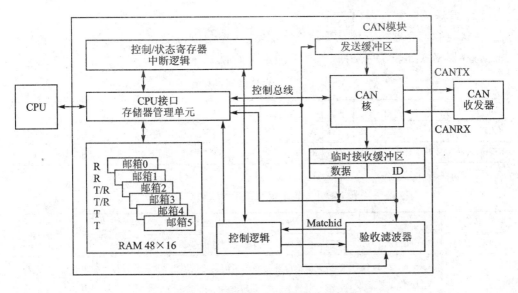

图 12-13　处理器 CAN 模块功能框图

TMS320LF2407 数字信号处理器的 CAN 控制器模块是一个 16 位的外设,存取访问分为控制/状态寄存器访问和邮箱-RAM 访问。CPU 仅可使用 16 位模式写操作 CAN 外设寄存器,CAN 外设总是在读操作周期将 16 位数据移至 CPU 总线。

(1) 邮箱方向/使能寄存器(MDER)

邮箱方向/使用寄存器由邮箱使用(ME)和邮箱方向(MD)位组成,该寄存器用于选择邮箱 2、3 收发方向及使能或禁止邮箱功能。寄存器格式如表 12-5 所列,位功能定义如表 12-6 所列。

表 12-5　邮箱方向/使能寄存器

15	14	13	12	11	10	9	8	7	6	5	4	3	2	1	0
保留								MD3	MD2	ME5	ME4	ME3	ME2	ME1	ME0
								RW-0	RW-0	RW-0	RW-0	RW-0	RW-0	RW-0	RW-0

表 12-6　邮箱方向/使能寄存器位功能定义

位	功能定义
15:8	保留
7:6	MDn(n=2,3),用于设置邮箱 2、3 的收发方向。 0:传送邮箱; 1:接收邮箱
5:0	Men(n=0~5),用于使能或禁止邮箱。 0:禁止邮箱; 1:使能邮箱

DSP嵌入式项目开发三位一体实战精讲

(2) 传送控制寄存器(TCR)

传送控制寄存器包含信息传输控制位,这些控制位可以独立地设置或复位传输请求。寄存器格式如表12-7所列,位功能定义如表12-8所列。

表 12-7　传送控制寄存器

15	14	13	12	11	10	9	8	7	6	5	4	3	2	1	0
TA5	TA4	TA3	TA2	AA5	AA4	AA3	AA2	TRS5	TRS4	TRS3	TRS2	TRR5	TRR4	TRR3	TRR2
RC-0	RC-0	RC-0	RC-0	RC-0	RC-0	RC-0	RC-0	RS-0	RS-0	RS-0	RS-0	RS-0	RS-0	RS-0	RS-0

表 12-8　传送控制寄存器位功能定义

位	功能定义
15∶12	TAn(n=2,3,4,5),邮箱 n 传送应答。当邮箱信息传送成功,该位置位
11∶8	AAn(n=2,3,4,5),邮箱 n 取消应答。当邮箱信息传送取消,该位被置位且中断标志寄存器的 AAIF 位也被置位
7∶4	TRSn(2,3,4,5),邮箱 n 传送请求设置。为了初始化传送,该位必须置位
3∶0	TRRn(2,3,4,5),邮箱 n 传送请求复位。该位仅由 CPU 设置,并通过内部逻辑复位

(3) 接收控制寄存器(RCR)

接收控制寄存器包含信息接收控制位以及远程帧处理。寄存器格式如表12-9所列,位功能定义如表12-10所列。

表 12-9　接收控制寄存器

15	14	13	12	11	10	9	8	7	6	5	4	3	2	1	0
RFP3	RFP2	RFP1	RFP0	RML3	RML2	RML1	RML0	RMP3	RMP2	RMP1	RMP0	OPC3	OPC2	OPC1	OPC0
RC-0	RC-0	RC-0	RC-0	R-0	R-0	R-0	R-0	RC-0	RC-0	RC-0	RC-0	RW-0	RW-0	RW-0	RW-0

表 12-10　接收控制寄存器位功能定义

位	功能定义
15∶12	RFPn(n=0,1,2,3),邮箱 n 远程帧待定寄存器。当接收到远程帧请求,对应的位被置位
11∶8	RMLn(n=0,1,2,3),邮箱 n 接收信息丢弃。如果旧的信息被新信息覆盖,该位被置位
7∶4	RMPn(n=0,1,2,3),邮箱 n 接收信息待定。如果一个接收信息存入邮箱n,该位被置位
3∶0	OPCn(n=0,1,2,3),邮箱 n 覆盖保护控制

(4) 主控制寄存器(MCR)

主控制寄存器用于控制 CAN 内核的行为。寄存器格式如表12-11所列,位功能定义如表12-12所列。

表 12 - 11　主控制寄存器

15	14	13	12	11	10	9	8	7	6	5	4	3	2	1	0
保留		SUSP	CCR	PDR	DBO	WUBA	CDR	ABO	STM	保留				MBNR[1：0]	
		RW-0	RW-1	RW-0	RW-0	RW-0	RW-0	RW-0	RW-0					RW-0	RW-0

表 12 - 12　主控制寄存器位功能定义

位	功能定义
15：14	保留
13	SUSP,激活模拟器挂起。该位值不影响接收邮箱。 0:软件模式,当挂起状态时,当前传送完成之后,外设关闭; 1:自由模式,外设持续运行在挂起状态
12	CCR,变更配置请求。 0:CPU 请求普通模式; 1:CPU 请求写操作比特配置寄存器
11	PDR,掉电模式请求。 0:普通模式; 1:掉电模式请求
10	DBO,数据字节命令。 0:接收或传送数据,命令如下:数据字节 3,2,1,0,7,6,5,4; 1:接收或传送数据,命令如下:数据字节 0,1,2,3,4,5,6,7
9	WUBA,唤醒总线活动。 0:写 0 清 PDR 后,离开掉电模式; 1:模块离开掉电模式,检测 CAN 总线上的"显性"位
8	CDR,变更数据场请求。 0:CPU 请求普通模式; 1:CPU 请求写操作 MBNR 寄存器位
7	ABO,自动总线开启。 0:在 128×11 个连续"隐性"位后,离开总线关闭状态,复位 CCR 位; 1:总线关闭状态以后,模块在 128×11 个连续"隐性"位后返回总线开启状态
6	STM,自动测试模式。 0:普通模式; 1:自动测试模式
5：2	保留
1：0	MBNR,邮箱数量。 CPU 请求写操作邮箱的数据场,并配置远程帧

（5）位配置寄存器（BCRn）

位配置寄存器（BCR1 和 BCR2）用于配置 CAN 节点的网络时间参数。寄存器格式如表 12-13 所列，位功能定义如表 12-14 所列。

表 12-13　位配置寄存器

15	14	13	12	11	10	9	8	7	6	5	4	3	2	1	0
保留								BRP[7：0]							
								RW-0	RW-0	RW-0	RW-0	RW-0	RW-0	RW-0	RW-0

表 12-14　位配置寄存器位功能定义

位	功能定义
15：8	保留
7：0	波特率预分频器

（6）错误状态寄存器（ESR）

该寄存器提供 CAN 模块任意类型的错误信息。寄存器格式如表 12-15 所列，位功能定义如表 12-16 所列。

表 12-15　错误状态寄存器

15	14	13	12	11	10	9	8	7	6	5	4	3	2	1	0
保留							FER	BEF	SA1	CRCE	SER	ACKE	BO	EP	EW
							RC-0	RC-0	RC-1	RC-0	RC-0	RC-0	R-0	R-0	R-0

表 12-16　错误状态寄存器位功能定义

位	功能定义
15：9	保留
8	FER,形式错误标志。 0：CAN 模块能够收发正常； 1：总线产生一个形式错误，表示某固定场位错误
7	BEF,位错误标志。 0：CAN 模块能够收发正常； 1：出现接收位不匹配发送位的仲裁场等错误
6	SA1,停留在"显性"错误。 0：CAN 模块检测到一个"隐性"位； 1：CAN 模块不检测"隐性"位
5	CRCE,CRC 错误。 0：CAN 模块不接收错误 CRC； 1：CAN 模块接收错误 CRC

续表 12 - 16

位	功能定义
4	SER,填充错误。 0：无填充位错误产生； 1：违反填充位规则
3	ACKE,应答错误。 0：CAN 模块接收一个应答； 1：CAN 模块不接收一个应答
2	BO,总线关闭状态。 0：普通模式； 1：CAN 总线上错误产生的异常率
1	EP,错误被动状态。 0：CAN 模块未处于错误被动模式； 1：CAN 模块处于错误被动模式
0	EW,报警状态。 0：两个错误计数器的值至少为 96； 1：至少一个错误计数器值达到 96

(7) 全局状态寄存器(GSR)

该寄存器提供 CAN 外设所有的功能信息。寄存器格式如表 12 - 17 所列,位功能定义如表 12 - 18 所列。

表 12 - 17　全局状态寄存器

15	14	13	12	11	10	9	8	7	6	5	4	3	2	1	0
保留										SMA	CCE	PDA	保留	RM	TM
										R-0	R-1	R-0		R-0	R-0

表 12 - 18　全局状态寄存器位功能定义

位	功能定义
15：6	保留
5	SMA,挂起模式应答。 0：CAN 外设未处于挂起模式； 1：CAN 外设处于挂起模式
4	CCE,变更配置使能。 0：写配置寄存器操作拒绝； 1：CPU 写配置寄存器操作

续表 12 - 18

位	功能定义
3	PDA,掉电模式应答。 0:普通模式; 1:CAN 外设进入掉电模式
2	保留
1	RM,CAN 模块处于接收模式。 0:CAN 内核模块未收到信息; 1:CAN 内核模块正接收信息
0	TM,CAN 模块处于发送模式。 0:CAN 内核模块未发送信息; 1:CAN 内核模块正发送信息

(8) CAN 中断标志寄存器(IFR)

当对应的中断条件产生时,中断寄存器相关标志位会被置位。中断寄存器格式如表 12 - 19 所列,位功能定义如表 12 - 20 所列。

表 12 - 19　中断标志寄存器

15	14	13	12	11	10	9	8	7	6	5	4	3	2	1	0
保留		MIF5	MIF4	MIF3	MIF2	MIF1	MIF0	保留	RMLIF	AAIF	WDIF	WUIF	BOIF	EPIF	WLIF
		R-0	R-0	R-0	R-0	R-0	R-0		RC-0	RC-0	RC-0	RC-0	RC-0	RC-0	RC-0

表 12 - 20　中断标志寄存器位功能定义

位	功能定义
15:14	保留
13:8	MIFx(x=0~5),邮箱中断标志。 0:没有信息发送/接收; 1:对应的邮箱发送/接收信息成功
7	保留
6	RMLIF,接收信息丢失中断标志。 0:无信息丢失; 1:至少一个邮箱产生了溢出条件
5	AAIF,取消应答中断标志。 0:无传送被取消; 1:一个"传送"操作被取消

位	功能定义
4	WDIF,写禁止中断标志。 0:写操作邮箱成功; 1:CPU 试图写操作邮箱,但不被容许
3	WUIF,唤醒中断标志。 0:模块仍处于睡眠模式或普通模式; 1:模块离开睡眠模式
2	BOIF,总线关闭中断标志。 0:CAN 模块仍处于总线开启模式; 1:CAN 模块进入总线关闭模式
1	EPIF,错误被动中断标志。 0:CAN 模块未处于错误被动模式; 1:CAN 模块进入错误被动模式
0	WLIF,报警级别中断标志。 0:无错误计数器达到报警级别值; 1:至少有一个计数器达到报警级别

(9) CAN 中断屏蔽寄存器(IMR)

CAN 中断屏蔽寄存器用于设置相应的中断屏蔽位,中断优先级别设置等。寄存器格式如表 12 - 21 所列,位功能定义如表 12 - 22 所列。

表 12 - 21　中断屏蔽寄存器

15	14	13	12	11	10	9	8	7	6	5	4	3	2	1	0
MIL	保留	MIM5	MIM4	MIM3	MIM2	MIM1	MIM0	EIL	RMLIM	AAIM	WDIM	WUIM	BOIM	EPIM	WLIM
RW-0		RW-0	RW-0	RW-0	RW-0	RW-0	RW-0	RW-0	RW-0	RW-0	RW-0	RW-0	RW-0	RW-0	RW-0

表 12 - 22　中断屏蔽寄存器位功能定义

位	功能定义
15	MIL,邮箱中断优先级别。 0:邮箱中断请求为高优先级别; 1:邮箱中断请求为低优先级别
14	保留
13:8	对应中断中断标志寄存器 IFR
7	EIL,错误中断优先级别。用于 RMLIF、AAIF、WDIF、WUIF、BOIF、EPIF、WLIF。 0:对应的中断请求为高优先级别; 1:对应的中断请求为低优先级别
6:0	对应中断中断标志寄存器 IFR

12.3　CAN 总线通信系统硬件电路设计

本节的 CAN 总线通信系统硬件电路设计基于数字信号处理器 TMS320LF2407 与 CAN 总线收发器 PCA82C250。利用 DSP 芯片的 CAN 模块作为 CAN 总线控制器,实现 CAN 总线通信。

为了提高抗干扰能力,在数字信号处理器与总线收发器 PCA82C250 之间必须加以隔离。通常在 CAN 总线控制器与收发器之间采用光耦隔离,但使用光耦会增加 CAN 总线节点的循环延迟,信号在每个节点要从发送和接收路径通过这些器件两次,这将减少给定位速率时可使用的最大的总线长度。基于上述原因考虑,本实例选用双通道数字隔离器 ADμM1201 作为 CAN 总线隔离器,其硬件组成结构图如图 12 - 14 所示。

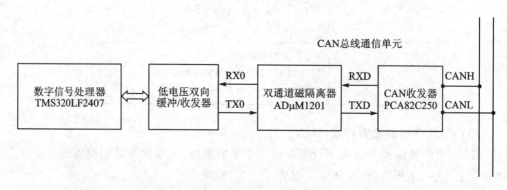

图 12 - 14　硬件系统结构图

12.3.1　PCA82C250 芯片概述

PCA82C250 CAN 总线收发器是协议控制器和物理传输线路之间的接口,它可以用高达 1Mb/s 的位速率在两条有差动电压的总线电缆上传输数据。

1. PCA82C250 功能概述

PCA82C250 总线收发器完成与物理介质的连接,其主要功能包括:信号电平转换,生成差分信号(隐位或显位);防止短路;低电流待机。

PCA82C250 收发器的功能框图如图 12 - 15 所示。

2. PCA82C250 芯片引脚描述

PCA82C250 总线收发器,具有 DIP8 和 SO8 两种封装尺寸,其引脚排列图如图 12 - 16 所示。

PCA82C250 总线收发器的引脚功能定义如表 12 - 23 所列。

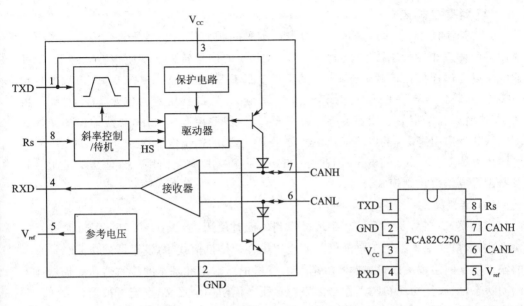

图 12 - 15　PCA82C250 功能框图　　　　图 12 - 16　PCA82C250 引脚排列图

表 12 - 23　PCA82C250 总线收发器引脚功能描述

引　脚	符　号	功能描述
1	TXD	发送数据输入
2	GND	地
3	V_{CC}	电源电压
4	RXD	接收数据输出
5	V_{ref}	参考电压输出
6	CANL	低电平 CAN 电压输入/输出
7	CANH	高电平 CAN 电压输入/输出
8	RS	斜率电阻输入

3. PCA82C250 总线收发器的工作模式

PCA82C250 总线收发器共有 3 种工作模式：高速模式、斜率模式、待机模式。模式控制通过 Rs 控制引脚设置。

(1) 高速模式

高速模式通常用于普通的工业应用，它支持最大的总线速度或长度，在这个模式中，适合执行最大的位速率或最大的总线长度。这种模式的总线输出信号用尽可能快的速度切换，因此一般使用屏蔽的总线电缆来防止可能的干扰。高速模式通过 $V_{Rs}<0.3×Vcc$ 来选择，将 Rs 控制输入引脚直接连接到微控制器的输出端口(或者一个高电平有效的复位信号)或者接地就可以实现。

（2）斜率控制模式

斜率控制模式,在一些需考虑系统的成本等问题而使用非屏蔽总线电缆的场合中应用。因使用非屏蔽总线电缆,PCA82C250总线的信号转换速度应被特意降低,转换速度可以通过连接在控制引脚Rs上的串连电阻Rext来调整。根据CAN总线的位定时要求,转换速度下降将增加总线节点的循环延迟,因此在给定的位速率下,总线长度减少(或者说在给定的总线长度下位速率降低)。斜率控制模式中,总线输出的转换速度大致和流出引脚Rs的电流成比例。如果Rs引脚的输出电流在一定范围内,引脚Rs将输出大约$0.5 \times Vcc$的电压;因此可在Rs引脚和接地脚之间用一个适当的电阻将收发器设置成斜率控制模式。

（3）待机模式

待机模式,在需要将系统功率消耗降到最低时使用,当$V_{Rs} > 0.75 \times Vcc$时进入待机模式,该模式基本上用于电池供电的应用场合。待机模式中,发送器的功能和接收器的输入偏置网络都关断,以减少功率消耗;参考电压输出和基本的接收器功能仍然处于活动状态,但以低功耗状态工作。如果在总线上传输一个报文,系统可被重新激活。在检测到$3\mu s$长的显性电平后,收发器通过RxD向协议控制器输出一个唤醒中断信号;在检测到RxD的下降沿后控制器把Rs引脚置为逻辑低电平,这样收发器就可以切换到普通传输模式。由于在待机模式中工作速度缓慢,收发器要回到普通接收速度,则主要取决于逻辑的延迟时间(Rs的下降沿)。在总线速度很高的情况下,收发器在待机模式(Rs引脚可能仍然为高电平)不太可能正确地接收报文。

12.3.2　CAN总线隔离器－ADμM1201

ADμM1201是ADI(Analog Device,Inc)公司推出的基于其专利iCoupler磁耦隔离技术的通用型双通道数字隔离器。

1. ADμM1201芯片功能概述

iCoupler磁隔离技术(简称:磁耦)是ADI公司的一项专利隔离技术,是一种基于芯片尺寸的变压器隔离技术,它采用了高速CMOS工艺和芯片级的变压器技术。所以,在性能、功耗、体积等各方面都有传统光电隔离器件(光耦)无法比拟的优势。由于磁隔离在设计上取消了光电耦合器中影响效率的光电转换环节,因此它的功耗仅为光电耦合器的$1/6 \sim 1/10$,具有比光电耦合器更高的数据传输速率、时序精度和瞬态共模抑制能力。同时也消除了光电耦合中不稳定的电流传输率、非线性传输、温度和使用寿命等方面的问题。

ADμM1201隔离器在一个器件中提供两个独立的隔离通道,两端工作电压为$2.7 \sim 5.5$ V,支持低电压工作并能实现电平转换。此外,ADμM1201具有很低的脉宽失真($<3ns$)。与其他光电隔离的解决方案不同的是,ADμM1201还具有直流校正功能,自带的刷新电路保证了即使不存在输入跳变的情况下输出状态也能与输入状态相

匹配,这对于上电状态和具有低数据速率的输入波形或恒定的直流输入情况下是很重要的。ADμM1201 功能框图如图 12-17 所示。

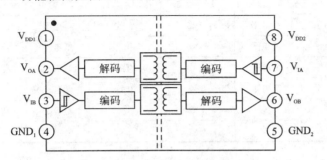

图 12-17　ADμM1201 隔离器功能框图

ADμM1201 隔离器的主要应用范围包括:

- 通用型多通道数字隔离;
- SPI 接口和数字转换器隔离;
- RS-232/RS-422/RS-485 收发器隔离;
- 数字现场总线隔离;
- 混合动力电动汽车,电池监测和
  电机驱动器隔离。

2. ADμM1201 芯片引脚描述

ADμM1201 芯片引脚分布图如图 12-18 所示,其引脚功能描述如表 12-24 所列。

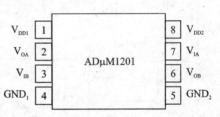

图 12-18　ADμM1201 隔离器引脚分布图

表 12-24　ADμM1201 隔离器引脚功能描述

引　脚	名　称	功能描述
1	V_{DD1}	Side1 端供电电源(2.7~5.5 V)
2	V_{OA}	Side1 逻辑输出 A
3	V_{IB}	Side1 逻辑输入 B
4	GND_1	Side1 端电源地
5	GND_2	Side2 端电源地
6	V_{OB}	Side2 逻辑输出 B
7	V_{IA}	Side2 逻辑输入 A
8	VDD_2	Side2 端供电电源(2.7~5.5 V)

3. ADμM1201 隔离器真值表

ADμM1201 隔离器真值表如表 12-25 所列。

表 12 – 25   ADμM1201 隔离器真值表

V_{IA}输入	V_{IB}输入	VDD_1 状态	VDD_2 状态	V_{OA}输出	V_{OB}输出
高电平	高电平	有效	有效	高电平	高电平
低电平	低电平	有效	有效	低电平	低电平
高电平	低电平	有效	有效	高电平	低电平
低电平	高电平	有效	有效	低电平	高电平
X	X	无效	有效	不确定	高电平
X	X	有效	无效	高电平	不确定

4. ADμM1201 隔离器典型应用电路

ADμM1201 隔离器在 CAN 总线中的典型应用电路如图 12 – 19 所示。

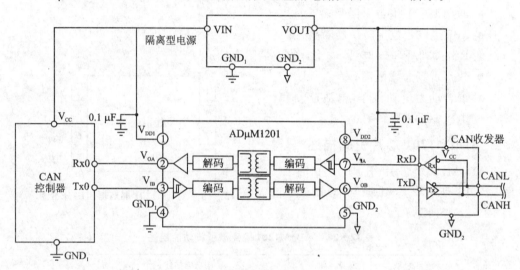

图 12 – 19   ADμM1201 隔离器典型应用电路

12.3.3　硬件电路设计

本实例的 CAN 总线通信系统硬件电路设计主要包括 3 个部分：

（1）以 TMS320LF2407 数字信号处理器及其内置的 CAN 控制器模块为核心的硬件电路，这部分只需要搭配适当的电源电路、晶振、JTAG 接口等即可；

（2）以 74ALVC16245 芯片为主的低电压双向总线缓冲/收发器，这部分电路具有数据缓冲（数据不反相）、电源变换功能；

（3）由 ADμM1201 隔离器与总线收发器 PCA82C250 组成的 CAN 总线通信单元。相关硬件电路的原理图分别如下介绍。

1. 核心电路

TMS320LF2407 数字信号处理器及其内置的 CAN 控制器模块为核心的硬件电路原理图如图 12 - 20 所示。

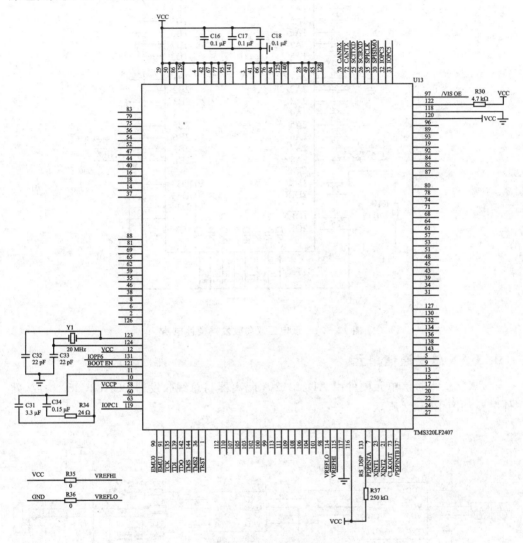

图 12 - 20　核心电路

2. 总线缓冲/收发器

74ALVC16245 芯片是一个低电压双向总线缓冲/收发器,该电路具有数据缓冲(数据不反相)、电源变换功能,电路原理图如图 12 - 21 所示。

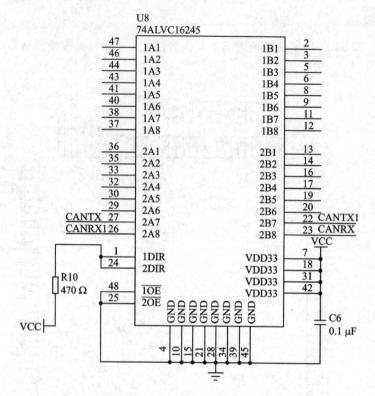

图 12－21　低电压双向收发器硬件电路

3. CAN 总线通信单元

　　CAN 总线通信单元硬件由 ADμM1201 隔离器与总线收发器 PCA82C250 构成,硬件电路如图 12－22 所示。

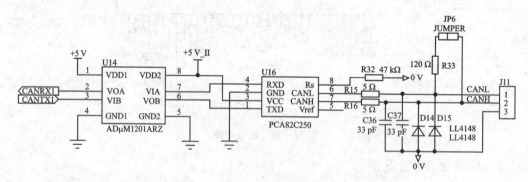

图 12－22　CAN 通信单元电路

　　为了提高 CAN 总线抗干扰性能,采用了 5V-5V 直流隔离电源,硬件电路如图 12－23 所示。

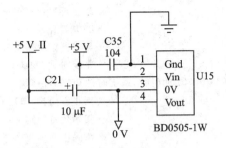

图 12 - 23　隔离电源电路

12.4　CAN 总线通信系统软件设计

CAN 总线通信系统软件设计主要集中在 TMS320LF2407 系统初始化、CAN 模块初始化以及 CAN 总线发送和接收程序、DSP 定时器配置与中断服务程序、CAN 模块相关寄存器设置、波特率设置等,程序代码与程序注释详细介绍如下。

```
/ * CAN 发送与接收程序,波特率设置为 125 kb/s,标准帧,ID = 0x024 * /
# include "global.c"
void SystemInit();
void Timer1Init();
void KickDog();
void Can_Init();
void Can_Send();
int numled0 = 200;
unsigned int t0 = 0;
unsigned char SendData[8] = {0x11,0x22,0x33,0x44,0x55,0x66,0x77,0x88};
unsigned char ReceiveData[8];
main()
{
    SystemInit();                       //系统初始化
    MCRA = MCRA & 0xC0FF;               //IOPB0-6 设为 IO 口模式
    PBDATDIR = 0xFFC2;                  //所有 LED = 0
    PBDATDIR = PBDATDIR |0x003D;        //所有 LED = 1
    Can_Init();                         //CAN 模块初始化
    Timer1Init();                       //定时器初始化
    asm(" CLRC INTM ");
    while(1);
}
/ * 系统初始化 * /
void SystemInit()
{
    asm(" SETC   INTM ");               / * 关闭总中断 * /
```

```
    asm(" CLRC   SXM   ");              /* 禁止符号位扩展 */
    asm(" CLRC   CNF   ");              /* B0 块映射为 on-chip DARAM */
    asm(" CLRC   OVM   ");              /* 累加器结果正常溢出 */
    SCSR1 = 0x83FE;                     /* 系统时钟 CLKOUT = 20 × 2 = 40M */
/* 打开 ADC、EVA、EVB、CAN 和 SCI 的时钟,系统时钟 CLKOUT = 40M */
    WDCR = 0x006F;                      /* 禁止看门狗,看门狗时钟 64 分频 */
    KickDog();                          /* 初始化看门狗 */
    IFR = 0xFFFF;                       /* 清除中断标志 */
    IMR = 0x0003;                       /* 打开中断 1、2 */
}
/* 定时器 1 初始化 */
void Timer1Init()
{
    EVAIMRA = 0x0080;                   //定时器 1 周期中断使能
    EVAIFRA = 0xFFFF;                   //清除中断标志
    GPTCONA = 0x0000;
    T1PR = 2500;                        //定时器 1 初值,定时 0.4 μs × 2500 = 1ms
    T1CNT = 0;
    T1CON = 0x144E;                     //增模式,TPS 系数 40M/16 = 2.5M,T1 使能
}
/* CAN 总线初始化程序 */
void Can_Init()
{
    MCRB| = 0x00C0;                     /* IOPC6、IOPC7 配置为特殊功能 */
    CANIFR = 0xFFFF;                    /* 清除全部 CAN 中断标志 */
    CANLAM0H = 0x9FFF;                  /* 使用 LAM0 */
    CANLAM0L = 0xFFFF;                  /* 接收任何信息 */
    CANMCR = 0x1000;                    /* 配置寄存器改变请求 */
    while((CANGSR & 0x0010)!= 0x0010);  /* CCE = 1? */
    CANBCR2 = 0x0013;                   /* 设置数据传输率:125kb/s,40M */
//    CANBCR2 = 0x0007;                 /* 设置数据传输率:125kb/s,16M */
//    CANBCR2 = 0x000F;                 /* 设置数据传输率:125kb/s,32M */
    CANBCR1 = 0x0061;
    CANMCR = 0x0000;                    /* CPU 正常工作请求 */
    while((CANGSR & 0x0010)!= 0x0000);  /* CCE = 0? */
    CANMDER = 0x0000;                   /* 禁止缓冲 */
    CANMCR = 0x0100;                    /* 数据场改变请求 */
    CANID0H = 0x40A0;                   /* 标准帧,设置 ID = 024 - 0x40a0,用于邮箱 0
                                           接收信息 */
    CANMCR = 0x0480;                    /* 正常工作请求 0x0480,自测试 0x04c0 */
    CANMDER = 0x0001;                   /* 和 MessageBox0 使能 */
    CANIMR = 0x0100;                    /* 禁止发送中断,高级使能,打开 MessageBox0
                                           接收中断 */
```

```
    CANIFR = 0xFFFF;                      / * 清除全部 CAN 中断标志 * /
}
/ * CAN 总线发送程序 * /
void Can_Send()
{
    CANMCR = 0x0100;                      / * 数据场改变请求 * /
    CANID4H = 0x00A0;                     / * ID = 024,标准帧,只有满足这个 ID 的 CAN 控制
                                            器才能接收本信息 * /
    CANCTRL4 = 0x0008;                    / * 数据帧,发送 8 个字节 * /
    CANBX4A = (SendData[1]<<8)|SendData[0];
    CANBX4B = (SendData[3]<<8)|SendData[2];
    CANBX4C = (SendData[5]<<8)|SendData[4];
    CANBX4D = (SendData[7]<<8)|SendData[6];
    CANMCR = 0x04c0;                      / * CPU 正常工作请求 0x0480,自测试为 0x04C0 * /
    CANMDER = CANMDER|0x0010;             / * MessageBox4 使能 * /
    asm(" SETC INTM ");
    CANTCR = 0x0040;                      / * MessageBox4,发送请求 * /
    while((CANTCR & 0x4000)!= 0x4000);
    asm(" CLRC INTM ");
    CANIFR = 0xFFFF;
    CANTCR = 0x4000;
}
/ * 初始化程序 1 * /
void c_int1()
{
    if(PIVR!= 0x40)                       //高优先级的 CAN 接收中断
        {       asm(" CLRC INTM ");
            return;
        }
    ReceiveData[0] = CANBX0A & 0x00FF;
    ReceiveData[1] = CANBX0A>>8;
    ReceiveData[2] = CANBX0B & 0x00FF;
    ReceiveData[3] = CANBX0B>>8;
    ReceiveData[4] = CANBX0C & 0x00FF;
    ReceiveData[5] = CANBX0C>>8;
    ReceiveData[6] = CANBX0D & 0x00FF;
    ReceiveData[7] = CANBX0D>>8;
    CANRCR = 0x1010;
    CANIFR = 0xFFFF;                      //请将光标移到此处设置断点,并用 debug->Animate 监测数据
    IFR = 0xFFFF;
    asm(" CLRC INTM ");

}
```

```
/*定时器 1 中断服务程序*/
void c_int2()
{
    if(PIVR!= 0x27)
        {       asm(" CLRC INTM ");
            return;
        }
    T1CNT = 0;
    t0 ++;
    numled0 --;
    if(numled0 == 0)
    {
        numled0 = 200;
        if((PBDATDIR & 0x0001) == 0x0001)
            PBDATDIR = PBDATDIR & 0xFFFE;       //IOPB0 = 0;LED 灭
        else
            PBDATDIR = PBDATDIR |0x0101;        //IOPB0 = 1;LED 亮
    }
    if((t0 % 100) == 0)                         //定时循环 SCI 发送
    {
        Can_Send();
    }
    EVAIFRA = 0x80;
    asm(" CLRC     INTM ");
}
/*踢除看门狗*/
void KickDog()
{
    WDKEY = 0x5555;
    WDKEY = 0xAAAA;
}
```

12.5　本章总结

　　CAN 总线是一种广泛应用的优秀现场总线技术,目前应用范围越来越广泛,它将成为工业现场总线的发展趋势。本章详细介绍了 CAN 总线及 CAN 总线协议,然后通过 TMS320LF2407 数字信号处理器、CAN 总线收发器 PCA82C250 以及 ADμM1201 隔离器构建了隔离型 CAN 总线通信系统,并实现了 CAN 总线发送/接收程序。读者学习的时候,应该注意做好 TMS320LF2407 系统的初始化过程。

参考文献

［1］郝长春.T6963C 控制器型图形液晶显示器及其应用.雷达与对抗,2003 年第 1 期
［2］刘波文.ARM Cortex-M3 应用开发实例详解.北京:电子工业出版社,2011

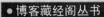

北京航空航天大学出版社

● 嵌入式系统综合类

ARM Cortex-M3从这里开始
赵俊 42.00元 2012.01

ARM MCU开发工具MDK
使用入门
李宁 49.00元 2012.01

嵌入式系统基础——
ARM与RealView MDK
任哲 56.00元 2012.02

STM32自学笔记
蒙博宇 49.50元 2012.02

嵌入式实时操作系统μ/OS-II经
典实例——基于STM32处理器
刘波文 79.00元 2012.04

轻松自编小型嵌入式操作系统
陈旭武 49.00元 2012.01

● DSP类

手把手教你学DSP——
基于TMS320X281x
顾卫钢 49.00元 2011.04

手把手教你学DSP——
基于TMS320C55x（含光盘）
陈泰红 46.00元 2011.08

深入浅出数字信号处理
江志红 42.00元 2012.01

TMS320X281xDSP原理及C程序
开发（第2版）（含光盘）
苏奎峰 59.00元 2011.09

TMS320X281xDSP原理与应用
徐科军 42.00元 2011.10

嵌入式DSP应用系统设计
及实例剖析（含光盘）
郑红 49.00元 2012.01

● 单片机应用类

项目驱动——单片机
应用设计基础
周灵功 33.00元 2011.07

单片机课程设计指导
（第2版）
楼然苗 46.00元 2012.01

轻松玩转51单片机
（含光盘）
刘建清 59.00元 2011.03

轻松玩转51单片机C语言
（含光盘）
刘建清 69.00元 2011.03

AVR单片机实用程序设计
（第2版）（含光盘）
张克彦 69.00元 2012.01

AVR单片机嵌入式系统原理
与应用实践（第2版）
马潮 56.00元 2011.08

以上图书可在各地书店选购，或直接向北航出版社书店邮购（另加3元挂号费）
地　　址：北京市海淀区学院路37号北航出版社书店5分箱邮购部收（邮编：100191）
邮购电话：010-82316936　　邮购Email：bhcbssd@126.com
投稿电话：010-82317035　　传真：010-82317022　投稿Email：emsbook@gmail.com